"十四五"职业教育国家规划教材

修订版

"十三五"职业教育国家规划教材

数控车床编程与操作项目教程

第 4 版

主　编　朱明松　朱德浩

参　编　王立云　徐伏健　黄小培

　　　　史中方　陈其梅　王家美

主　审　陶建东　谭印书

机械工业出版社

本书是"十四五"职业教育国家规划教材《数控车床编程与操作项目教程 第3版》的修订版,是南京职业教育课程改革系列理论研究和实践成果之一,是在第3版的基础上加入新技术、新工艺、新设备的相关内容修订而成的。本书以就业为导向,以国家职业标准中级数控车工考核要求为基本依据,通过6个项目,讲述了数控车床基本操作、轴类零件加工、套类零件加工、成形面类零件加工、螺纹类零件加工、零件综合加工和CAD/CAM加工等内容。

本书在内容上,将目前使用广泛的发那科系统和西门子系统同时对比介绍,有利于学生理解和记忆。在结构上,从职业院校学生基础能力出发,遵循专业理论的学习规律和技能的形成规律,按照由易到难的顺序,设计一系列项目,使学生在项目引领下学习数控车工技能相关理论知识,避免理论教学与实践相脱节。在形式上,通过【学习目标】【任务描述】【知识目标】【技能目标】【知识准备】【任务实施】【检测评分】【任务反馈】等环节,引导学生思考,突出关键部分和重点、难点。

本书采用项目式编写形式,为方便读者理解相关知识,以二维码的形式嵌入了大量视频资源,以便更深入地学习。

为方便教学,本书配有电子教案、电子课件、视频、电子题库、试卷及答案等资源,使用本书作为教材的教师可登录机械工业出版社教育服务网(www.cmpedu.com)注册并免费下载,或来电(010-88379197)索取。本书还配有练习册,供读者选用。

使用本书的师生均可利用上述资源在机械工业出版社旗下的"天工讲堂"平台上进行在线教学、学习,实现翻转课堂与混合式教学。

本书可作为中等职业学校机械加工技术专业的实训教材,也可以作为机械类相关专业及培训机构和企业的培训教材,以及相关技术人员的参考用书。

图书在版编目(CIP)数据

数控车床编程与操作项目教程/朱明松,朱德浩主编. —4版. —北京:机械工业出版社,2023.2
"十三五"职业教育国家规划教材:修订版
ISBN 978-7-111-72084-3

Ⅰ.①数… Ⅱ.①朱… ②朱… Ⅲ.①数控机床-车床-程序设计-高等职业教育-教材②数控机床-车床-操作-高等职业教育-教材 Ⅳ.①TG519.1

中国版本图书馆 CIP 数据核字(2022)第 218555 号

机械工业出版社(北京市百万庄大街 22 号 邮政编码 100037)
策划编辑:王莉娜　　　　责任编辑:王莉娜 赵文婕
责任校对:贾海霞 张 征　封面设计:马若濛
责任印制:张 博
中教科(保定)印刷股份有限公司印刷
2023 年 7 月第 4 版第 1 次印刷
210mm×285mm · 16 印张 · 335 千字
标准书号:ISBN 978-7-111-72084-3
定价:54.00 元

电话服务　　　　　　　　网络服务
客服电话:010-88361066　机 工 官 网:www.cmpbook.com
　　　　　010-88379833　机 工 官 博:weibo.com/cmp1952
　　　　　010-68326294　金 书 网:www.golden-book.com
封底无防伪标均为盗版　　机工教育服务网:www.cmpedu.com

关于"十四五"职业教育国家规划教材的出版说明

为贯彻落实《中共中央关于认真学习宣传贯彻党的二十大精神的决定》《习近平新时代中国特色社会主义思想进课程教材指南》《职业院校教材管理办法》等文件精神，机械工业出版社与教材编写团队一道，认真执行思政内容进教材、进课堂、进头脑要求，尊重教育规律，遵循学科特点，对教材内容进行了更新，着力落实以下要求：

1. 提升教材铸魂育人功能，培育、践行社会主义核心价值观，教育引导学生树立共产主义远大理想和中国特色社会主义共同理想，坚定"四个自信"，厚植爱国主义情怀，把爱国情、强国志、报国行自觉融入建设社会主义现代化强国、实现中华民族伟大复兴的奋斗之中。同时，弘扬中华优秀传统文化，深入开展宪法法治教育。

2. 注重科学思维方法训练和科学伦理教育，培养学生探索未知、追求真理、勇攀科学高峰的责任感和使命感；强化学生工程伦理教育，培养学生精益求精的大国工匠精神，激发学生科技报国的家国情怀和使命担当。加快构建中国特色哲学社会科学学科体系、学术体系、话语体系。帮助学生了解相关专业和行业领域的国家战略、法律法规和相关政策，引导学生深入社会实践、关注现实问题，培育学生经世济民、诚信服务、德法兼修的职业素养。

3. 教育引导学生深刻理解并自觉实践各行业的职业精神、职业规范，增强职业责任感，培养遵纪守法、爱岗敬业、无私奉献、诚实守信、公道办事、开拓创新的职业品格和行为习惯。

在此基础上，及时更新教材知识内容，体现产业发展的新技术、新工艺、新规范、新标准。加强教材数字化建设，丰富配套资源，形成可听、可视、可练、可互动的融媒体教材。

教材建设需要各方的共同努力，也欢迎相关教材使用院校的师生及时反馈意见和建议，我们将认真组织力量进行研究，在后续重印及再版时吸纳改进，不断推动高质量教材出版。

机械工业出版社

前　言

本书是根据《教育部办公厅关于印发〈"十四五"职业教育规划教材建设实施方案〉的通知》（教职成厅〔2021〕3号）和《教育部办公厅关于组织开展"十四五"首批职业教育国家规划教材遴选工作的通知》（教职成厅函〔2021〕25号）文件精神，同时参考数控车工（中级工）职业资格标准和数控车铣加工（初级）"1+X"证书中数控车加工模块的要求而更新完善的。

本书以职业能力培养为本位，以职业实践为主线，以数控车床加工典型工作任务为载体，有机嵌入常用数控指令、加工工艺及操作技能等知识，体现"学中做""学中教"的现代职业教育课程改革理念。编写中注重吸收行业、企业的技术人员和能工巧匠的参考意见，紧跟产业发展趋势和行业人才需求，及时将产业发展的新理念、新技术、新工艺、新规范纳入书中，反映数控加工岗位（群）职业能力要求；注重安全生产、文明生产、操作规程的学习及评价；注重学生良好职业习惯、敬业精神和质量意识的养成训练和考核，践行"立德树人"作为新时代教育根本任务的综合教育理念。此次修订体现了以下特点。

1. 采用目前市场上应用广泛的发那科0i-Mate-MD系统及西门子828D系统同步对比介绍。

2. 按车削类零件特点设置数控车床基本操作、轴类零件加工等6个项目，每个项目设置多个典型工作任务。

3. 每个项目前设有学习目标，项目后安排有项目小结、拓展学习、思考与练习，构成完整的学习过程。在拓展学习中，以二维码的形式链接了大国工匠等内容，旨在加强爱国主义教育。

4. 每个任务以数控加工实践为主线，融入有关数控刀具选择、数控加工工艺路径确定、数控指令与编程方法、数控机床加工、精度测量与尺寸控制等知识，体现"教、学、做"合一。

5. 每个任务由【任务描述】【知识目标】【技能目标】【知识准备】【任务实施】【检测评分】【任务反馈】【任务拓展】等环节构成，以任务为导向开展教学活动。检测评分中融入劳动精神、工匠精神评价指标，促进任务实施中培养以工匠精神为主的核心素养。

6. 每个任务后都设有任务拓展内容，以提高学生应用知识解决同类问题的能力和开拓创新能力。

7. 每个任务后设置有任务反馈环节，让学生总结任务完成中出现的问题、分析其产生原因，并提出改进措施，以培养学生的产品质量意识，增强学生质量控制能力和解决实际问题的能力。

8. 本书制作有 42 个配套教学视频资源并以二维码的形式嵌入书中，便于学生学习观看，化解教学难点，还配有 PPT 课件、电子教案、电子题库及试卷等数字教学资源。

9. 本书还同步开发了《数控车削编程与加工》数字课程并入驻机械工业出版社"天工讲堂"App 在线学习平台，可满足学校、教师、学生开展远程教学与培训、线上自主学习、混合教学的需要。

10. 本书在超星泛雅教学平台建有同步配套在线课程。在线课程先后入选 2022 年江苏省和国家职业教育在线精品课程（https://www.xueyinonline.com/detail/227194456）。

11. 本书配套有同步编程与加工训练册，题型有填充题、判断题、选择题、简答题及编程训练题，便于检测学生对相关理论知识的掌握情况，并对接数控车铣加工"1+X"证书考核理论模块要求。

12. 本书对接"1+X"证书中数控车铣加工初级（数控车床加工模块）手工编程、自动编程、工艺、机床操作、零件加工等要求；可作为中职数控技术应用专业、机械加工技术专业、机械制造技术专业"数控车削编程与加工"课程的教学用书。

本书主要教学内容及参考学时安排如下。

项　目	任　务	参考学时	合计
项目一　数控车床基本操作	任务一　认识数控车床	4	18
	任务二　数控车床开关机与回参考点	4	
	任务三　数控程序的输入与编辑	4	
	任务四　数控车床对刀操作	6	
项目二　轴类零件加工	任务一　简单阶梯轴的加工	6	22
	任务二　外圆锥轴的加工	6	
	任务三　多槽轴的加工	6	
	任务四　多阶梯轴的加工	4	
项目三　套类零件加工	任务一　通孔轴套的加工	6	16
	任务二　阶梯孔轴套的加工	6	
	任务三　锥孔轴套的加工	4	

（续）

项　　目	任　　务	参考学时	合计
项目四　成形面类零件加工	任务一　凹圆弧滚压轴的加工	6	16
	任务二　球头拉杆的加工	6	
	任务三　球面管接头的加工	4	
项目五　螺纹类零件加工	任务一　圆柱螺塞的加工	6	16
	任务二　圆锥螺塞的加工	6	
	任务三　圆螺母的加工	4	
项目六　零件综合加工和 CAD/CAM 加工	任务一　法兰盘的加工	4	14
	任务二　螺纹管接头的加工	4	
	任务三　圆头电动机轴的 CAD/CAM 加工	6	
合　　计			102

　　教学过程中各个学校可根据实际情况选择发那科和西门子两套系统对比学习，或者以其中一套系统为主开展教学活动，另一套数控系统用于学生课外拓展学习；机床设备不足的学校也可以一部分学生使用发那科系统，另一部分学生使用西门子系统开展教学活动。

　　本书由南京六合中等专业学校朱明松、朱德浩任主编，南京市职业教育教学研究室陶建东、南京新浙数控机床有限公司谭印书主审，南京六合中等专业学校王立云、徐伏健、黄小培、史中方、陈其梅、王家美参与编写。

　　由于编者知识和经验有限，书中不足和疏漏之处在所难免，敬请读者批评指正。

编　者

二维码索引

（续）

序号	名称	二维码	页码	序号	名称	二维码	页码
15	手动操作与试切削		43	26	手动钻中心孔		103
16	西门子系统手动操作与试切削		43	27	内孔车刀对刀		106
17	大国工匠		45	28	孔加工		106
18	单段加工与自动加工		55	29	辽宁号航空母舰		131
19	西门子系统单段加工与自动加工		56	30	"墨子号"量子科学实验卫星		164
20	空运行与仿真		66	31	外螺纹加工 G32		172
21	子程序调用		76	32	外螺纹加工 G92		173
22	发那科系统外槽车刀对刀		79	33	螺纹车刀对刀		177
23	西门子系统车槽刀对刀		79	34	内螺纹车刀对刀		198
24	卡爪的装拆		83	35	内螺纹车削		198
25	中国机床		95	36	中国空间站		201

（续）

序号	名称	二维码	页码	序号	名称	二维码	页码
37	内槽车刀对刀		225	40	CF 卡 USB 传输程序		235
38	内槽加工		225	41	DNC 加工		236
39	RS232 传输设置		234	42	长征系列运载火箭		241

目　录

项目一　数控车床基本操作

数控车床又称 CNC（Computerized Numerical Control）车床，是计算机数字控制机床的一种。它按技术人员事先编好的程序来自动加工各种形状的零件。由于数控车床具有加工精度高、质量稳定、效率高等优点，越来越多的企业使用数控车床替代普通车床，并作为零件加工的主要设备。了解数控车床的结构与原理，掌握数控车床的使用方法，已成为机械行业技术推广的重要方面。

学习目标

- 了解数控车床的结构、种类、特点及应用。
- 熟悉机床坐标系、工件坐标系、数控程序等理论知识。
- 掌握安全生产、文明生产知识，养成良好的职业习惯。
- 掌握数控车床安全操作规程。
- 会对数控车床进行简单的维护和保养。
- 会操作数控车床控制面板和操作面板。
- 会手工输入数控程序及编辑数控程序。
- 会进行外圆车刀的对刀操作。

任务一　认识数控车床

认识数控车床的型号、种类、结构、主要加工内容及特点，熟悉数控车床系统操作面

板按键及机床操作面板按键功能。

 **知识目标**

1. 了解数控车床的型号及种类。

2. 熟悉数控车床的结构及主要部件功能。

3. 了解数控车床的加工特点。

4. 了解数控车床的主要加工内容。

5. 熟悉安全文明生产知识。

技能目标

1. 认识各种数控车床。

2. 熟悉 FANUC 0i Mate-TD 及 SINUMERIK 828D 系统数控车床系统操作面板的按键功能及界面切换方法。

3. 熟悉 FANUC 0i Mate-TD 及 SINUMERIK 828D 系统数控车床操作面板的按键功能。

知识准备

认识数控车床，首先观察车床外形及代号，然后了解数控车床的主要结构、加工特点、加工内容，认识数控车床面板按键功能。

1. 数控车床的型号

数控车床型号表示方法遵守 GB/T 15375—2008《金属切削机床 型号编制方法》，由字母及一组数字组成。例如数控车床代号 CK6140 含义如下：

认识数控车床

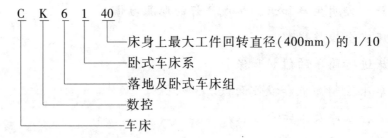

2. 数控车床的种类

数控车床根据不同的分类方法有不同的种类。

（1）按主轴位置分类 按主轴位置分类，数控车床有立式和卧式两大类，卧式数控车床又有水平导轨式和倾斜导轨式两种，其外形及特点见表1-1。

（2）按数控系统分类 常用数控系统有发那科（FANUC）数控系统、西门子（SIEMENS）数控系统、华中数控系统、广数系统等。每一种数控系统又有多种型号。本书若无特殊说明，则均以 FANUC 0i Mate-TD 及 SINUMERIK 828D 系统为例进行介绍。

表 1-1　数控车床外形及特点

类　别	外　形	特　点
立式数控车床		主轴处于垂直位置,有一个直径很大的圆形工作台,工件装夹在圆形工作台上,刀具装夹在横梁刀架上,用于加工径向尺寸较大、轴向尺寸相对较小的大型复杂回转类零件
水平导轨卧式数控车床	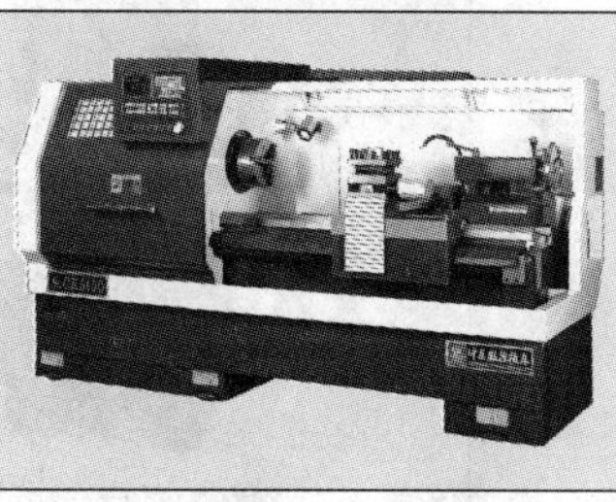	主轴与导轨均处于水平位置,与普通车床类似,用于普通车床数字化改造及经济型数控车床
倾斜导轨卧式数控车床	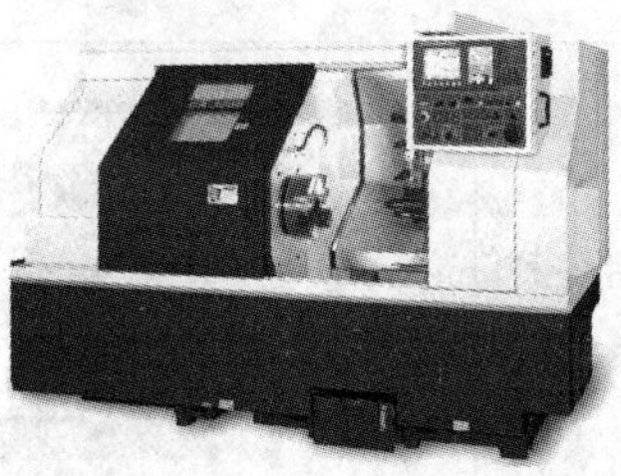	主轴处于水平位置,导轨处于倾斜位置,车床刚性大,加工、排屑方便,用于全功能数控车床及车削加工中心

（3）按数控系统的功能分类　按数控系统的功能分类,可将数控车床分为经济型数控车床、全功能数控车床、车削加工中心和 FMC 车削单元等,其特点及应用见表 1-2。

表 1-2　数控车床的种类、特点及应用

数控车床的种类	特点及应用
经济型数控车床	经济型数控车床的结构布局与普通车床相似,早期采用步进电动机驱动的开环伺服系统,控制部分采用单板机或单片机,显示部分采用数码管或简单的 CRT 字符显示,自动化程度和功能都比较差,加工精度也不高。随着技术进步,经济型数控车床功能有很大发展,如采用进给伺服电动机驱动的半闭环控制系统、配备功能较强的通用数控系统和 CRT,控制功能和加工精度都大大提高
全功能数控车床	全功能数控车床广泛采用伺服电动机驱动的半闭环、闭环控制系统,车床结构采用专门设计的倾斜床身、液压卡盘及液压尾座等,加工精度和自动化程度大大提高
车削加工中心	以全功能数控车床为基础,配置刀库、换刀装置、铣削动力头和副主轴(C 轴),实现多工序的复合加工,在一次装夹后,可以完成回转类零件的车、铣、钻、铰、攻螺纹等多种加工工序,功能全面,但价格较高
FMC 车削单元	FMC 车削单元是一个由数控车削加工中心和工业机器人组成的柔性加工单元,可实现工件搬运、装卸的自动化和加工调整准备的自动化

除此以外，数控车床还可以按控制方式分为开环控制系统数控车床、半闭环控制系统数控车床、闭环控制系统数控车床；按装夹工件方式分又有卡盘式数控车床和顶尖式数控车床；按刀架数分有单刀架数控车床和双刀架数控车床等。

3. 数控车床的结构及传动系统

数控车床由车床主体、控制部分、驱动部分、辅助部分等组成，见表1-3。

表1-3 数控车床的组成部分

序号	组成部分	说　明	图　例
1	车床主体	车床主体部分是数控车床的基础件，由床身、主轴箱与主轴部件、进给箱与滚珠丝杠、导轨、刀架、尾座等组成	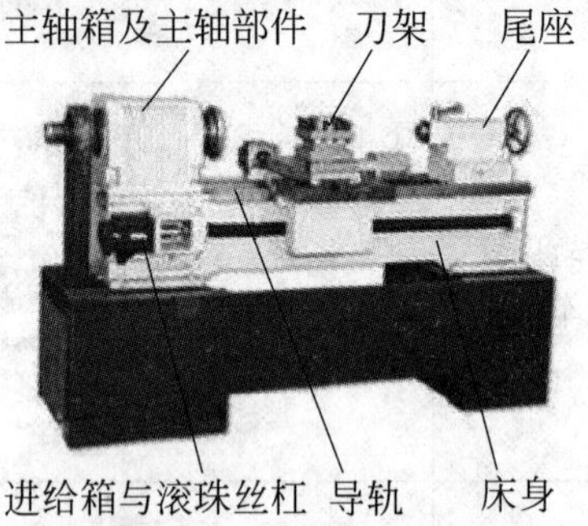 主轴箱及主轴部件 刀架 尾座 进给箱与滚珠丝杠 导轨 床身
2	控制部分	控制部分是数控车床的控制核心，由各种数控系统完成对数控车床的控制	 发那科数控系统
3	驱动部分	驱动部分是数控车床执行机构的驱动部件，由伺服驱动装置和伺服电动机等组成	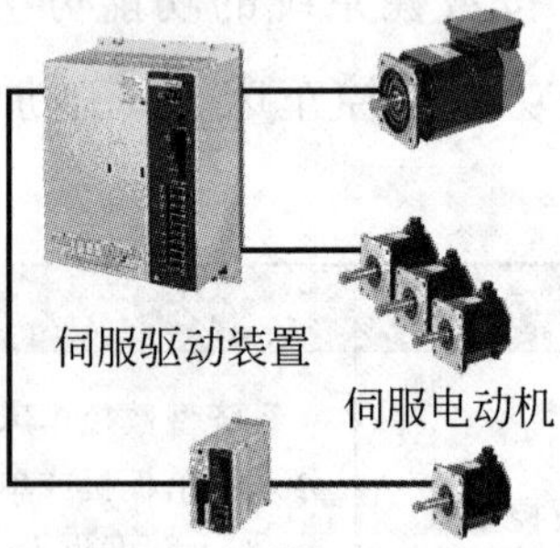 伺服驱动装置 伺服电动机
4	辅助部分	辅助部分是指完成数控加工辅助动作的装置，由冷却系统、润滑系统、照明系统、自动排屑系统、防护罩等组成	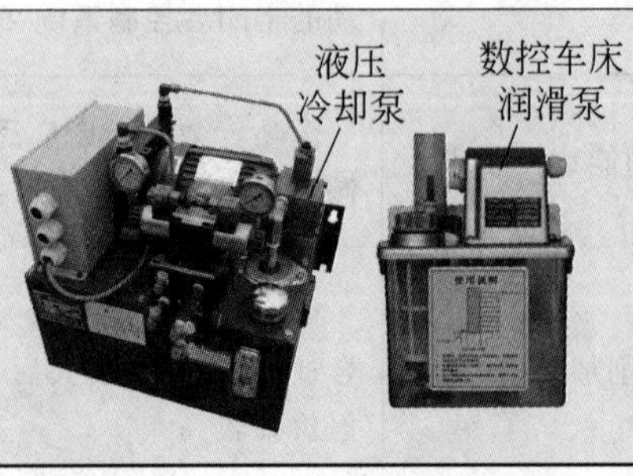 液压冷却泵 数控车床润滑泵

数控车床传动路线较普通车床大大缩短，如图1-1所示，有利于减小传动误差，提高精度。

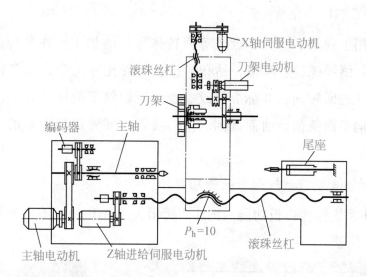

图 1-1　数控车床传动路线图

4. 数控车床的加工特点

数控车床的加工特点见表 1-4。

表 1-4　数控车床的加工特点

序号	特　点	说　明
1	加工精度高、质量稳定	数控车床按照预定的加工程序自动加工工件,加工过程中消除了操作者人为的操作误差,能保证工件加工质量的一致性;利用反馈系统进行校正及补偿加工精度,可以获得比车床本身精度还要高的加工精度及重复定位精度
2	能加工复杂型面	数控车床能实现多坐标轴联动,容易实现许多普通车床难以完成或无法实现的曲线、曲面构成的回转体加工及非标准螺距螺纹、变螺距螺纹加工
3	适应性强	只需要重新编写(或修改)数控加工程序即可实现对新工件的加工,不需要重新设计模具、夹具等工艺装备,适用于多品种、小批量工件的生产及新产品试制
4	生产率高	数控车床结构刚性好,主轴转速高,可以进行大切削用量的强力切削;机床移动部件的空行程运动速度快,加工时所需的切削时间和辅助时间均比普通机床短,生产率比普通机床高 2~3 倍;加工形状复杂的工件时,生产率可提高十几倍到几十倍
5	自动化程度高、工人劳动强度低	在数控车床上加工工件,操作者除了输入程序、装卸工件、对刀、进行关键工序的中间检测等,不需要进行其他复杂的手工操作,劳动强度和紧张程度均大为减轻;车床上一般都有较好的安全防护、自动排屑、自动冷却等装置,操作者的劳动条件也大为改善
6	经济效益高	单件、小批量生产情况下,使用数控车床可以缩短划线、调整、检验时间,从而降低生产费用,节省工艺装备,获得良好的经济效益。此外,其加工精度稳定,降低了废品率。数控车床还可实现一机多用,可节省厂房、节省建厂投资等
7	有利于生产管理的现代化	用数控车床加工工件,能准确地计算工件的加工工时,有效地简化了检验和工夹具、半成品的管理工作。其加工及操作均使用数字信息与标准代码输入,适于与计算机联网,目前已成为计算机辅助设计、制造及管理一体化的基础

5. 数控车床加工的应用范围

数控车床主要用于轴类、套类、盘类等回转体零件的加工,如各种内外圆柱面、内外圆锥面、圆柱螺纹、圆锥螺纹、车槽、钻孔、扩孔、铰孔等工序,以及普通车床上不能完成的由各种曲线构成的回转面、非标准螺纹、变螺距螺纹等表面的加工。车削加工中心还可以完成径向和轴向平面铣削、曲面铣削、中心线不在零件回转中心的端面孔和径向孔的钻削加工等。

6. FANUC 0i Mate 系统数控车床面板功能

(1) CRT/MDI 系统操作面板功能 图 1-2 所示为 FANUC 0i Mate 系统操作面板,其各键名称及功能见表 1-5。

发那科系统
操作面板

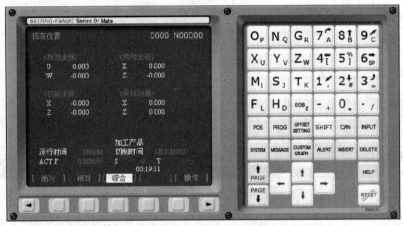

图 1-2 FANUC 0i Mate 系统操作面板

表 1-5 FANUC 0i Mate 系统操作面板各按键名称及功能

按　键		名称及功能
		数字/字母键。用于输入数据到输入区域,系统自动判别输入字母还是数字。数字/字母键通过 SHIFT 上档键切换输入,如 O—P,7—A
编辑键	ALTER	替换键。用输入的数据替换光标所在处的数据
	DELETE	删除键。删除光标所在处的数据,或者删除一个程序或者删除全部程序
	INSERT	插入键。把输入区域中的数据插入到当前光标之后的位置
	CAN	取消键。消除输入区域内的数据

（续）

按　　键	名称及功能
编辑键	
EOB E	回车换行键。结束一段程序的输入并且换行
SHIFT	上档键。用于切换数字/字母键的输入字符
界面切换键	
PROG	程序键。显示程序编辑界面或程序目录界面
POS	位置显示界面。位置显示有三种方式,可用 PAGE 键选择
OFFSET SETTING	参数输入界面。按第一次进入坐标系设置界面,按第二次进入刀具补偿参数界面。进入不同的界面以后,用 PAGE 键切换
SYSTEM	系统参数界面
MESSAGE	信息界面,如"报警"信息
CUSTOM GRAPH	图形参数设置界面
HELP	系统帮助界面
翻页键	
PAGE ↑	向上翻页
PAGE ↓	向下翻页
光标移动键	
↑	向上移动光标
←	向左移动光标
↓	向下移动光标
→	向右移动光标
输入键	
INPUT	输入键。把输入区域内的数据输入参数界面
RESET	复位键

（2）机床操作面板（以 FANUC 0i Mate 标准机床操作面板为例） 机床操作面板如图 1-3 所示，主要用于控制机床的运动和选择机床运行状态，由模式选择旋钮、数控程序运行控制开关等多个部分组成，每一部分的详细说明见表 1-6。

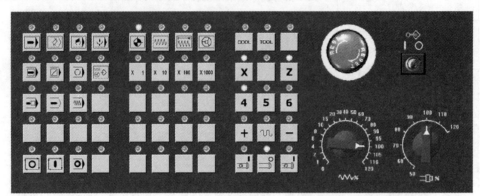

发那科系统机床操作面板

图 1-3 FANUC 0i Mate 系统机床操作面板

表 1-6 FANUC 0i Mate 系统机床操作面板按键名称及功能

按键或旋钮	名称及功能
	AUTO（MEM）键（自动模式键）。进入自动加工模式
	EDIT 键（编辑键）。用于直接通过操作面板输入数控程序和编辑程序
	MDI 键（手动数据输入键）。用于直接通过操作面板输入数控程序和编辑程序
	文件传输键。通过 RS232 接口将数控系统与计算机相连并传输文件
	REF 键（回参考点键）。通过手动方式，各轴回机床参考点
	JOG 键（手动模式键）。通过手动方式连续移动各轴
	INC 键（增量进给键）。通过手动脉冲方式进给
	HNDL 键（手轮进给键）。按此键切换成通过手摇轮移动各坐标轴模式
	切削液开关键。按下此键，切削液开
	刀具选择键。按下此键，在刀库中选刀
	SINGL 键（单段执行键）。自动加工模式和 MDI 模式中，单段运行
	程序段跳选键。在自动模式下按此键，跳过开头带有"/"的程序段

（续）

按键或旋钮	名称及功能
	程序停止键。自动模式下,遇到 M00 指令,程序停止
	程序重启键。由于刀具破损等原因自动停止后,按下此键,可以从指定的程序段重新启动
	机床锁住开关键。按下此键,机床各轴被锁住
	空运行键。按下此键,各轴以固定的速度快速运动
	机床主轴手动控制开关。手动模式下按此键,主轴正转
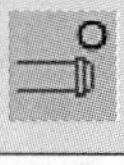	机床主轴手动控制开关。手动模式下按此键,主轴停转
	机床主轴手动控制开关。手动模式下按此键,主轴反转
	循环(数控)停止键。数控程序运行中,按下此键,停止运行程序
	循环(数控)启动键。在"AUTO"或"MDI"工作模式下按此键,自动运行加工程序,其余时间按下无效
X	X 轴方向手动进给键
Z	Z 轴方向手动进给键
+	正方向进给键
	快速进给键,手动方式下,同时按住此键和一个坐标轴点动方向键,坐标轴以快速进给速度移动
−	负方向进给键
X 1	选择手动移动(步进增量方式)时每一步的距离,×1 为 0.001mm
X 10	选择手动移动(步进增量方式)时每一步的距离,×10 为 0.01mm
X 100	选择手动移动(步进增量方式)时每一步的距离,×100 为 0.1mm
X1000	选择手动移动(步进增量方式)时每一步的距离,×1000 为 1mm
	程序编辑开关。置于"○"或"❘"位置,可编辑或禁止编辑程序

（续）

按键或旋钮	名称及功能
	进给速度（F）调节旋钮。调节进给速度，调节范围为 0~120%
	主轴转速调节旋钮。调节主轴转速，调节范围为 50%~120%
	紧急停止按钮。按下此按钮，可使机床和数控系统紧急停止，旋转按钮可释放
手持式操作器（手摇轮）	左上侧旋钮为功能选择旋钮，选择所需移动的轴，OFF 为关闭手轮模式；右上侧为步距选项旋钮，可选择 0.001×1（mm）、0.001×10（mm）、0.001×100（mm）的进给速度 下方为手摇轮。顺时针方向旋转手摇轮，各坐标轴正向移动；逆时针方向旋转手摇轮，各坐标轴负向移动（机床移动轴由功能旋钮确定，机床移动速度由步距选项旋钮确定）

7. SINUMERIK 828D 系统数控车床面板功能

（1）CRT/MDA 系统操作面板功能 图 1-4 所示为 SINUMERIK 828D 系统操作面板。

西门子系统操作面板介绍

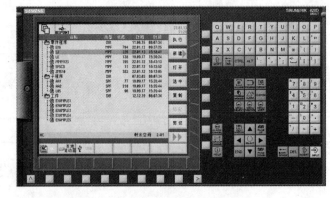

图 1-4 SINUMERIK 828D 系统操作面板

各键的图标及功能见表 1-7。

（2）机床操作面板 机床操作面板如图 1-5 所示，主要用于控制机床的运动和选择机床运行状态，由模式选择按钮、数控程序运行控制开关等多个部分组成，每一部分的详细说明见表 1-8。

表 1-7　SINUMERIK 828D 系统操作面板按键图标及功能

按键图标及功能	按键图标及功能
Λ　返回键,位于屏幕下方软键左侧	PROGRAM MANAGER　程序管理操作区域键
>　菜单扩展键,位于屏幕下方软键右侧	ALARM　报警/系统操作区域键
ALARM CANCEL　报警应答键	CUSTOM　自定义键
CHANNEL　通道转换键	MENU SELECT　返回主菜单键
HELP　信息键	MENU FUNCTION　功能菜单
Q]　字母、字符键,用上档键转换对应字符	NEXT WINDOW　窗口切换键
7 +　数字、字符键,用上档键转换对应字符	PAGE UP　PAGE DOWN　向上、向下翻页键
SHIFT　上档键	▲ ▼　光标向上、向下键
TAB　制表键	◄ ►　光标向左、向右键
CTRL　控制键	SELECT　选择/转换键
ALT　ALT 键	BACK-SPACE　删除键(退格键)
+/-　空格键	DEL　删除键
M POSITOIN　加工操作区域键	INSERT　插入键
PROGRAM　程序操作区域键	INPUT　回车/输入键
OFFSET　参数操作区域键	END　在菜单画面或表格中将光标移至未位

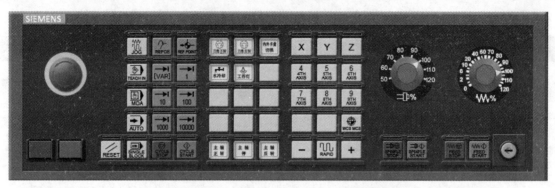

图 1-5　SINUMERIK 828D 系统机床操作面板

表 1-8　SINUMERIK 828D 系统机床操作面板按键图标及功能

按键图标及功能	按键图标及功能
复位键	工件坐标系与机床坐标系切换键
数控停止键	主轴正转键
数控启动键	主轴反转键
用户自定义键	主轴停键
X、Z 轴选择键	运行方向键
增量选择键	快速运行叠加
增量进给,增量值为 1~10000	手动模式键
回参考点模式键	自动模式键
程序单段运行键	手动数据输入 MDA 键
紧急停止按钮	切削液按钮
主轴转速倍率旋钮	进给速度倍率旋钮
主轴停止键、主轴启动键	进给停止键、进给保持键

手持式操作器

（手摇轮）

左上侧旋钮为功能选择旋钮,选择所需移动的轴,OFF 为关闭手轮模式

右上侧为步距选项旋钮,可选择 0.001×1（mm）、0.001×10（mm）、0.001×100（mm）的进给速度

下方为手摇轮,顺时针方向旋转手摇轮,各坐标轴正向移动;逆时针方向旋转手摇轮,各坐标轴负向移动（机床移动轴由功能旋钮确定,机床移动速度由步距选项旋钮确定）

8. 安全文明生产知识

（1）着装要求　正确穿戴工作服、工作鞋、防护眼镜、工作帽等劳动保护用品，女同学必须将头发塞入帽中，以免发生事故；时时佩戴防护眼镜，防止切屑飞溅损伤眼睛。

（2）纪律要求　严格听从实习指导教师安排，严格遵守上课纪律，不迟到，不早退，坚守岗位，不串岗、不离岗，严禁在车间打闹、嬉戏。

（3）安全防护要求　牢固树立安全意识，不熟悉的设备、设施、按钮不私自乱开乱动；不做有安全隐患的各种操作；在车间不慎受伤，应及时进行处理并尽快向指导教师汇报。

（4）行为习惯和工作态度要求　认真聆听教师的每一步讲解，认真按教师的示范进行操作，认真执行岗位职责，严格遵守机床操作规程，不做与岗位无关的任何事情。

（5）团队合作要求　能与他人和睦相处，学会与他人共事，能尊重、理解、帮助他人，能坦然面对竞争。

任务实施

本任务是认识数控车床的型号、种类、结构、特点、加工内容、FANUC 0i Mate 系统及 SINUMERIK 828D 系统车床面板按键及功能，实施任务需具备一定条件，如各种类型数控车床、数控车床加工实例、数控仿真软件等。根据具体情况采用一定的方法和步骤实施任务。

1. 实施方法及途径

通过参观数控实训车间或本地区数控加工企业等形式认识数控车床，也可通过网络查询、教师提供图片、影印资料等方法弥补设备不足的缺陷。数控面板按键和旋钮的功能主要通过上机实地操作或采用仿真软件进行认识。

2. 实施步骤

（1）进行安全文明生产知识教育和纪律教育

（2）认识数控车床的型号、种类、特点

1）记录并分析数控车床的型号，加工零件的形状和结构。

2）记录所看到的数控车床种类，分析其特点。

3）分析数控车床的加工内容。

（3）认识数控车床各部分的结构和功能

1）观察数控车床整机。分析数控车床的数控系统、床身组件、各部分结构及位置。

2）认识主轴箱。观察主传动部分的组成，观察其内部构造，分析其工作原理。

3）认识 X、Z 向运动部件。观察进给传动部分的组成、传动过程及特点。

4）认识刀架。了解其使用方法，熟悉其功能。

5）认识尾座。了解其使用方法。

6）认识数控车床中辅助装置的组成。

（4）认识 FANUC 0i Mate 数控车床面板功能

1）数控系统操作面板各按键及功能。

2）机床操作面板各按键及功能。

3）数控车床操作界面切换。

（5）认识 SINUMERIK 828D 数控车床面板功能

1）数控系统操作面板各按键及功能。

2）机床操作面板各按键及功能。

3）数控车床操作界面切换。

检测评分

将任务完成情况的检测与评价填入表 1-9 中。

表 1-9　认识数控车床检测评价表

序号	检测项目	检测内容及要求	配分	学生自检	学生互检	教师检测	得分
1	职业素养	文明、礼仪	5				
2		安全、纪律	10				
3		行为习惯	5				
4		工作态度	5				
5		团队合作	5				
6	数控车床认识内容	数控车床的型号及含义	5				
7		数控车床的种类	5				
8		数控车床的加工特点与内容	10				
9		主轴箱部件及主传动系统	10				
10		X、Z 向进给部件及进给传动系统	10				
11		数控车床刀架及功用	5				
12		数控车床尾座及功用	5				
13		数控车床中辅助部件的名称及作用	5				
14		数控车床机床操作面板按键及功能	5				
15		数控车床数控系统操作面板功能及界面切换	10				
综合评价							

任务反馈

在任务完成过程中，分析是否出现表 1-10 所列问题，了解其产生原因，提出修正措施。

表 1-10　认识数控车床出现的问题、产生原因及修正措施

问题	产生原因	修正措施
数控车床型号不会分析	(1)数控车床生产企业自定型号	
	(2)部分改进型号含义不明	
	(3)国外进口的数控车床	
数控车床种类不详	(1)设备条件限制	
	(2)特种数控车床或进口数控车床	
	(3)改进型号无法分类	
	(4)没掌握数控车床分类方法	
数控车床主要部件及功用不详	(1)设备条件限制	
	(2)无法通过拆装认识数控车床内部结构	
数控车床加工特点及内容不详	(1)接触到的加工内容不够全面	
	(2)总结、归纳能力不够	
数控面板操作错误	(1)按键功能未能理解	
	(2)操作次序不正确	

 任务拓展一

了解本校实习工厂或本地区数控车床的数量、种类、加工典型零件等情况。

 任务拓展二

分析并了解数控车床的主要技术参数及作用。主要技术参数有最大车削直径、最大车削长度、纵向最大行程、横向最大行程、主轴内孔直径、主轴转速范围、主电动机功率(kW)、滑板最大移动速度 X/Z、滑板移动最小设定单位 X/Z、刀架工位数、加工零件精度等级等。

任务二　数控车床开关机与回参考点

 任务描述

本任务主要学习 FANUC 0i Mate-TD 及 SINUMERIK 828D 数控车床开机、关机及回参考点操作，数控车床操作规程，数控车床的日常维护与保养方法。

 知识目标

1. 理解机床坐标系的概念及作用。

2. 理解机床参考点的概念及作用。

3. 理解并掌握数控车床安全操作规程。

技能目标

1. 具有识别各种数控车床坐标系的能力。

2. 会正确进行数控车床开机、关机操作。

3. 会进行数控车床回参考点操作。

4. 会进行数控车床的日常维护与保养。

知识准备

为描述机床运动，简化程序编写过程，数控机床必须有一个坐标系。这种机床固有的坐标系称为机床坐标系，也称为机械坐标系。目前国际上已统一了数控机床坐标系标准，我国也制订了 GB/T 19660—2005 国家标准。

1. 机床坐标系的确定原则

（1）刀具相对于静止工件而运动的原则　即在数控机床上，不论是刀具运动还是工件运动，一律以刀具运动为准，假设工件为不动的。这样就可以按工件轮廓确定刀具加工轨迹。

（2）机床坐标系采用右手笛卡儿直角坐标系原则　如图 1-6 所示，伸直食指，使中指与拇指相互垂直，则中指指向+Z 方向，拇指指向+X 方向，食指指向+Y 方向。这三个坐标轴与机床主要导轨平行，旋转坐标轴 A、B、C 的正方向根据右手螺旋法则确定。

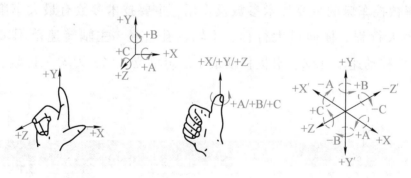

图 1-6　笛卡儿直角坐标系

（3）运动方向的确定原则　数控机床某一部件运动的正方向，是增大工件和刀具之间距离的方向。

2. 机床坐标系的确定方法

确定数控机床坐标系时一般先确定 Z 轴，然后确定 X、Y 轴。规定平行于机床主轴（传递切削动力）的刀具运动坐标轴为 Z 轴；X 轴处于水平位置，垂直于 Z 轴且平行于工件装夹平面。最后根据笛卡儿直角坐标系原则确定 Y 轴。

3. 卧式数控车床的机床坐标系

普通卧式数控车床的机床坐标系有两个坐标轴，分别是 Z 轴和 X 轴。Z 轴位于主轴轴线上，坐标轴正方向为刀具远离工件的方向（水平向右）；X 轴为水平方向，正方向为刀具远离工件的方向。

前置刀架：刀架与操作者在同一侧，水平导轨的经济型数控车床常采用前置刀架，X 轴正方向指向操作者，如图 1-7 所示。

后置刀架：刀架与操作者不在同一侧，倾斜导轨的全功能型数控车床和车削中心常采用后置刀架，其 X 轴正方向背向操作者，如图 1-8 所示。

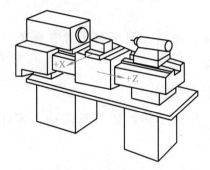

图 1-7 前置刀架数控车床的机床坐标系

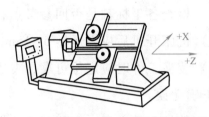

图 1-8 后置刀架数控车床的机床坐标系

4. 机床原点和机床参考点

（1）机床原点 即机床坐标系的原点，又称为机械原点（零点），是数控车床切削运动的基准点，其位置由机床制造厂确定，大多规定在主轴中心线与卡盘端面的交点处。也可通过设置参数的方法，将机床原点设定在 X、Z 坐标的正方向极限位置上，与参考点重合。机床原点位置如图 1-9 所示。

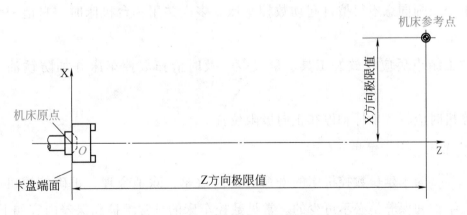

图 1-9 机床原点和机床参考点

（2）机床参考点 机床参考点是数控机床上的固定点，其位置由机床制造厂家调整，并将坐标值输入数控系统中，因此机床参考点对机床原点的坐标是一个已知数。对于大多数数控机床，开机后必须首先进行刀架返回机床参考点操作，确认机床参考点，建立数控机床坐标系,并确定机床坐标系的原点。只有机床回参考点以后,机床坐标系才能建立起来,刀具移动才有了依据,否则不仅加工无基准,而且还会发生碰撞等事故。数控车床参考点位置通常设置在机床坐标系中+X、+Z极限位置处,常作为刀具自动换刀点位置,如图1-9所示。

5. 数控车床的安全操作规程

为正确、合理地使用数控车床,保证机床正常运转,防止机床非正常磨损,保证人身及设备安全,必须制订比较完善的数控车床安全操作规程,主要包括以下内容。

1)开机前仔细检查电压、气压、油压是否正常,有手动润滑的部位先要进行手动润滑。

2)机床通电后,检查各开关、按钮、按键是否正常、灵活,机床有无异常现象。

3)检查各坐标轴是否回参考点,限位开关是否可靠。

4)机床开机后应空运转5~15min,使机床达到热平衡状态。

5)装夹工件时应定位可靠,夹紧牢固,所用螺钉、压板不得妨碍刀具运动,零件毛坯尺寸正确无误。

6)数控刀具选择、安装正确,夹紧牢固。

7)程序输入后,应仔细核对,防止发生错误。

8)进行机床加工前,应关好机床防护门,加工过程中不允许打开防护门。

9)严禁用手接触刀尖、切屑和旋转的工件等。

10)首件加工应采用单段程序切削,并随时注意调节进给倍率,以控制进给速度。

11)试切削和加工过程中,刃磨刀具、更换刀具后,一定要重新对刀。

12)发生故障时,应立即按下紧急停止按钮并向指导教师汇报。

13)未经教师同意不得擅自起动数控车床。多人共用一台机床时,只能一个人操作并注意他人安全。

14)加工结束后应收放好工具、量具等,及时清扫数控车床并加防锈油,及时关闭电源。

15)停机时应将各坐标轴停在正向极限位置。

6. 数控车床的日常维护及保养

数控车床的日常
维护与保养

为了延长数控机床的寿命和提高效率,除了合理、正确使用机床,精心的维护和保养是必不可少的。常见数控车床的日常维护和保养内容如下。

1)保持环境整洁。周围环境对数控机床影响较大,潮湿的空气、粉尘及腐蚀性气体等,不仅会对机床导轨面产生磨损和腐蚀,还会影响电气元件的寿命。

2)保持机床清洁。要坚持对机床主要部位(如工作台、裸露的导轨、数控面板)每班打扫一次,对机床整机每周打扫一次,包括油、气、水的过滤器和过滤网等。

3）定期对机床各部位进行检查，及时发现问题，消除隐患。常见检查部位及要求见表1-11。

4）杜绝机床带故障运行。设备一旦出现故障，尤其是机械部分故障，应立即停止加工，分析故障原因，待解决后才能继续运行。

5）及时调整。机床长期运行后，因各种原因会使机床丝杠反向间隙、镶条与导轨间隙增大等，影响机床精度。出现上述问题应及时调整。

6）及时更换易损件。传动带、轴承等配件出现损坏后，应及时更换，防止造成设备和人身事故。

7）经常监视电网电压。数控装置允许电网电压在额定值的±10%范围内波动，如果超过此范围就会造成数控系统不能正常工作，甚至引起数控系统内某些元器件损坏。为此，需要经常监视数控装置的电网电压。电网电压质量差时，应加装电源稳压器。

8）定期更换存储器电池。一般数控系统都装有电池，当电池电压不足时会报警，报警后应及时更换电池，预防断电期间系统数据丢失。

表 1-11　数控车床检查部位及要求

序号	检查周期	检查部位	检查要求
1	每天	导轨润滑油箱	检查油标、油量,检查润滑泵能否定时起动供油及停止
2	每天	X、Z轴轴向导轨面	清除切屑及污物,检查导轨面有无划伤
3	每天	压缩空气气源压力	检查气动控制系统压力
4	每天	主轴润滑恒温油箱	工作正常,油量充足并能调节温度范围
5	每天	机床液压系统	油箱、液压泵无异常噪声,压力指示正常,管路及各接头无泄漏
6	每天	各种电气柜散热通风装置	各电气柜冷却风扇工作正常,风道过滤网无堵塞
7	每天	各种防护装置	导轨、机床防护罩等无松动,无漏水
8	每半年	滚珠丝杠	清洗丝杠上的旧润滑脂,涂上新润滑脂
9	不定期	切削液箱	检查液面高度,经常清洗过滤器等
10	不定期	排屑器	经常清理切屑
11	不定期	清理废油池	及时取走滤油池中的废油,以免外溢
12	不定期	调整主轴驱动带松紧程度	按机床说明书调整
13	不定期	检查各轴导轨上的镶条	按机床说明书调整

7. 机床开机操作

数控车床开机前，先检查电压、气压是否正常，各开关、旋钮、按键是否完好，机床有无异常，检查完毕后进行开机操作，操作步骤见表1-12。

表 1-12 数控车床开机操作步骤

步骤	操作内容	图示
1	接通机床电源	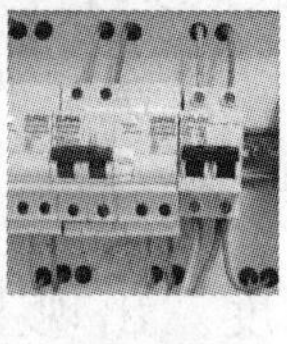
2	打开机床电源开关（将机床侧面或背面开关拨至"ON"或"┃"位置）	
3	打开机床钥匙开关（有些数控车床无）	
4	按数控系统电源启动按钮（数控车床操作面板中的绿色"ON"按钮）	

8. 回机床参考点操作

数控车床开机后一般都需进行手动回参考点操作，发那科系统与西门子系统数控车床回参考点的操作步骤见表 1-13。

表 1-13 发那科系统与西门子系统数控车床回参考点的操作步骤

步骤	操作内容	图示（发那科系统）	图示（西门子系统）
1	选择回参考点（REF）工作方式	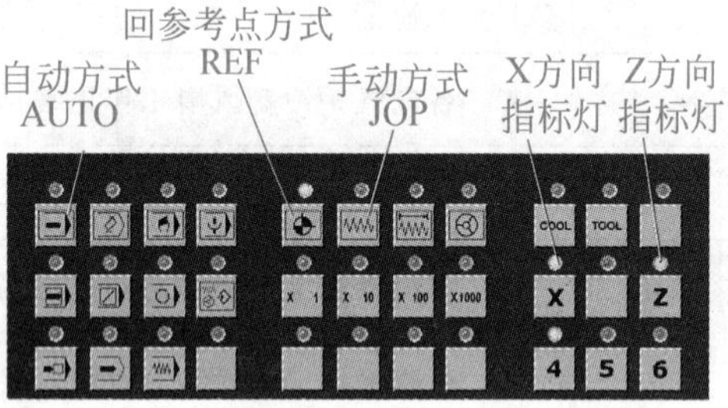	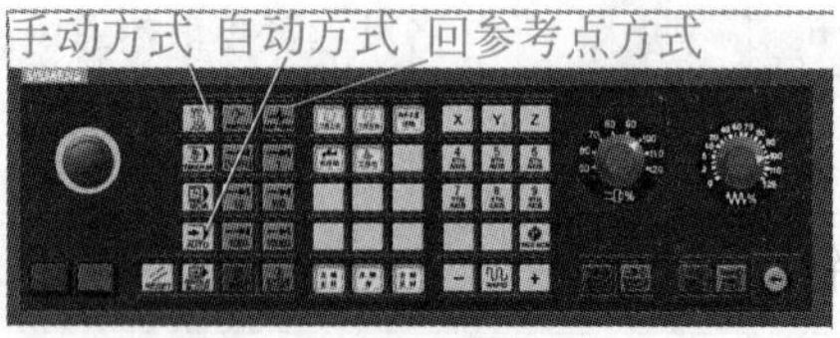
2	先按住+X方向键，直至参考点指示灯亮，屏幕X轴机械坐标显示为0	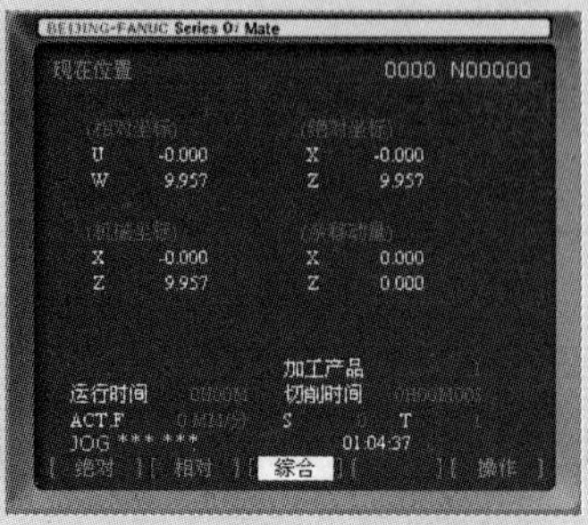	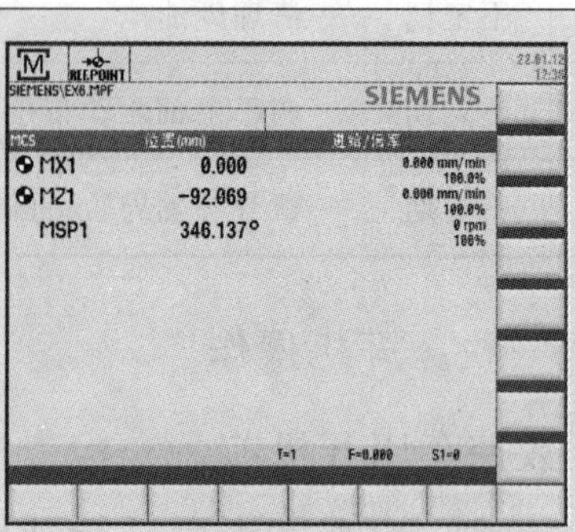

（续）

步骤	操作内容	图示（发那科系统）	图示（西门子系统）
3	再按住 +Z 方向键，直至参考点指示灯亮，屏幕 Z 轴机械坐标显示为 0	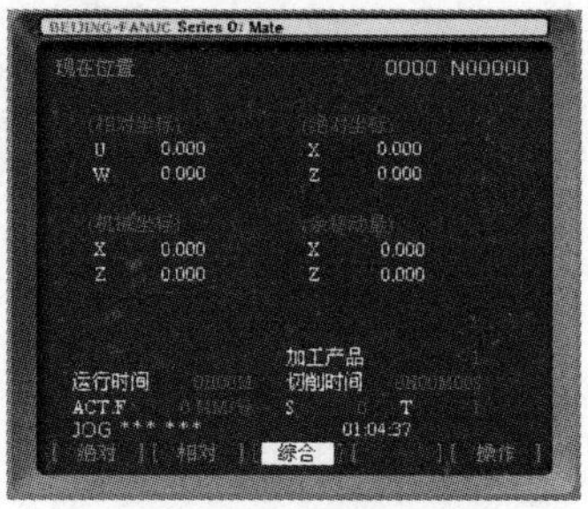	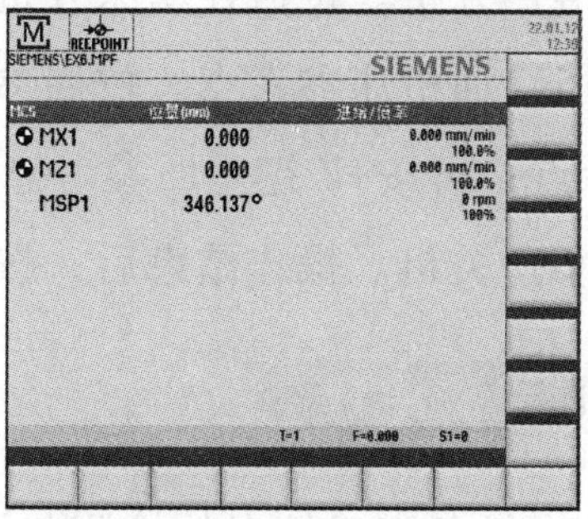
4	按 JOG、AUTO 或 MDI（A）模式键，结束回参考点方式	见步骤 1 选择回参考点工作方式的图示	见步骤 1 回参考点工作方式图示

回参考点前若刀具已在参考点位置，则手动反方向移动刀具至一定距离再进行回参考点操作。当数控机床出现以下几种情况时，应重新回机床参考点。

1）机床关机以后重新接通电源开关。

2）机床解除紧急停止状态以后。

3）机床超程报警信号解除之后。

4）操作中断电以后重新起动机床。

5）发那科系统空运行之后。

发那科系统数控车床开机、关机

9. 关机操作

1）将机床打扫干净，导轨面浇注防锈油。

2）将刀架 X 方向移至正向极限位置，再将刀架移至床尾。

3）按数控车床数控系统电源关闭按钮（数控车床操作面板上红色的 OFF 按钮）。

4）关闭钥匙开关（有些机床无）。

5）关闭机床电源开关。

6）切断机床电源。

西门子系统数控车床开机、关机、回参考点

任务实施

1. 实施条件

FANUC 0i Mate-TD 系统及 SINUMERIK 828D 系统数控车床若干台。

2. 实施步骤

1）学习数控车床的安全操作规程。

2）学习数控车床的日常维护和保养内容。

3）开机前检查。开机前检查数控车床手柄、润滑油等。

4）开机。按数控车床开机步骤打开数控车床。

5）回机床参考点。按回参考点按钮，按+X 键至回参考点指示灯亮，完成 X 轴方向回参考点；再按+Z 键至回参考点指示灯亮，完成 Z 轴方向回参考点。

6）关机。操作结束后，按关机顺序正确关闭数控车床。

 **检测评分**

将任务完成情况的检测与评价填入表 1-14 中。

表 1-14　数控车床开关机与回参考点检测评价表

序号	检测项目	检测内容及要求	配分	学生自检	学生互检	教师检测	得分
1	职业素养	文明、礼仪	5				
2		安全、纪律	10				
3		行为习惯	5				
4		工作态度	5				
5		团队合作	5				
6	开机、回参考点及关机操作	开机前检查	10				
7		开机步骤	10				
8		回参考点操作步骤	10				
9		关机步骤	10				
10		数控车床安全操作规程	15				
11		数控车床日常维护与保养	15				
综合评价							

 **任务反馈**

在任务完成过程中，分析是否出现表 1-15 所列问题，了解其产生原因，提出修正措施。

表 1-15　数控车床开关机与回参考点出现的问题、产生原因及修正措施

问题	产生原因	修正措施
数控车床不显示	(1)数控车床电源未接通	
	(2)数控车床电源开关未打开	
	(3)数控车床电源部分发生故障	
数控车床不动作	(1)数控车床钥匙开关未打开	
	(2)数控车床数控系统开关未启动	
	(3)进给倍率设置为零	
	(4)数控车床处于辅助功能锁住状态	
	(5)紧急停止按钮未释放	

（续）

问题	产 生 原 因	修 正 措 施
回参考点不成功或 回不准参考点	（1）方向键选择错误	
	（2）回参考点前，机床已处于参考点位置	
	（3）接近开关损坏	
	（4）接近开关挡块松动	
开机、关机等错误	（1）开机、关机动作次序错误	
	（2）未遵守数控车床安全操作规程	
	（3）机床开关未关闭	
	（4）数控车床电源未切断	

任务拓展

查找不需要回参考点的数控车床，分析其原理。

任务三　数控程序的输入与编辑

任务描述

将给定的数控程序输入 FANUC 0i Mate-TD 或 SINUMERIK 828D 系统数控车床中，对已输入的数控程序进行编辑操作。

知识目标

1. 掌握数控程序的结构。

2. 掌握数控指令的种类。

3. 掌握数控车床常用辅助功能指令及其含义。

技能目标

1. 会手动输入数控程序。

2. 能对数控车床中已有程序进行复制、改名、修改内容等编辑操作。

知识准备

输入与编辑数控程序前应熟知数控程序的结构、内容，且对数控车床操作面板及界面切换比较熟悉，才能进行数控程序的输入、调用、编辑等操作。

1. 数控程序

使机床自动加工而给数控机床发出的一组指令称为数控程序，一般包括程序名、程序内容、程序结束指令等。在数控加工中，数控程序起决定和控制作用，且数控程序必须依据数控机床规定的代码和一定的编程规则进行编写，不同数控系统其代码和编程规则各不相同，甚至同一数控系统的不同型号版本其代码和编程规则也略有不同，编程时应以机床说明书为准。

（1）程序名　所有数控程序都要取一个程序名，用于存储、调用。不同的数控系统有不同的命名规则，发那科和西门子系统数控程序命名规则见表1-16。

表1-16　发那科和西门子系统数控程序命名规则

数 控 系 统	程 序 命 名 规 则
发那科系统	以大写字母"O"开头，后跟四位数字，从O0000~O9999，如O0023、O0230、O4546等
西门子系统	由2~24位字母和数字组成，开始两位必须是字母，其后可为字母、数字、下划线，如MM.MPF、MDA123.SPF、DL-3-4.MPF等

注：数控程序有主程序与子程序之分。发那科系统的主程序与子程序命名规则相同；西门子系统的主程序名用扩展名".MPF"，子程序名用扩展名".SPF"来区分。

（2）程序内容　程序内容由各程序段组成，每一程序段规定数控机床执行某种动作，前一程序段规定的动作完成后才开始执行下一程序段内容。程序段与程序段之间，发那科系统中用EOB（;）分隔；西门子系统中用程序段结束符"LF"分隔，在程序输入过程中按输入键（回车键）可以自动产生段结束符"LF"。具体示例见表1-17。

表1-17　发那科和西门子系统数控程序示例

数 控 系 统	程 序 示 例
发那科系统	N10 G54 G40 M03 S1000; N20 G00 X0 Z100.0; /N30 G01 X10.0 Z5.0 F0.3; … 注：每段程序输完后按 键（;）再按 键进行分段。符号"/"表示可以被跳过不执行的程序段
西门子系统	N10 G54 M03 S1000 T01　LF N20 G00 X0 Z100　LF N30 G01 X10 Z5 F0.3　LF 注：在输入程序时，每段程序结束后按 （回车键）即自动产生程序段结束符"LF"。后文为书写与查阅方便，也以";"表示段与段之间的分隔符

（3）程序结束指令　每一个数控加工程序都要有程序结束指令。指令代码M02或M30，用于停止程序自动运行且使数控系统复位，并可控制光标重新返回到程序的开头。

2. 程序段组成

程序段由若干程序字组成，程序字又由字母（或地址）和数字组成，如"N20 G00 X60.0 Z100.0 M03 S1000"，即程序字组成程序段，程序段组成数控程序。

程序字是机床数字控制的专用术语，又称为程序功能字。它的定义是：一套有规定次序的字符，可以作为一个信息单元存储、传递和操作，如 X60.0 就是一个程序字或称功能字（或字）。

程序字按其功能的不同可分为 7 种类型，分别称为程序段号功能字（N）、尺寸功能字（X、Z）、刀具功能字（T）、主轴转速功能字（S）、进给功能字（F）、辅助功能字（M）和准备功能字（G），其地址、含义及说明见表 1-18。常用辅助功能指令及含义见表 1-19。

表 1-18 常见功能字地址、含义及说明

序号	功能字	地址或代码	含义及说明	示例
1	程序段号功能字	N	从 N0000～N9999,表示程序段段号,常放在程序段段首位置,用于程序的检索和校验,可以不连续	N10 N20
2	尺寸功能字	X、Y、Z、I、J、K	表示坐标尺寸、位移、半径等	如 X100.0 表示 X 方向坐标为 100mm,Z30.0 表示 Z 方向坐标为 30mm
3	刀具功能字	T	表示刀具代号	如 T0101 表示 1 号车刀,T03 表示 3 号车刀
4	主轴转速功能字	S	表示主轴转速大小	如 S500 表示主轴转速为 500r/min
5	进给功能字	F	表示刀具进给速度大小,单位为 mm/min 或 mm/r	如 F0.2 表示进给速度为 0.2mm/r
6	辅助功能字	M	表示机床辅助动作的接通或断开,是数控机床使用较多的一种指令	常用辅助功能指令及含义见表 1-19
7	准备功能字	G	表示机床做好某种准备动作,从 G00～G99,是机床控制指令最多的一种	常用 G 功能指令见附录

表 1-19 FANUC 0i Mate 和 SINUMERIK 828D 系统常用辅助功能指令及含义

指　令	含　义	指　令	含　义
M00	程序停止	M06	换刀
M01	计划停止	M08	切削液开
M02	程序结束	M09	切削液关
M03	主轴正转	M30	程序结束
M04	主轴反转	M40	自动变换齿轮级
M05	主轴停	M41～M45	齿轮级 1～5

程序段中，程序字的位置可以不固定，但为书写和查阅方便，一般按顺序 N、G、X、Y、Z、F、S、T、M 排列。

3. 数控程序的输入、打开与编辑

输入数控程序时，先输入程序名，然后输入程序内容。打开数控程序是指打开已经输入到数控系统中的程序。

（1）发那科系统中数控程序的输入、打开与编辑

1）发那科系统中输入程序的步骤。

① 按 EDIT 键，选择编辑工作模式。

② 按 PROG 程序键，显示程序编辑界面或程序目录界面，如图 1-10、图 1-11 所示。

③ 输入新程序名，如"O0003"。

④ 按 INSERT 插入键，开始输入程序。

⑤ 按 EOB → INSERT 键，换行后继续输入程序，如图 1-10 所示。

⑥ 按 CAN 键可依次删除输入区域的最后一个字符，按［DIR］软键可显示数控系统中已有的程序目录，如图 1-11 所示。

图 1-10 发那科系统程序编辑界面

图 1-11 发那科系统程序目录界面

2）发那科系统中查找与打开程序的步骤。

方法一：

① 按 EDIT 键或 MEM 键，使机床处于编辑或自动工作模式下。

② 按 PROG 程序键，显示程序界面。

③ 按［程序］软键，按［操作］软键，显示［O 检索］软键，如图 1-10 所示。

④ 按［O 检索］软键，便可依次打开存储器中的程序。

⑤ 输入程序名，如"O0003"，按［O 检索］软键便可打开该程序。

方法二：

① 按 EDIT 键或 MEM 键，使机床处于编辑或自动工作模式下。

② 按 PROG 程序键，显示程序界面。

③ 输入要打开的程序名，如"O0003"。

④ 按 ↓ 向下移动光标键即可打开该程序。

3）发那科系统中复制程序的步骤。

① 按 ◈EDIT 键，使机床处于编辑工作模式下。

② 按 PROG 程序键，显示程序界面。

③ 按［操作］软键。

④ 按扩展键。

⑤ 按软键［EX-EDT］。

⑥ 检查复制的程序是否已经被选择，并按［COPY］软键。

⑦ 按［ALL］软键。

⑧输入新建的程序号（只输入数字，不输入地址"O"）并按 INPUT 输入键。

⑨ 按［EXEC］软键即可。

4）发那科系统中删除程序的步骤。

① 按 ◈EDIT 键，使机床处于编辑工作模式下。

② 按 PROG 程序键，显示程序界面。

③ 输入要删除的程序名。

④ 按 DELETE 删除键，即可把该程序删除掉。

⑤ 如输入"0~9999"，再按 DELETE 删除键，可删除所有程序。

5）发那科系统中查找字的步骤。

打开程序，并处于编辑工作模式下。

方法一：

① 按 → 向右移动光标键，光标向后一个字一个字地移动，直到找到所选的字。

② 按 ← 向左移动光标键，光标向前一个字一个字地移动，直到找到所选的字。

③ 按 ↑ 向上移动光标键，光标检索上一程序段的第一个字。

④ 按 ↓ 向下移动光标键，光标检索下一程序段的第一个字。

⑤ 按 PAGE↓ 向下翻页键，显示下一页并检索该页中的第一个字。

⑥ 按 ↑PAGE 向上翻页键，显示前一页并检索该页中的第一个字。

方法二：

① 输入要查找的字，如"T03"。

② 按［检索↑］软键向上查找，光标停留在"T03"上。

③ 按［检索↓］软键向下查找，光标停留在"T03"上。

④ 若按［方向相反］软键，会执行相反方向的检索操作。

6）发那科系统中插入字的步骤。

① 打开程序，并处于编辑工作模式下。

② 查找到字要插入的位置。

③ 输入要插入的字。

④ 按 INSERT 插入键即可。

7）发那科系统中替换字的步骤。

① 打开程序，并处于编辑工作模式下。

② 查找到将要被替换的字。

③ 输入替换的字。

④ 按 ALERT 替换键即可。

西门子系统程
序输入与编辑

8）发那科系统中删除的字步骤。

① 打开程序，并处于编辑工作模式下。

② 查找到将要删除的字。

③ 按 DELETE 键即可删除。

（2）西门子系统中的程序输入、打开与编辑

1）西门子系统中输入程序。用手动方式把程序输入到数控系统中，步骤如下。

① 按系统操作面板上的 PROGRAM MANAGER 程序管理操作区域键，弹出图1-12所示的程序管理界面。

② 按 新建 软键，屏幕弹出新程序窗口，如图1-13所示，在"名称"文本框中输入主程序名"ZMS10.MPF"或子程序名"L10.SPF"，其中主程序扩展名".MPF"可不输入。

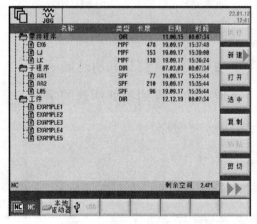

图1-12　程序管理界面

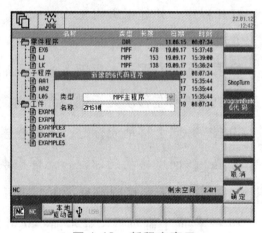

图1-13　新程序窗口

③ 按 确定 软键，弹出图1-14所示的程序输入界面，即可输入程序。

④ 一段程序输入完后，按 INPUT 回车/输入键，换行后可继续输入程序。

⑤ 程序输入结束后，按 MACHINE 加工操作区域键或 PROGRAM MANAGER 程序管理操作区域键即可退出程序输入。

2）西门子系统中打开程序。打开数控系统中已有程序的步骤如下。

① 按系统操作面板上的 PROGRAM MANAGER 程序管理操作区域键，弹出图1-12所示的程序管理界面。

②按 ▼ ▲光标向下、向上键，选择要打开的程序，按 打开 软键即可。

3）西门子系统中复制程序。复制数控系统中已有程序的步骤如下。

①按系统操作面板上的 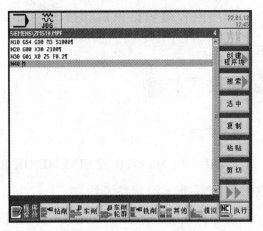 程序管理操作区域键，弹出图1-12所示的程序管理界面。

②按 ▼ ▲光标向下、向上键，选择要复制的程序，按 复制 软键，按 粘贴 软键弹出复制新程序名输入窗口。

图1-14　程序输入界面

③输入新的程序名，按 确定 软键，即复制一个程序。

4）西门子系统中程序重命名。对数控系统中已有程序重新命名的步骤如下。

①按系统操作面板上的 程序管理操作区域键，弹出图1-12所示的程序管理界面。

②按 ▼ ▲光标向下、向上键，选择要重新命名的程序，按重命名软键，弹出新程序名输入窗口。

③输入新程序名，按 确定 软键，即可为程序重新命名。

5）西门子系统中删除程序。删除数控系统中已有的无用程序的步骤如下。

①按系统操作面板上的 程序管理操作区域键，弹出图1-12所示的程序管理界面。

②按 ▼ ▲光标向下、向上键，选择要删除的程序，按 ▶▶扩展软键，按 删除 软键。

③根据弹出的窗口提示，按 确定 软键即可。

6）西门子系统中编辑程序内容。对数控系统中已有的某一程序的内容进行编辑，步骤如下。

①按系统操作面板上的 程序管理操作区域键，弹出图1-12所示的程序管理界面。

②按 ▼ ▲光标向下、向上键，选择要编辑的程序，按 打开 软键，打开程序内容。

③上下移动光标，选择指定程序段，通过 复制 、 粘贴 、 剪切 等软键进行程序段的复制、粘贴及剪切。

④移动光标，查找要删除的程序字，按 BACK SPACE 键可依次删除光标前面的字符。

⑤移动光标至要插入程序字或字符的位置，可输入程序字或字符。

⑥按 ▶▶扩展软键，按 重新 软键，可以给程序重新编排程序段号。

程序内容编辑结束后，按  加工操作区域键或 程序管理操作区域键退出程序编辑。

任务实施

1. 实施条件

FANUC 0i Mate-TD 或 SINUMERIK 828D 系统数控车床若干台，也可使用数控车床仿真软件实施任务，给定参考程序。

发那科系统程序名为"O0012"，西门子系统程序名为"SKC0012.MPF"，程序内容如下。

N10 M03 S800 T0101；

N20 M08；

N30 X100.0 Z250.0；

N40 X20.0 Z5.0；

N50 G01 Z-35.0；

N60 X25.0；

N70 G00 Z5.0；

N80 G00 X20.0；

N90 Z-25.0；

N100 G00 X30.0；

N110 G01 Z5.0；

N120 X15.0；

N130 Z-15.0；

N140 G01 X20.0；

N150 G00 X100.0 Z200.0；

N160 M09；

2. 实施步骤

（1）输入程序　将给定的程序输入到数控系统中，发那科系统程序名为"O0012"，西门子系统程序名为"SKC0012.MPF"。

（2）编辑程序

1）在发那科系统中，对程序"O0012"进行复制，得到一个新程序，新程序名为"O1212"。在西门子系统中，对程序"SKC0012.MPF"进行复制，获得一个程序名为"SKC0121.MPF"的新程序。

2）在发那科系统中，将程序"O0012"重命名为"O2121"；在西门子系统中，将程序"SKC0012.MPF"重命名为"SKC2121.MPF"。

3）搜索程序。发那科系统搜索"O1212"程序，西门子系统搜索"SKC0121.MPF"程序。

4）打开程序，编辑如下程序内容。

① 将 N10 程序段中的 S800 改为 S500。

② 在 N30 程序段的 X100.0 程序字之前插入 G00 指令。

③ 在"N50 G01 Z-35.0;"程序段之后增加 F0.2 指令。

④ 删除"N80 G00 X20.0;"程序段中的 G00 指令。

⑤ 将"N90 Z-25.0;"程序段中的 Z-25.0 改为 Z-20.0。

⑥ 删除"N100 G00 X30.0;"程序段中的 G00 指令。

⑦ 将"N110 G01 Z5.0;"程序段中的 G01 指令改为 G00 指令。

⑧ 在 N130 程序段的 Z-15.0 程序字之前插入 G01 指令。

⑨ 在 N160 程序段后增加一段结束程序指令"N170 M30;"。

5）删除程序目录中的其他无用途程序。

检测评分

将任务完成情况的检测与评价填入表 1-20 中。

表 1-20 数控程序的输入与编辑检测评价表

序号	检测项目	检测内容及要求	配分	学生自检	学生互检	教师检测	得分
1	职业素养	文明、礼仪	5				
2		安全、纪律	10				
3		行为习惯	5				
4		工作态度	5				
5		团队合作	5				
6	操作训练内容	程序输入正确、快速	20				
7		复制程序正确	10				
8		程序重命名正确	10				
9		程序内容编辑正确无遗漏	20				
10		程序删除正确	10				
综合评价							

任务反馈

在任务完成的过程中，分析是否出现表 1-21 所列问题，了解其产生原因，提出修正措施。

表 1-21 程序输入与编辑出现的问题、产生原因及修正措施

问题	产生原因	修正措施
程序名不正确或无法输入	(1)工作方式按钮选择不正确	
	(2)少输入字符	
	(3)将数字 0 和字母 O 混淆	
程序内容输入不正确	(1)少输入字符	
	(2)将数字 0 和字母 O 混淆	
	(3)上档键使用不当使输入字符错误	
	(4)每段程序输入后未按 EOB(;)键或未按回车/输入键	
程序内容编辑不正确	(1)工作方式选择错误	
	(2)光标插入位置不当,使得增加字符位置不正确,删除字符错误	
	(3)少输入字符	
	(4)将数字 0 和字母 O 混淆	
	(5)上档键使用不当使输入字符错误	
删除程序错误	(1)光标定位错误	
	(2)误操作	
	(3)删除内部循环程序或参数	

任务拓展

在 MDI(MDA)方式下输入程序。MDI(MDA)手动数据输入方式用于简单的程序测试,可输入一个或多个程序段,按"数控启动"键运行。发那科系统与西门子系统程序手动数据输入步骤见表 1-22。

表 1-22 发那科系统与西门子系统程序手动数据输入步骤

发那科系统 MDI 程序输入步骤	西门子系统 MDA 程序输入步骤
(1)使机床运行于 MDI 手动数据输入工作模式 (2)按 [PROG] 程序键,弹出图 1-15 所示的界面 (3)按[MDI]软键,自动弹出加工程序名"O0000" (4)依次输入测试程序 (5)按程序编辑方式可进行程序内容的编辑 MDI操作	(1)按 [MDA] 手动数据输入模式键 (2)按 [M MACHINE] 加工操作区域键,弹出图 1-16 所示的界面 (3)依次输入测试程序 (4)按程序编辑方式可进行程序内容的编辑 西门子系统 MDA操作

注:MDI(MDA)程序运行时不可编辑,运行结束后程序依然保留,按[删除]软键可删除,按"数控启动"键可再次运行程序。

图 1-15　发那科系统 MDI 程序输入界面

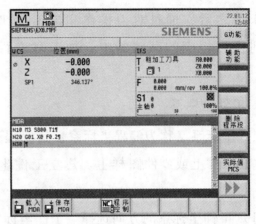

图 1-16　西门子系统 MDA 程序输入界面

任务四　数控车床对刀操作

任务描述

正确安装车刀和工件，通过手动试切工件端面和外圆测出工件坐标系原点在机床坐标系中的位置，并将其值输入到机床相应的存储器中，使刀具在工件坐标系中运行。

知识目标

1. 掌握工件坐标系的概念。
2. 掌握数控车床刀具号、刀位号等的概念。
3. 熟悉数控车床常见报警信息。

技能目标

1. 会建立工件坐标系。
2. 能正确、熟练地装拆数控车刀和工件。
3. 会设置常用车刀刀位点及换刀点。
4. 掌握对刀操作步骤，会正确进行外圆车刀对刀操作。
5. 会处理数控车床简单报警信息。

知识准备

数控机床开机回参考点后，建立了数控机床坐标系，刀具可以在机床坐标系中运行。而为方便编程，需建立工件坐标系，使刀具在工件坐标系中运行。工件装夹到车床上之后，通过对刀操作测出工件坐标系原点在机床坐标系中位置，并将其值输入到机床相应的存储器中，加工时进行调用即可实现刀具在工件坐标系中运行的目标。

1. 工件坐标系

工件坐标系又称为编程坐标系，是编程人员为方便编写数控程序而建立的坐标系，一般建立在工件上或零件图样上。建立工件坐标系也应依据一定的原则进行，主要有以下两点。

（1）工件坐标系的方向选择　工件坐标系的方向必须与所采用的数控机床坐标系方向一致。在卧式数控车床上加工工件时，工件坐标系 Z 轴正方向向右，X 轴正方向向上或向下（后置刀架向上，前置刀架向下），与卧式数控车床机床坐标系的方向一致，如图 1-17 所示。

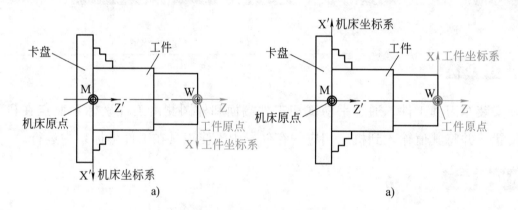

图 1-17　卧式数控车床工件坐标系与机床坐标系的关系

a）前置刀架工件坐标系方向　b）后置刀架工件坐标系方向

（2）工件坐标系原点位置的选择　工件坐标系原点理论上可以选择在任意位置，但为方便对刀及方便计算工件轮廓上编程点的坐标，应尽可能将其选择在零件的设计基准或工艺基准上。数控车床工件坐标系原点常有以下几种选择。

1）X 轴原点选择在工件轴线上。

2）Z 轴原点选择在工件右端面（最常用）。

3）对于对称的零件，Z 轴原点可选择在工件对称中心平面上。

4）Z 轴原点也可以选择在工件左端面。

2. 选择机床坐标系指令

执行选择机床坐标系指令后，刀具将在机床坐标系中运行。发那科系统与西门子系统中选择机床坐标系指令的格式、含义及使用说明见表 1-23。

表 1-23　发那科系统与西门子系统中选择机床坐标系指令的格式、含义及使用说明

数控系统	发那科系统	西门子系统
指令格式	G53 X__　Z__ ;	G500;取消可设定的零点偏移(选择机床坐标系) G53;取消可设定的零点偏移(选择机床坐标系)
含义	指定 G53 后,刀具快速移动到机床坐标系中该位置	指定 G500、G53 后,刀具在机床坐标系中运行
使用说明	(1)G53 指令为程序段有效指令,后跟绝对值。若跟增量值,则刀具移到换刀点位置 (2)指定 G53 指令之前,必须先建立机床坐标系,即手动回参考点或通过 G28 指令返回参考点 (3)使用指令后,将取消一切刀具半径补偿、长度补偿	(1)G500 为模态有效指令且程序启动时生效 (2)G53 为程序段有效指令 (3)指定 G500 或 G53 指令之前必须先建立机床坐标系,即手动回参考点或通过 G74 指令返回参考点 (4)使用指令后,将取消一切刀具半径补偿、长度补偿

3. 选择工件坐标系指令（或可设定的零点偏移指令）

发那科系统中的工件坐标系指令（西门子系统中为可设定的零点偏移指令）主要是实现刀具在选定的工件坐标系中运行。通过对刀测出工件原点在机床坐标系中的位置（偏移量）并输入到数控系统相应的存储器（G54、G55 等）中,实现将机床坐标系原点偏移到工件原点上。运行程序时调用 G54、G55 等指令即可实现刀具在工件坐标系中运行,如图 1-18 所示。

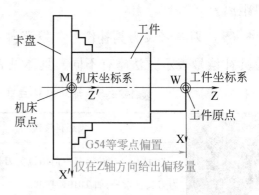

图 1-18　机床坐标系零点偏置情况

发那科系统与西门子系统中选择工件坐标系指令代码及使用说明见表 1-24。

表 1-24　发那科系统与西门子系统中选择工件坐标系指令代码及使用说明

系统	发那科系统	西门子系统
指令代码	G54 ;工件坐标系 1 G55 ;工件坐标系 2 G56 ;工件坐标系 3 G57 ;工件坐标系 4 G58 ;工件坐标系 5 G59 ;工件坐标系 6	G54 ;第一可设定的零点偏移 G55 ;第二可设定的零点偏移 G56 ;第三可设定的零点偏移 G57 ;第四可设定的零点偏移 G58 ;第五可设定的零点偏移 G59 ;第六可设定的零点偏移
使用说明	(1)G54~G59 6 个指令均为模态有效代码,一经使用,一直有效 (2)6 个工件坐标系指令功能一样,可任意使用其中之一 (3)执行该指令后,机床不移动,只是在执行程序时把工件原点在机床坐标系中的位置偏移量带入数控系统内部计算,使刀具在工件坐标系中运行,以方便编程	

数控车床刀
具、刀位点

4. 数控车刀及刀位点

数控车床装夹刀具的要求同普通车床，如刀杆伸出长度为刀杆高度的 1~2 倍，刀尖与主轴轴线等高，切断刀、螺纹车刀等严格要求刀头与主轴轴线垂直，刀具需用两个以上螺钉夹紧等。此外，数控车床刀具装夹与使用还需考虑以下几方面。

（1）刀具刀位点　数控车床上表示刀具位置的点称为刀位点，对刀、编程、加工中使用的刀具均以刀具刀位点来表示其位置。常用刀具刀位点如图 1-19 所示。

（2）换刀点　换刀点是刀具换刀时所处位置点，编程过程中更换刀具时，应将刀具移至换刀点位置。理论上，换刀点位置可以任意选定，但必须保证在换刀过程中刀具不能碰撞到工件、卡盘、尾座等，故换刀点位置 Z 方向、X 方向离工件、尾座应有足够的换刀距离。

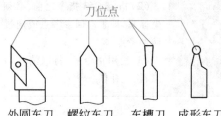

图 1-19　常用刀具刀位点

（3）刀具号及刀具补偿号　发那科系统与西门子系统刀具指令代码一样，但刀具号及刀具补偿号表示方法略有不同，具体见表 1-25。

表 1-25　发那科系统与西门子系统刀具号及刀具补偿号表示方法

系统	发那科系统	西门子系统
刀具表示方法	T 后跟 4 位数字，其中前两位为刀具号，后两位为刀具补偿号，如 T0101、T0303	T 后跟 1~4 位数，表示刀具号，用 D1~D9 表示刀具补偿号（刀沿号），如 T01D1、T01D2 等
说明	（1）有些数控机床刀具指令需要单独编写一个程序段 （2）刀具调用后，刀具长度补偿自动生效 （3）编程过程中用到的刀具号必须与该刀具装夹在刀架上的位置号一致 （4）西门子系统如不写刀具补偿号（刀沿号），则 D1 自动生效；若写 D0，则表示补偿值无效	

数控车床刀架上的刀具及刀具号位置如图 1-20 所示。

5. 使用选定工件坐标系（零点偏移）指令对刀

使用选定工件坐标系指令对刀是通过试切法将工件原点在机床坐标系中的位置测出并输入到 G54、G55 中的一种对刀方法，对刀前需将刀具长度补偿及基本工件坐标系 00（EXT）（发那科系统）或基准偏置（BNS）（西门子系统）中的数值全部清零。以外圆车刀为例，对刀时选择工件右端面中心点为工件坐标系原点，刀尖为编程与对刀刀位点，对刀步骤如下。

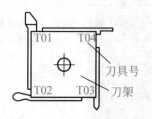

图 1-20　刀具号位置

（1）刀具 Z 方向对刀　在 MDI（MDA）模式下输入"M03 S400;"指令，按数控启动键，使主轴正转；切换为手动（JOG）模式，移动刀具车削工件右端面，再按+X 键退出刀具（刀具 Z 方向位置不能移动），如图 1-21 所示；然后进行面板操作，操作步骤见表 1-26 和表 1-27。

（2）刀具 X 方向对刀　在 MDI（MDA）模式下输入"M03 S400;"指令，按数控启动键，使主轴正转；切换为手动（JOG）模式，移动刀具车削工件外圆（长 2~5mm），再按+Z 键退出刀具（刀具 X 方向位置不能移动），如图 1-22 所示。停车测量外圆直径，然后进行面板操作，操作步骤见表 1-26 和表 1-27。

外圆车刀对刀

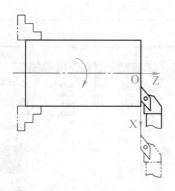

图 1-21　刀具 Z 方向对刀

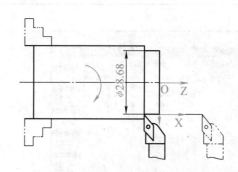

图 1-22　刀具 X 方向对刀

表 1-26　发那科系统外圆车刀使用工件坐标系指令对刀操作步骤

Z 方向对刀面板操作步骤	X 方向对刀面板操作步骤
（1）按 OFFSET SETTING 参数操作区域键,弹出图 1-23 所示的界面	（1）按 OFFSET SETTING 操作区域参数键,弹出图 1-23 所示的界面
（2）按［坐标系］软键,弹出图 1-24 所示的界面	（2）按［坐标系］软键,弹出图 1-24 所示的界面
（3）光标移至 G54 的 Z 轴数据	（3）光标移至 G54 的 X 轴数据
（4）输入刀具在工件坐标系中的 Z 坐标值,此处为 Z0,按［操作］软键,再按［测量］软键,完成 Z 轴对刀	（4）输入刀具在工件坐标系中的 X 坐标值（直径）,此处为 X28.68,按［操作］软键,再按［测量］软键,完成 X 轴对刀

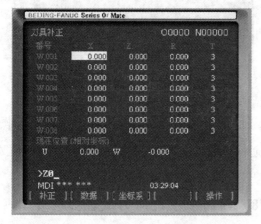

图 1-23　发那科系统参数界面

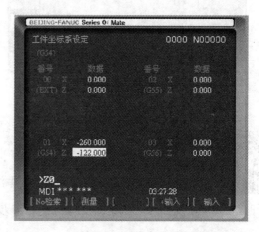

图 1-24　X、Z 轴零点偏置测量值界面

表 1-27 西门子系统外圆车刀使用零点偏移指令对刀操作步骤

Z 方向对刀面板操作步骤	X 方向对刀面板操作步骤
(1)按 ⊡ 参数操作区域键,弹出图 1-25 所示的刀具补偿界面	(1)按 ⊡ 参数操作区域键,弹出图 1-25 所示的刀具补偿界面
(2)按 零偏 软键,弹出图 1-26 所示的零点偏移界面	(2)按 零偏 软键,弹出图 1-26 所示的零点偏移界面
(3)按 测量工件 软键,弹出图 1-27 所示的对刀界面	(3)按 测量工件 软键,弹出图 1-27 所示的对刀界面
(4)按 Z 软键,移动光标,按 ◯ 选择/转换键,选择"零偏",文本框内显示为 G54	(4)按 X 软键,移动光标,按 ◯ 选择/转换键,选择"零偏",文本框内显示为 G54
(5)移动光标至"Z0"文本框,输入刀具到工件坐标系原点 Z 方向的距离,此处为"0"	(5)移动光标至"X0"文本框,输入测量的工件直径,此处为"28.68",如图 1-28 所示
(6)按 设置零偏 软键,完成 Z 方向对刀	(6)按 设置零偏 软键,完成 X 方向对刀

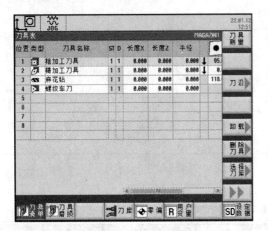

图 1-25 刀具补偿界面

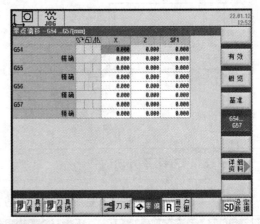

图 1-26 零点偏移界面

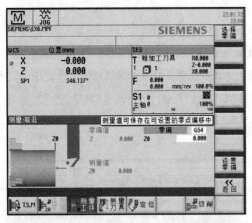

图 1-27 Z 方向对刀界面

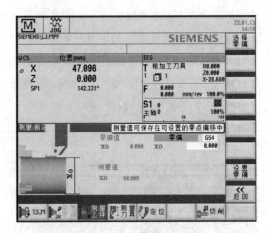

图 1-28 X 方向对刀界面

西门子系统外圆车刀对刀

(3)对刀验证 对刀结束后,在 Z 轴方向和 X 轴方向分别验证对刀操作是否正确。验证 X 轴方向对刀时,应使刀具沿 Z 方向离开工件;验证 Z 轴方向对刀时,应使刀具沿 X 方向离开工件,防止刀具移动中撞到工件。发那科系统对刀验证操作步骤见表 1-28,西门子系统对刀验证操作步骤见表 1-29。

表 1-28　发那科系统外圆车刀对刀验证操作步骤

Z 方向对刀验证操作步骤	X 方向对刀验证操作步骤
(1) 以 JOG(手动)方式使刀具沿 +X 方向离开工件 (2) 使机床运行于 MDI(手动输入)工作模式 (3) 按 PROG 程序键 (4) 按 [MDI] 软键,自动显示加工程序名"O0000",如图 1-15 所示 (5) 输入测试程序"G00 T0101 G54 Z0;"或"G01 T0101 G54 Z0 M03 S300 F2;" (6) 按数控启动键,运行程序测试 (7) 程序运行结束后,观察刀尖是否与工件右端面处于同一平面。如是,则对刀正确;如不是,则对刀操作不正确,应查找原因,重新对刀	(1) 以 JOG(手动)方式使刀具沿 +Z 方向离开工件 (2) 使机床运行于 MDI(手动输入)工作模式 (3) 按 PROG 程序键 (4) 按 [MDI] 软键,自动显示加工程序名"O0000",如图 1-15 所示 (5) 输入测试程序"G00 T0101 G54 X0;"或"G01 T0101 G54 X0 M03 S300 F2;" (6) 按数控启动键,运行程序测试 (7) 程序运行结束后,观察刀尖是否处于工件轴线上,如是,则对刀正确;如不是,则对刀操作不正确,应查找原因,重新对刀

表 1-29　西门子系统外圆车刀对刀验证操作步骤

Z 方向对刀验证操作步骤	X 方向对刀验证操作步骤
(1) 以 JOG(手动)方式使刀具沿 +X 方向离开工件 (2) 按 ▦ 手动数据输入键,屏幕显示如图 1-16 所示 (3) 输入测试程序"G01 G54 M03 S400 Z0 F3 T1;M02;"或"G00 G54 Z0 T1;M02;" (4) 按数控启动键,运行程序测试 (5) 程序运行结束后,观察刀尖是否与工件右端面处于同一平面,如是,则对刀正确;如不是,则对刀操作不正确,应查找原因,重新对刀	(1) 以 JOG(手动)方式使刀具沿 +Z 方向离开工件 (2) 按 ▦ 手动数据输入键,屏幕显示如图 1-16 所示 (3) 输入测试程序"G01 G54 M03 S400 X0 F3 T1;M02;"或"G00 G54 X0 T1;M02;" (4) 按数控启动键,运行程序测试 (5) 程序运行结束后,观察刀尖是否在工件轴线上,如是,则对刀正确;如不是,则对刀操作不正确,应查找原因,重新对刀

6. 使用长度补偿对刀

使用长度补偿对刀是通过试切法将工件原点在机床坐标系中的位置测出并输入到刀具长度补偿号中的一种对刀方法,对刀前将基本工件坐标系 EXT (发那科系统)或基准偏置(BNS)(西门子系统)中的数值清零。以外圆车刀为例,对刀时选择工件右端面中心点为工件坐标系原点,刀尖为编程与对刀刀位点,对刀操作如下。

(1) 刀具 Z 方向对刀　在 MDI (MDA) 模式下输入"M03 S400;"指令,按数控启动键,使主轴正转;切换为手动 (JOG) 模式,移动刀具车削工件右端面,再按 +X 键退出刀具 (刀具 Z 方向位置不能移动),如图 1-21 所示。然后进行面板操作,发那科系统面板操作步骤见表 1-30,西门子系统面板操作步骤见表 1-31。

(2) 刀具 X 方向对刀　在 MDI (MDA) 模式下输入"M03 S400;"指令,按数控启动键,使主轴正转;切换为手动 (JOG) 模式,移动刀具车削工件外圆 (长 2～5mm),再按 +Z 键退出刀具 (刀具 X 方向位置不能移动),如图 1-22 所示。停机测量外圆直径,然后进行面板操作,操作步骤见表 1-30 和表 1-31。

表 1-30　发那科系统外圆车刀长度补偿对刀操作步骤

Z 方向对刀面板操作步骤	X 方向对刀面板操作步骤
（1）按^{OFFSET}参数操作区域键，弹出图 1-23 所示界面 （2）按［补正］软键，弹出界面如图 1-29 所示 （3）按［形状］软键 （4）按［操作］软键，弹出界面如图 1-30 所示 （5）将光标移至 Z 轴数据区，输入刀具在工件坐标系中的 Z 坐标值，此处为"Z0"，按［测量］软键，完成 Z 轴对刀	（1）按^{OFFSET}参数操作区域键，弹出图 1-23 所示界面 （2）按［补正］软键，出现界面如图 1-29 所示 （3）按［形状］软键 （4）按［操作］软键，弹出界面如图 1-30 所示 （5）将光标移至 X 轴数据区，输入刀具在工件坐标系中的 X 坐标值（直径），此处为"X28.68"，按［测量］软键，完成 X 轴对刀

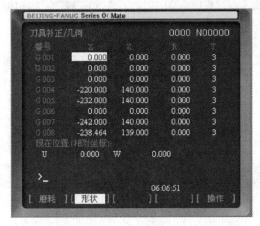

图 1-29　发那科系统刀具补偿界面

图 1-30　发那科系统刀具补偿操作测量界面

表 1-31　西门子系统外圆车刀长度补偿对刀操作步骤

Z 方向对刀面板操作步骤	X 方向对刀面板操作步骤
（1）按参数操作区域键，弹出图 1-25 所示的刀具补偿界面，移动光标，选择所对刀的刀具号，若无需要的刀具号，按新刀具软键，新建刀具号 （2）按刀沿软键，选择需要的刀沿号 （3）按测量软键，再按手测软键，弹出刀具长度补偿对刀界面，如图 1-31 或图 1-32 所示 （4）按 Z 软键，切换成测量轴向长度（Z 方向对刀）界面，如图 1-32 所示 （5）将光标移至"Z0"文本框内，输入刀具至工件坐标系原点的距离，此处为"0"，按设置软键，完成 Z 方向对刀	（1）按参数操作区域键，弹出图 1-25 所示的刀具补偿界面，移动光标，选择所对刀的刀具号，若无需要的刀具号，按新刀具软键，新建刀具号 （2）按刀沿软键，选择需要的刀沿号 （3）按测量软键，再按手测软键，弹出刀具长度补偿对刀界面，如图 1-32 所示 （4）按 X 软键，切换成测量径向长度（X 方向对刀）界面，如图 1-31 或图 1-32 所示 （5）将光标移至"X0"文本框内，输入刀具至工件坐标系原点 X 方向的距离（直径值），此处为"28.68"，按设置软键，完成 X 方向对刀

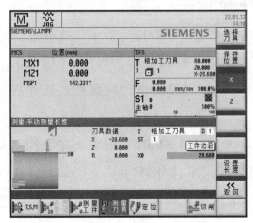

图 1-31　西门子系统 X 方向对刀界面

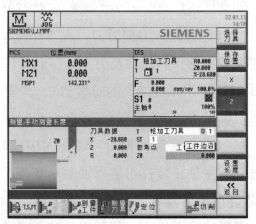

图 1-32　西门子系统 Z 方向对刀界面

（3）对刀验证　对刀结束后同样需分别验证 X、Z 轴对刀操作是否正确，验证步骤同上，只需将测试程序中 G54、G55 等指令删除即可。

生产过程中，因数控车床所用刀具较多，选择工件坐标系指令数目有限，故采用刀具长度补偿对刀，使用方便。使用刀具长度补偿对刀和加工，空运行时，可将发那科系统 G54 的 00 组（EXT）、西门子系统基准偏置存储器（BNS）中 Z 轴数据设置为 200~300mm，使刀具远离工件或卡盘进行空运行和仿真，以保证安全，空运行和仿真结束后再将 Z 轴数据恢复为 0。

7. 数控车床报警与诊断

当数控车床出现故障、操作失误或程序错误时，数控系统就会报警，显示报警界面（或报警信息），机床将停止运行。数控机床报警后，应查找报警原因并加以消除后才能继续进行零件加工。

（1）发那科系统数控车床报警与诊断

1）发那科系统报警显示界面。当发那科系统出现报警时，显示报警界面及报警信息，如图 1-33 所示，报警信息由错误代码+编号及报警原因组成。有时不显示报警界面，但在显示屏下方有 ALARM 显示，按信息功能键就会显示报警界面。

2）报警履历。发那科系统可存储多达 50 个最近发生的 CNC 报警信息，并可显示在报警界面上，操作步骤如下。

① 按信息功能键显示报警界面。

② 按［履历］软键，界面上显示报警履历。报警履历内容包括报警发生的日期和时刻、报警类别、报警号、报警信息和存储报警件数等。若要删除记录的报警信息，先按［操作］软键，然后按［DELETE］软键。

③ 用翻页键进行换页，可查找其他报警信息。

3）报警处理及报警界面切换。根据报警原因或查阅发那科系统说明书中报警一览表，消除引起报警的原因，然后按复位键。处于报警界面时，可通过清除报警或按信息功能键返回到显示报警界面前所显示的界面。

（2）西门子系统数控车床报警与诊断　西门子系统报警时，在显示屏上方显示报警信号，按报警/系统操作区域键，显示报警界面。报警界面中显示日期、删除符号、报警编号、报警文本内容等，如图 1-34 所示。通过报警界面右侧的软键可删除 HM1 报警、报警应答、cancel 删除报警等。通过界面下方软键可查阅报警信息、报警日志和远程诊断等操作。用户可通过查阅西门子系统报警诊断说明书，查找报警原因，消除报警。

常见报警类型、原因及删除方法见表 1-32。

图 1-33 发那科系统报警显示界面

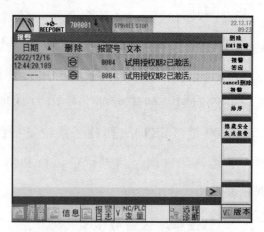

图 1-34 西门子系统报警界面

表 1-32 数控机床常见报警类型、原因和删除方法

序号	报警类型	原因和删除方法
1	回参考点失败	原因:回参考点时,方向选择错误、回参考点起点太靠近参考点或紧急停止按钮被按下等 删除方法:释放紧急停止按钮、按复位键后重回参考点
2	X、Y、Z 方向超程	原因:手动移动各坐标轴过程中或编写程序中,刀具移动位置超出+X、+Y、+Z 或 -X、-Y、-Z 极限开关 删除方法:手动(JOG)方式下,反方向移动该坐标轴或修改程序中的 X、Y、Z 数据
3	操作模式错误	原因:在前一工作模式未结束的情况下,启用另一工作模式 删除方法:按复位键后重新启用新的工作模式
4	程序错误	原因:非法 G 代码、指令格式错误、数据错误等 删除方法:修改程序
5	机床硬件故障	原因:机床限位开关松动、接触器跳闸、变频器损坏等 删除方法:修理机床硬件

任务实施

1. 实施条件

FANUC 0i Mate-TD 或 SINUMERIK 828D 系统数控车床若干台、φ30mm×80mm 棒料、外圆车刀、游标卡尺(0~125mm)、卡盘扳手及刀架扳手等。

2. 实施步骤

(1) 开机并回参考点

1) 接通机床电源。

2) 打开机床开关。

3) 打开数控系统开关,启动数控系统。

4) 按回参考点键,按+X 键,X 轴回参考点;按+Z 键,Z 轴回参考点。

5) 切换为 JOG 方式,结束回参考点工作方式。

(2) 装夹工件

1) 用自定心卡盘装夹工件,伸出 60mm 左右。

2）手动转动卡盘，观察工件是否偏心，若出现偏心应进行找正。

3）夹紧工件。

（3）装夹车刀

1）在 MDI（MDA）方式下输入 T0101（或 T1），按数控启动键，选择 1 号刀位。

2）将外圆车刀装夹在刀架上的 1 号刀位，伸出 25mm 左右。

3）调整车刀刀尖高度，使刀尖与工件轴线等高，刀杆垂直于工件轴线。

4）夹紧刀具。

（4）试切削端面

1）在 MDI（MDA）方式下，输入 "M03 S400;"，使主轴正转。

手动操作与
试切削

2）切换为 JOG 方式，移动刀具，接近工件外圆，Z 方向过工件右端面 0.5~1mm。

3）将进给倍率调到 2%~4%，按-X 键试切削端面。

4）刀具切至工件中心时，按+Z 键，退出刀具，再按+X 键退回刀具。

（5）试切削外圆

1）在 MDI（MDA）方式下，输入 "M03 S400;"，使主轴正转。

西门子系统手动
操作与试切削

2）切换为 JOG 方式，移动刀具接近端面，X 方向过工件外圆 0.5~1mm。

3）将进给倍率调到 2%~4%，按-Z 键试切削外圆。

4）刀具切至预定长度时，按+X 键，退出刀具，再按+Z 键退回刀具。

（6）使用刀具长度补偿对刀

1）Z 轴对刀，步骤如下。

① 在 MDI（MDA）方式下，输入 "M03 S400;"，使主轴正转。

② 切换为 JOG 方式，移动刀具，接近工件并试车工件右端面（刀具接近工件后，进给倍率应调小）。

③ 沿+X 方向退出刀具，进行机床面板操作，将其值输入到刀具相应长度补偿中。面板操作步骤见表 1-30 和表 1-31。

2）X 轴对刀，步骤如下。

① 在 MDI（MDA）方式下，输入 "M03 S400;"，使主轴正转。

② 切换为 JOG 方式，移动刀具，接近工件并试车工件外圆，长 2~5mm（刀具接近工件后，进给倍率应调小）。

③ 沿+Z 方向退出刀具。

④ 停机测量所车外圆直径，进行机床面板操作，将其值输入到刀具相应长度补偿中。面板操作步骤见表 1-30 和表 1-31。

3）对刀验证，步骤如下。

① 使刀具退离工件表面，保证验证对刀时不发生碰撞。

② 在 MDI（MDA）方式下输入验证程序"G01 Z0 F2 M03 S500 T0101（T01）;"，按数控启动键；程序运行结束后，按复位键停机，验证 Z 轴对刀是否正确。

③使刀具退离工件表面，距右端面一定距离，在 MDI（MDA）方式下输入验证程序"G01 X0 F2 M03 S500 T0101（T01）;"，按数控启动键；程序运行结束后，按复位键停机，验证 X 轴对刀是否正确。

 检测评分

将任务完成情况的检测与评价填入表 1-33 中。

表 1-33　数控车床对刀操作检测评价表

序号	检测项目	检测内容及要求	配分	学生自检	学生互检	教师检测	得分
1	职业素养	文明、礼仪	5				
2		安全、纪律	10				
3		行为习惯	5				
4		工作态度	5				
5		团队合作	5				
6	操作训练内容	开机、回参考点操作正确、熟练	10				
7		工件装夹熟练且符合要求	10				
8		刀具装夹熟练且正确	10				
9		使用刀具长度补偿对刀正确	30				
10		会使用零点偏移指令对刀	10				
	综合评价						

任务反馈

在任务完成过程中，分析是否出现表 1-34 所列问题，了解其产生原因，提出修正措施。

表 1-34　对刀中出现的问题、产生原因及修正措施

问题	产生原因	修正措施
使用刀具长度补偿对刀 Z 轴验证不正确	(1)机床未回参考点或参考点被破坏	
	(2)刀具车端面后沿+X 方向退出过程中，Z 方向有位移	
	(3)对刀操作及验证时，刀具号或刀沿号错误	
	(4)基本工件坐标系（或基本偏移）中数值不为零	
使用刀具长度补偿对刀 X 轴验证不正确	(1)机床未回参考点或参考点被破坏	
	(2)刀具试车外圆后沿+Z 方向退出过程中，X 方向有位移	
	(3)对刀操作及验证中，刀具号或刀沿号错误	
	(4)直径测量及输入错误	
	(5)基本工件坐标系（或基本偏移）中数值不为零	

（续）

问题	产生原因	修正措施
撞刀	（1）机床未回参考点	
	（2）试车工件端面、外圆时,进给倍率太大	
	（3）对刀错误	
	（4）验证对刀时,使用 G00 指令且刀具未离开工件表面	

任务拓展

使用选定工件坐标系指令 G54、G55 等对刀并进行验证。

任务拓展实施提示：使用选定工件坐标系指令对刀时，刀具长度补偿及基础坐标（EXT）（发那科系统）或基准偏置（BNS）（西门子系统）中的数值应全部清零，对刀步骤同刀具长度补偿对刀。Z 轴对刀时，试切工件右端面后，将其值输入选定工件坐标系指令相应的 Z 轴数据区；X 轴对刀时，试切工件外圆后，停机测量外圆直径，将其值输入选定工件坐标系指令相应的 X 轴数据区。验证对刀是否正确时需在测试程序中加上 G54 等指令，编写零件加工程序时也应写入相应选定工件坐标系指令。

项目小结

本项目通过认识数控车床、数控车床开关机与回参考点、数控程序的输入与编辑、数控车床对刀操作 4 个任务实施，熟悉了数控车床的种类、加工特点、结构与主要部件、面板功能、基本操作等内容，理解了机床坐标系、工件坐标系、数控程序结构等理论知识，初步具备了数控车床基本操作技能，为后面零件加工项目的实施提供了一定的数控机床操作、程序校验等知识与技能准备。

拓展学习

国家的发展离不开各种现代化设备，更离不开高素质的劳动者。大国工匠就是高素质劳动者的杰出代表。他们追求职业技能的完美和极致，靠着传承和钻研，凭着专注和坚守，缔造了一个个"中国制造"神话。

大国工匠

思考与练习

1. 什么是 CNC 车床？数控车床代号中 CK6140 的含义是什么？

2. 按主轴位置、数控系统、数控系统功能、刀架数和控制方式分类，数控车床分别有哪几种？

3. 什么是卧式数控车床？卧式数控车床前置刀架是什么意思？

4. 简述斜床身数控车床的特点。

5. 简述经济型数控车床的特点。

6. 简述全功能数控车床的特点。

7. 简述车削中心的特点。

8. 数控车床由哪几个部分组成？

9. 简述数控车床主轴运动传动路线。

10. 数控车床的加工特点有哪些？主要加工哪些表面和零件？

11. 简述数控车间实习时的安全文明生产要求。

12. 什么是机床坐标系？数控车床坐标系的确定原则有哪些？

13. 卧式数控车床坐标轴有哪几个？分别在什么位置？

14. 什么是机床原点？数控车床机床原点一般在什么位置？

15. 什么是机床参考点？数控机床开机后为什么要进行回参考点操作？

16. 简述数控机床的开机、关机动作次序。

17. 简述数控车床手动回机床参考点的操作步骤。

18. 数控车床在什么情况下需重新回机床参考点？

19. 简述数控车床的安全操作规程。

20. 简述数控车床的日常维护保养内容。

21. 发那科系统与西门子系统程序名有何异同？主程序名与子程序名有何区别？

22. 数控程序由哪几部分组成？组成数控程序的最小功能单元是什么？

23. 什么是程序字？常见程序功能字有哪几种？

24. 什么是辅助功能字？指出 M00、M02、M03、M04、M05、M08、M09、M30 的含义。

25. 什么是工件坐标系？数控车床工件坐标系的建立原则有哪些？工件坐标系原点设置在何处？

26. 安装数控车刀的一般要求有哪些？

27. 什么是数控刀具的刀位点？发那科系统与西门子系统刀具号及补偿号有何异同？

28. 如何设置数控车床的换刀点？

29. 简述数控车床使用刀具长度补偿对刀的步骤。

项目二　轴类零件加工

轴是支承转动零件并与之一起回转以传递运动、转矩或承受弯矩的机械零件，是最常用、最重要的机器零件之一，如各类机床的主轴、机器齿轮箱中的传动轴、车轮的支承轴等，如图 2-1 所示。轴由最基本的圆柱面、圆锥面、台阶、端面、成形表面构成，这些表面及由这些表面构成的轴类零件加工是数控车床操作工的基本工作内容。轴类零件表面加工示意图如图 2-2 所示。

图 2-1　典型轴

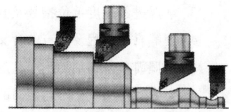

图 2-2　轴类零件表面加工示意图

 学习目标

- 掌握简单轴零件加工工艺的制订方法。
- 掌握 G00、G01 等基本指令及其应用。
- 掌握槽、轮廓切削循环指令及其应用。
- 会编写轴类零件加工程序。
- 掌握典型轴的车削加工方法及尺寸控制方法。
- 会进行数控车床单段加工、自动加工、空运行及仿真加工。

任务一　简单阶梯轴的加工

任务描述

图 2-3 所示的简单阶梯轴由 3 个外圆面、端面及台阶构成，外圆尺寸精度较低，为未注

公差尺寸，表面粗糙度值全部为 $Ra3.2\mu m$。要求使用 FANUC 0i Mate-TD 或 SINUMERIK 828D 系统数控车床完成该轴加工，材料为 45 钢，毛坯为 $\phi30mm$ 棒料，加工后的三维效果图如图 2-4 所示。

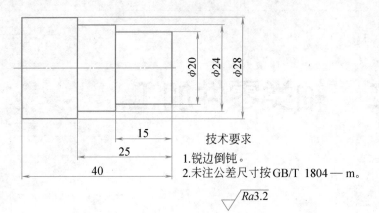

图 2-3　简单阶梯轴零件图　　　　　　　图 2-4　简单阶梯轴三维效果图

知识目标

1. 掌握 G00、G01 指令及其应用。
2. 掌握米制、寸制输入单位指令及其应用。
3. 掌握进给速度单位指令及其应用。
4. 理解直径编程及基点的含义。
5. 掌握简单阶梯轴加工工艺的制订方法。
6. 会编写外圆、台阶与端面的加工程序。

技能目标

1. 熟练装夹工件和刀具。
2. 熟练进行数控机床基本操作。
3. 掌握零件的单段加工方法。

知识准备

简单阶梯轴由外圆面、台阶及端面构成，这些表面也是组成轴类零件的最基本表面，在数控车床上加工时主要学习如何选择切削刀具、走刀路线、切削用量等工艺知识及相关编程知识。

1. 外圆车刀及其选用

外圆车刀有整体式、焊接式、可转位 3 种，其结构形式和加工特点见表 2-1。

外圆车刀的选择还应考虑刀具（刀片）角度大小。外圆粗车刀的前角、后角应选择较小值，刃倾角选择零或负值；外圆精车刀的前角、后角应选择较大值，刃倾角选择正值；车台阶时，车刀主偏角应大于或等于90°，保证台阶面与工件轴线垂直。

表 2-1　外圆车刀常见结构形式及加工特点

外圆车刀的种类	结构形式	加工特点
整体式		由高速钢刀条刃磨而成，刀具切削刃锋利，切削速度较低，效率较低，用于有色金属、塑料等材料的加工
焊接式		由硬质合金刀片焊接在刀杆上制成，价格较低，磨损后需重磨，效率低
可转位		由专门企业生产，将可转位刀片装夹在刀杆上构成，一个切削刃磨损后只需将刀片松开转一个位置，再夹紧即可继续投入切削，效率高，故数控机床一般都选用可转位外圆车刀进行加工。常见的可转位刀片如图2-5所示

图 2-5　常见可转位刀片

2. 车削路径的确定

粗车外圆时，应先车削大直径外圆，后车削小直径外圆，避免刚开始加工就使工件的刚度显著降低，引起弯曲变形和振动，同时可均分背吃刀量，如图2-6所示。精车路径则从小直径外圆车至大直径外圆，保证切削路径的连贯性，如图2-7所示。

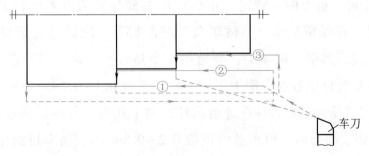

图 2-6　粗车外圆路径

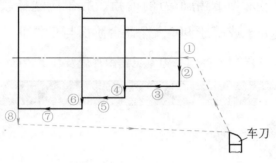

图 2-7　精车外圆路径

3. 量具的选择

测量外圆直径的常用量具有游标卡尺和外径千分尺，台阶长度尺寸可用钢直尺、游标卡尺、深度千分尺等测量。常见测量外圆、长度的量具的特点及应用见表 2-2。

表 2-2　常见测量外圆、长度的量具的特点及应用

量具种类	实物图	精度及应用
游标卡尺		分度值为 0.02mm，是常用的外圆直径及长度测量量具。还有带表游标卡尺和数显游标卡尺，其测量精度较高。其规格有 0～125mm、0～150mm 等
外径千分尺		测量精度高，分度值可达 0.01mm，有 0～25mm、25～50mm、50～75mm 等多种规格
深度千分尺		测量精度高，分度值可达 0.01mm，有 0～25mm、25～50mm、50～75mm 等多个测量头以供使用

4. 切削用量的选择

切削用量是指背吃刀量、进给量（进给速度）和切削速度（主轴转速）三个要素，其选择与刀具性能、工艺系统刚性、工件材料、加工性质等因素有关，具体选择原则如下。

（1）背吃刀量 a_p　粗车时，背吃刀量的选择主要与切削力大小和工艺系统刚性有关。当机床刚性足够时，在保留精车、半精车余量的前提下，应尽可能选择较大的背吃刀量，以减少走刀次数，提高效率。精加工、半精加工余量较小，常一刀车削完成，因此数控车削所留精车、半精车余量比普通车削加工小一些，常取 0.1～0.5mm（单边）。

（2）进给量 f　进给量是指刀具在进给运动方向上相对工件的位移量，其值与加工性质有密切关系。车外圆、端面时，粗车进给量取 0.2～0.8mm/r，精车进给量取 0.1～0.3mm/r。进给量有每转进给量和每分钟进给量之分，每分钟进给量 F_f（mm/min）是指单位时间内，

车刀沿进给方向的移动距离，与每转进给量（mm/r）之间的关系为

$$F_f = nf \tag{2-1}$$

式中 n——主轴转速（r/min）；

f——进给量（mm/r）。

每转进给量与每分钟进给量一般由数控指令设定，数控车床上常用每转进给量。

（3）切削速度 v_c 与主轴转速 n 切削速度是指车刀切削刃上某一点相对于工件待加工表面的瞬时速度，单位为 m/min，它与主轴转速之间关系为

$$v_c = \frac{\pi n d}{1000} \tag{2-2}$$

式中 d——零件待加工面的直径（mm）；

n——主轴转速（r/min）。

切削速度的选择与刀具材料、工件材料、加工性质、电动机功率有关，通过查工具手册或根据实践经验数值来确定。数控车床编程与加工中常指定车床主轴转速，粗车转速一般取 400~600r/min，精车转速取 800~1200r/min。

5. 编程知识

简单阶梯轴加工中除用到刀具功能（T指令）、主轴转速功能（S指令）、尺寸功能（X、Z指令）、进给功能（F指令）外，还用到 G00、G01 等指令。

（1）快速点定位指令 G00 指刀具以机床规定的快速移动速度从所在位置移动到目标点位置。其指令格式、参数含义及使用说明见表 2-3。

表 2-3 G00 指令格式、参数含义及使用说明

指令格式	G00 X__ Z__;
参数含义	X、Z 为目标点坐标。如程序段"G00 X30.0 Z5.0;"是指刀具快速移动到坐标为(5,30)的位置
使用说明	(1)G00 指令刀具移动速度由机床规定，无须在程序段中指定 (2)G00 指令为模态有效代码，一经使用持续有效，直到被同组代码(G01、G02 等)取代为止 (3)G00 指令移动速度快，只能使用在空行程或退刀场合，以缩短时间，提高效率 (4)G00 指令目标点不能设置在工件表面，应与工件表面有 2~5mm 的安全距离，且在移动过程中不能碰到机床、夹具等，如图 2-8 所示 (5)发那科系统与西门子系统指令格式相同

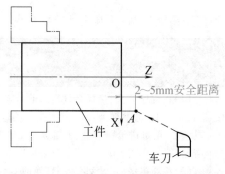

图 2-8 刀具快速移动时的安全距离

（2）直线插补指令 G01　指刀具以编程指定的进给速度移动到目标点。其指令格式、参数含义及使用说明见表2-4。

表2-4　G01指令格式、参数含义及使用说明

指令格式	G01 X ___ Z ___ F ___ ;
参数含义	X、Z为直线插补目标点坐标，F为直线插补进给速度，如程序段"G01　X20.0　Z-5.0　F0.2;"是指刀具以0.2mm/r的移动速度直线插补到点坐标为(-5,20)的位置
使用说明	（1）G01指令用于零件切削加工，加工中必须指定刀具进给速度，且一段程序中只能指定一个进给速度 （2）G01指令移动速度较慢，空行程或退刀过程中用此指令则走刀时间长，效率低 （3）G01指令为模态有效代码，一经使用持续有效，直至被同组G代码（G00、G02等）取代为止 （4）发那科系统与西门子系统指令格式相同

（3）进给速度单位设定指令　进给速度单位设定用于确定刀具进给速度为每分钟进给量还是每转进给量，指令代码、含义及使用说明见表2-5。发那科系统与西门子系统进给速度单位设定指令示例程序见表2-6。

表2-5　发那科系统与西门子系统进给速度单位设定指令代码、含义及使用说明

指令代码		含义	使用说明
发那科系统	西门子系统		
G99	G95	每转进给量，单位为mm/r	常用于数控车床，模态有效代码，且机床开机有效
G98	G94	每分钟进给量，单位为mm/min	常用于数控铣床和加工中心，模态有效指令

表2-6　发那科系统与西门子系统进给速度单位设定指令示例程序

程序段号	发那科系统	西门子系统	指令说明
N10	G98 F150;	G94 F150;	进给速度为150mm/min
N20	…	…	…
N30	M03 S500;	M03 S500;	主轴转速为500r/min
N40	G99 F0.3;	G95 F0.3;	进给速度为0.3mm/r
N50	G01 X40 Z10 F0.1;	G01 X40 Z10 F0.1;	进给速度为0.1mm/r

（4）米制/寸制尺寸转换指令　通过G代码选择输入数据的单位是米制输入还是寸制输入，发那科系统与西门子系统米制/寸制尺寸转换指令代码、含义及使用说明见表2-7。

表2-7　发那科系统与西门子系统米制/寸制尺寸转换指令代码、含义及使用说明

指令代码		含义	使用说明
发那科系统	西门子系统		
G20	G70	寸制输入	（1）在程序开头，坐标系设定之前指定 （2）米制/寸制转换后，F代码指定的进给速度、坐标指令、工件原点偏置、刀具偏置、增量进给移动量、手摇脉冲发生器每一刻度的值等单位制将随之发生变化
G21	G71	米制输入	（3）接通电源时，米制/寸制转换的G代码保持通电前的状态

（5）直径编程　数控车床加工的是回转体零件，一般都以直径方式编程，即以工件直径值表示 X 坐标值。发那科系统通过更改数控系统内部 1006 号参数设定半径或直径方式。西门子 828D 系统直径编程指令为 DIAMON，且程序启动时生效；半径编程指令为 DIAMOF。两个指令均为模态有效指令。

（6）基点　零件各几何要素之间的连接点称为基点，如两条直线的交点、直线与圆弧的切点等，这些点往往作为直线插补、圆弧插补的目标点，是编写数控程序的重要依据。编程时工件坐标系建立以后，首先应计算出零件轮廓上各基点的坐标。

（7）零件加工程序的编制方法　编制一个完整的零件加工程序的主要步骤如下。

1）建立工件坐标系。根据工件坐标系建立原则建立恰当的工件坐标系（编程坐标系），便于程序编制。

2）拟订加工工艺并计算轮廓基点坐标及工艺点坐标，作为快速点定位或直线（圆弧）插补目标点。

3）给程序命名。

4）编写数控加工程序。编写程序时首先给出机床做好准备工作的动作指令，如主轴正转指令（M03）、转速指令（S 指令）、所用刀具指令（T 指令），切削液开指令（M08）等，以及设置数控系统初始状态指令，如米制数据输入指令 G21 或 G71、每转进给量指令 G99 或 G95、取消刀尖圆弧半径补偿指令等。然后，根据零件加工工艺路线，依次编写刀具移动过程的程序指令。最后，写入程序结束指令 M02 或 M30。

编程时，刀具起始点位置应保证刀具运行过程中不发生撞刀，一般设置在刀具换刀点位置。

🔧 任务实施

选择使用 FANUC 0i Mate-TD 或 SINUMERIK 828D 系统数控车床完成本任务。本任务是加工由 3 个外圆面、台阶与端面构成的简单轴，外圆尺寸精度、表面质量要求均不高，任务实施以编制数控程序和加工出形状为主要目的。

1. 工艺分析

（1）刀具的选择　本任务零件尺寸及表面质量要求不高，用一把车刀加工所有表面即可，且将车刀装夹在 T01 号刀位；零件有 2 个台阶面，故车刀主偏角应大于 90°，取 93°。实际训练中，可根据条件选用硬质合金焊接式外圆车刀或可转位车刀。

（2）量具的选择　外圆直径及台阶长度尺寸精度要求不高，选择游标卡尺（0～150mm）测量即能达到要求。

（3）零件加工工艺路线的制订　本任务零件尺寸精度和表面质量要求不高，不需要分粗、精加工，车削路径按粗车路径进行，如图 2-9 所示。刀具从起点快速移动至进刀点 A →

直线加工至 P5 点→沿+X 方向切出至 D 点→沿+Z 方向退回→沿-X 方向进刀至 B 点→直线加工至 P3 点→沿+X 方向切出至 E 点→沿+Z 方向退回→沿-X 方向进刀至 C 点→直线加工至 P1 点→沿+X 方向切出至 F 点→快速退回至起点→结束。

简单阶梯轴的加工工艺见表 2-8。

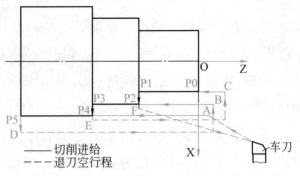

图 2-9　简单阶梯轴车削时车刀的进、退刀路线

（4）切削用量的选择　切削用量选择主要考虑工艺系统刚性、加工表面质量、工件材料等因素，工件材料为 45 钢，表面质量要求不高，背吃刀量选 2~3mm，进给量选 0.2mm/r，主轴转速选 600r/min，具体切削用量见表 2-8。

表 2-8　简单阶梯轴的加工工艺

工序名	定位（装夹面）	工步序号及内容	刀具及刀号	主轴转速 $n/(r/min)$	进给量 $f/(mm/r)$	背吃刀量 a_p/mm
车削	夹住毛坯外圆	（1）车 ϕ28mm 外圆	外圆车刀,刀号 T01	600	0.2	2~3
		（2）车 ϕ24mm 外圆	外圆车刀,刀号 T01	600	0.2	2
		（3）车 ϕ20mm 外圆	外圆车刀,刀号 T01	600	0.2	2
		（4）手动切断工件	切断刀,刀号 T02	400	0.1	4
	调头,夹住 ϕ24mm 外圆	手动车端面,控制总长	外圆车刀,刀号 T01	600	0.2	2~3

2. 程序编制

加工零件右端轮廓时，工件坐标系原点选择在零件右端面中心点，取刀尖为刀位点，如图 2-9 所示，加工中工艺点如 A、B、C 等进刀点及外圆加工后沿 X 轴方向切出点 D、E、F 及基点 P0~P5 的坐标见表 2-9。

表 2-9　基点及各工艺点坐标

基点	坐标（Z,X）	工艺点	坐标（Z,X）
P0	(0,20.0)	A	(4.0,28.0)
P1	(-15.0,20.0)	B	(4.0,24.0)
P2	(-15.0,24.0)	C	(4.0,20.0)
P3	(-25.0,24.0)	D	(-45,35)
P4	(-25.0,28.0)	E	(-25.0,30.0)
P5	(-45.0,28.0)	F	(-15.0,26.0)

简单阶梯轴加工参考程序见表 2-10，发那科系统程序名为"O0021"，西门子系统程序名为"SKC0021.MPF"，程序内容基本相同；手动切断及调头手动车左端面控制总长不需编程。

表 2-10　简单阶梯轴加工参考程序

程序段号	程序内容	程序说明
N10	G99 G21；	每转进给量,米制尺寸输入(西门子系统用"G95 G71；")
N20	G00 X100.0 Z200.0 M03 S600 ；	刀具快速运动到起点位置(200,100),主轴正转,转速为 600r/min
N30	T0101；	选择 1 号刀(西门子系统用 T01 指令)
N40	G00 X28.0 Z4.0；	刀具快速运动到 A 点
N50	G01 Z−45.0 F0.2；	以 G01 速度从 A 点直线加工到 P5 点(Z 方向含切断长度)
N60	X35.0；	刀具沿+X 方向切出至 D 点
N70	G00 Z4.0；	刀具沿+Z 方向快速退回
N80	X24.0；	X 方向进刀至 B 点
N90	G01 Z−25.0；	刀具直线加工到 P3 点
N100	X30.0；	刀具沿+X 方向切出至 E 点
N110	G00 Z4.0；	刀具沿+Z 方向快速退回
N120	X20.0；	X 方向进刀至 C 点
N130	G01 Z−15.0；	刀具直线加工到 P1 点
N140	X26.0；	刀具沿+X 退出至 F 点
N150	G00 X100.0 Z200.0；	刀具退回至起点
N160	M02；	程序结束

3. 加工操作

（1）加工准备

1）开机,回参考点,建立机床坐标系,使机床对其后的操作有一个基准位置。

2）装夹工件。夹住毛坯外圆,伸出长度为 50mm 左右。

3）装夹刀具。将外圆车刀装夹在 T01 号刀位,切断刀装夹在 T02 号刀位；刀具刀尖与工件回转中心等高,外圆车刀主偏角大约为 93°,切断刀刀头垂直于工件轴线。

4）对刀操作。采用试切法对刀,将对刀数据输入到 T01 号刀具长度补偿中。外圆车刀对刀完成后,分别进行 X、Z 方向对刀验证,检验对刀是否正确。

5）输入程序及校验。采用数控仿真软件进行程序校验,程序正确后将其输入机床数控系统。

（2）零件加工　首次进行零件加工,尽可能采用单段加工。程序单段加工即按数控启动键后只执行一段程序便停止,再按数控启动键,再执行一段程序,如此一段一段地执行程序,便于程序检查和校验。

发那科系统单段运行的设置方法：按数控面板上的单段执行键,单段运行指示灯亮。再按一次单段执行键,可取消单段运行。

单段加工与
自动加工

西门子系统单段加工与自动加工

西门子系统单段运行的设置方法：选择自动模式，按机床操作面板 ![单段] 单段运行键，单段运行指示灯亮，按屏幕右侧的 ![单段程序段] 软键，程序即单段运行。再次按下该键可取消单段运行。

1）加工零件右端轮廓。

① 打开"OO0021"或"SKC0021.MPF"程序，检查工件、刀具是否按要求夹紧，刀具是否已对刀。

② 选择自动加工方式，调小进给倍率，设置单段运行，按数控启动键进行零件加工，每段程序运行结束后继续按数控启动键，即可一段一段执行程序加工零件。加工中观察切削情况，逐步将进给倍率调至适当大小。

③ 手动切断工件。

2）调头夹住 ϕ24mm 外圆，手动车左端面，控制总长。

3）加工结束后，清扫机床并及时切断机床电源。

检测评分

将任务完成情况的检测与评价填入表 2-11 中。

表 2-11 简单阶梯轴的加工检测评价表

序号	检测项目	检测内容及要求	配分	学生自检	学生互检	教师检测	得分
1	职业素养	文明、礼仪	5				
2		安全、纪律	10				
3		行为习惯	5				
4		工作态度	5				
5		团队合作	5				
6	制订工艺	(1)选择装夹与定位方式 (2)选择刀具 (3)选择加工路径 (4)选择合理的切削用量	5				
7	程序编制	(1)编程坐标系选择正确 (2)指令使用与程序格式正确 (3)基点坐标正确	10				
8	机床操作	(1)开机前检查、开机、回参考点 (2)工件装夹与对刀 (3)程序输入与校验	5				
9	零件加工	ϕ28mm	10				
10		ϕ24mm	10				
11		ϕ20mm	10				
12		40mm	5				
13		25mm	5				
14		15mm	5				
15		表面粗糙度值 Ra3.2μm	5				
	综合评价						

任务反馈

在任务完成过程中，分析是否出现表 2-12 所列问题，了解其产生原因，提出修正措施。

表 2-12　简单阶梯轴的加工出现的问题、产生原因及修正措施

问题	产生原因	修正措施
撞刀	(1)机床未回参考点	
	(2)刀具对刀错误	
	(3)操作错误	
	(4)程序编写错误及输入错误	
形状不正确	(1)基点坐标计算错误	
	(2)坐标输入错误	
外圆尺寸超差	(1)编程尺寸输入错误	
	(2)刀具 X 方向对刀不准	
	(3)测量错误	
长度尺寸超差	(1)编程尺寸输入错误	
	(2)刀具 Z 方向对刀不准	
	(3)测量错误	
台阶面与工件轴线不垂直	(1)刀具主偏角小于 90°	
	(2)刀杆不垂直于工件轴线	
表面粗糙度超差	(1)工艺系统刚性不足	
	(2)刀具角度不正确或刀具磨损	
	(3)切削用量选择不当	

任务拓展

加工图 2-10 所示零件，材料为 45 钢，毛坯为 $\phi30mm\times45mm$ 棒料。

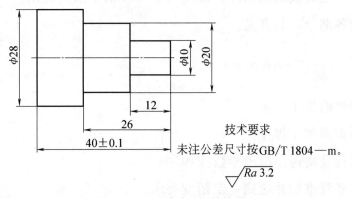

技术要求

未注公差尺寸按GB/T 1804—m。

$\sqrt{Ra\,3.2}$

图 2-10　任务拓展训练题

任务拓展实施提示：零件也由 3 个外圆面、台阶及端面构成，尺寸精度与表面质量要求也不高，但 $\phi20mm$ 外圆与 $\phi28mm$ 外圆相差 4mm 余量（单边），$\phi10mm$ 外圆与 $\phi20mm$

外圆相差 5mm 余量（单边），余量较大，不能一次车完，需分 2~3 次走刀才能完成，编程和加工中应注意分层切削。

任务二　外圆锥轴的加工

任务描述

使用 FANUC 0i Mate-TD 或 SINUMERIK 828D 系统数控车床，完成图 2-11 所示外圆锥轴零件的加工，材料为 45 钢，毛坯为 ϕ30mm 棒料。零件主要加工表面有圆柱面、圆锥面等，尺寸精度较低，加工后的效果如图 2-12 所示。

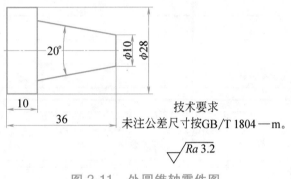

技术要求
未注公差尺寸按GB/T 1804—m。

$\sqrt{Ra\,3.2}$

图 2-11　外圆锥轴零件图

图 2-12　外圆锥轴三维效果图

知识目标

1. 掌握绝对坐标、增量坐标含义及其指令。
2. 掌握回参考点指令及其应用。
3. 掌握发那科系统直线切削循环、锥度切削循环指令及其应用。
4. 了解圆锥面各部分参数含义。

技能目标

1. 会制订外圆锥面加工工艺。
2. 会编写外圆锥面加工程序。
3. 会通过空运行及轨迹模拟校验数控程序。
4. 会自动加工外圆锥轴并达到一定精度要求。

知识准备

圆锥面配合传递的转矩大，且内、外圆锥面接合后同轴度高，具有较高的定心作用，故圆锥轴在轴类零件中比较常见，如机床主轴、各种传动轴等。编写圆锥表面加工程序时需了解圆锥面各部分参数，计算圆锥面相应部分尺寸。此外，在数控车床上加工圆锥面还需考虑如何选择切削刀具、进刀方式、切削用量及测量方法等。

1. 圆锥面基本参数及计算（表2-13）

2. 外圆锥车刀及其选用

外圆锥车刀与外圆柱面车刀的选择基本相同，不同之处在于车倒锥时，车刀副偏角应足够大，以避免副切削刃与已加工表面产生干涉现象，如图2-13所示。

表 2-13　圆锥面基本参数及计算

基 本 参 数	图　例
最大圆锥直径 D	
最小圆锥直径 d	
圆锥长度 L	
锥度 $C=(D-d)/L$ 圆锥半角 $\alpha/2$ $\dfrac{C}{2}=\tan\dfrac{\alpha}{2}$	
备注:圆锥面具有 4 个基本参数（C、D、d、L），只要已知其中三个参数，便可以通过公式 $$C=\dfrac{D-d}{L}$$ 计算出未知参数	

3. 圆锥面车削路径

车圆锥面之前毛坯是圆柱表面，圆锥大、小端加工余量不均匀，若一刀切削，小端余量过大，会使切削力过大而引发加工事故。此外，大、小端余量不均匀也会影响圆锥表面质量，故粗车圆锥表面时需沿圆锥面方向分层加工，如图2-14所示，走刀次数视小端余量及每刀背吃刀量而定。

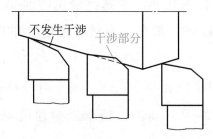

图 2-13　车圆锥面时副切削刃干涉情况

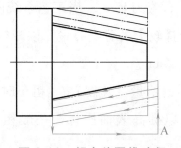

图 2-14　粗车外圆锥路径

4. 量具的选择

圆锥面加工中，重点控制的尺寸是圆锥角，生产中常用游标万能角度尺、角度样板、正弦规、锥度量规等量具测量圆锥角，各种量具的测量特点及应用见表2-14。

表 2-14 测量圆锥角量具的测量特点及应用

测量量具	实物图	特点及应用
游标万能角度尺		能测量0°~320°的角度,分度值为2′,用于单件或批量生产时零件圆锥角度的测量
角度样板		专用测量工具,测量简便,用于大批量生产圆锥面时的角度测量
正弦规		测量精度高,用于单件生产圆锥面时的角度测量
锥度量规	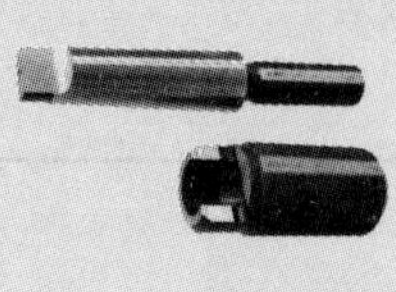	测量精度高,用于标准锥度圆锥或配合精度高的圆锥面的测量

5. 切削用量的选择

车圆锥时的切削用量选择同车外圆,主要与刀具性能、工艺系统刚性、工件材料、加工性质等因素有关,具体选择原则如下。

（1）背吃刀量 a_p 当工艺系统刚性足够大时,在保留精车、半精车余量的前提下,应尽可能选择较大的背吃刀量,以减少走刀次数,提高效率。精车、半精车余量（单边）常取 0.1~0.5mm。

（2）进给量（速度）f 粗车时选择较大的进给速度以提高生产率,精车时选择较小的进给速度以提高表面质量,一般粗车进给速度取 0.2~0.8mm/r,精车进给速度取 0.1~0.3mm/r。

（3）主轴转速 n 粗车时选中速;精车时是选择高速还是低速,与刀具材料、工件材料、加工性质等有关。硬质合金车刀粗车转速取 400~600r/min,精车转速取 800~1200r/min。

6. 编程知识

（1）绝对坐标和增量（相对）坐标

1）绝对坐标：刀具的位置坐标是以工件原点为基准计量的，即刀具当前位置在工件坐标系中的坐标。

2）增量（相对）坐标：刀具位置坐标是相对于前一位置的增量，方向与坐标轴方向一致为正，方向与坐标轴方向相反为负。

发那科系统与西门子系统的绝对坐标、增量坐标代码见表2-15。

表2-15　发那科系统与西门子系统的绝对坐标、增量坐标代码

数控系统	发那科系统	西门子系统
绝对坐标	X、Z	G90
增量坐标	U、W	G91

注：1. U、W分别为X、Z轴方向的坐标增量。

　　2. 西门子系统中，G90、G91指令均为模态有效指令。

例：如图2-15所示零件，从A点加工至F点，工件坐标系原点设在O点，用绝对坐标和增量坐标编写加工程序。

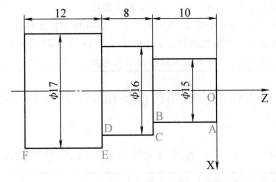

图2-15　绝对坐标和增量坐标编程零件图

发那科系统与西门子系统的绝对坐标和增量坐标编程示例程序见表2-16。

表2-16　发那科系统与西门子系统的绝对坐标、增量坐标编程示例程序

数控系统	发那科系统	西门子系统	程序含义说明
	...	...	...
	N40 G01 X15 Z0 F0.2；	N40 G01 G90 X15 Z0 F0.2；	直线加工至A点
	N50 Z-10；	N50 Z-10；	直线加工至B点
绝对坐标编程	N60 X16；	N60 X16；	直线加工至C点
	N70 Z-18；	N70 Z-18；	直线加工至D点
	N80 X17；	N80 X17；	直线加工至E点
	N90 Z-30；	N90 Z-30；	直线加工至F点
	...	...	...

（续）

	...	...	...
增量 坐标 编程	N40 G01 X15 Z0 F0.2;	N40 G01 X15 Z0 F0.2;	绝对坐标,直线加工至 A 点
	N50 U0 W-10;	N50 G91 X0 Z-10;	增量坐标,直线加工至 B 点
	N60 U1 W0;	N60 X1 Z0;	增量坐标,直线加工至 C 点
	N70 U0 W-8;	N70 X0 Z-8;	增量坐标,直线加工至 D 点
	N80 U1 W0;	N80 X1 Z0;	增量坐标,直线加工至 E 点
	N90 U0 W-12;	N90 X0 Z-12;	增量坐标,直线加工至 F 点
	...	...	...

（2）回参考点指令　回参考点指令可使刀具快速返回到参考点,一般用于自动换刀。其指令格式、参数含义及使用说明见表 2-17。

表 2-17　发那科系统与西门子系统回参考点指令的格式、参数含义及使用说明

数控系统	发那科系统	西门子系统
指令格式	G28 X __ Z __ ;	G74 X1 = 0 Z1 = 0;
参数含义	X、Z 为指定中间点的坐标	X1、Z1（在此 = 0）下编程的数值不识别
示例	N10 G28 X40 Z10;经中间点(10,40)回参考点	N20 G74 X1 = 0 Z1 = 0;回机床参考点
使用说明	（1）该指令为程序段有效指令,且需要作为独立程序段执行 （2）使用回参考点指令前,为安全起见,应取消刀具半径补偿和长度补偿 （3）回参考点之后的程序段中原先插补方式中的 G 指令（G01、G02、G03 等）再次有效 （4）发那科系统若写成 G28 U0 W0;则表示直接回参考点	

（3）发那科系统外圆（内孔）直线切削循环指令 G90　指令的格式、参数含义及使用说明见表 2-18。

表 2-18　发那科系统外圆（内孔）直线切削循环指令 G90 的格式、参数含义及使用说明

指令格式	G90 X(U) __ Z(W) __ F __ ;
参数含义	X、Z:纵向切削终点绝对坐标值 U、W:至纵向切削终点的移动量（纵向切削终点相对于循环起点的增量坐标） F:切削进给速度
切削循环动作 次序图示	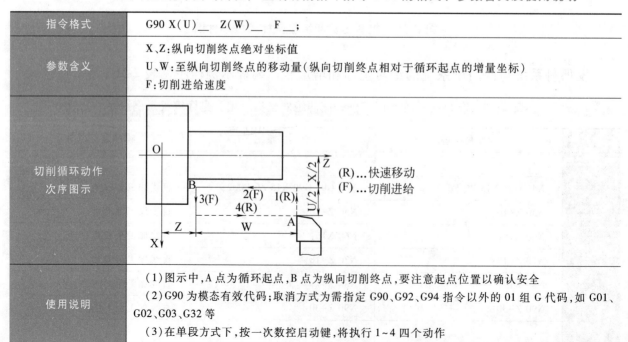
使用说明	（1）图示中,A 点为循环起点,B 点为纵向切削终点,要注意起点位置以确认安全 （2）G90 为模态有效代码;取消方式为需指定 G90、G92、G94 指令以外的 01 组 G 代码,如 G01、G02、G03、G32 等 （3）在单段方式下,按一次数控启动键,将执行 1~4 四个动作

（4）发那科系统锥度切削循环指令 G90　指令的格式、参数含义及使用说明见表 2-19。

表 2-19　发那科系统锥度切削循环指令 G90 的格式、参数含义及使用说明

指令格式	G90 X（U）__　Z（W）__　R __　F __ ;
参数含义	X、Z:纵向切削终点绝对坐标值 U、W:至纵向切削终点的移动量（纵向切削终点相对于循环起点的增量坐标） R:锥度量,即圆锥大、小端直径差的 1/2,有正负规定,若 R＝0,则为直线切削循环 F:切削进给速度
切削循环动作次序图示	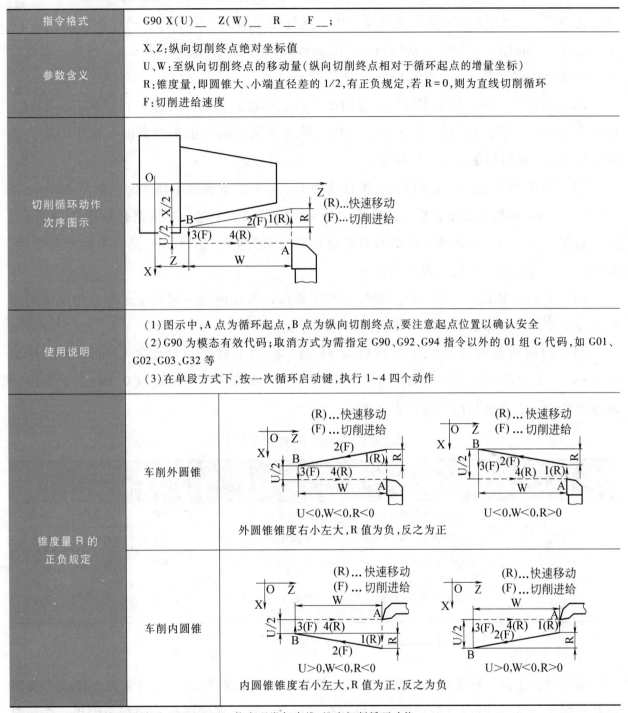
使用说明	（1）图示中,A 点为循环起点,B 点为纵向切削终点,要注意起点位置以确认安全 （2）G90 为模态有效代码;取消方式为需指定 G90、G92、G94 指令以外的 01 组 G 代码,如 G01、G02、G03、G32 等 （3）在单段方式下,按一次循环启动键,执行 1~4 四个动作
锥度量 R 的正负规定	

（图示部分：车削外圆锥 / 车削内圆锥）

车削外圆锥
U＜0,W＜0,R＜0
外圆锥锥度右小左大,R 值为负,反之为正

U＜0,W＜0,R＞0

车削内圆锥
U＞0,W＜0,R＜0
内圆锥锥度右小左大,R 值为正,反之为负

U＞0,W＜0,R＞0

注：西门子系统切削循环（CYCLE95）能实现类似直线/锥度切削循环功能。

任务实施

　　使用 FANUC 0i Mate-TD 或 SINUMERIK 828D 系统数控车床完成任务实施。本任务圆锥表面质量要求不高，尺寸及角度精度要求也较低，任务实施主要考虑圆锥面加工时余量大且不均匀问题。

1. 工艺分析

（1）圆锥尺寸的计算　本任务给出了圆锥小端直径为 $\phi10$mm，圆锥长度为 26mm，圆锥角为 20°，需要计算出圆锥大端直径，才能进行程序编制。大端直径的计算方法：$C/2 =$ $\tan(\alpha/2) = \tan10° = 0.1763$，$D = d + LC = 10mm+26mm\times0.1763\times2 = 19.17$mm。另外，圆锥面分层切削时还需计算出每次车削时的大端直径。

（2）刀具的选择　根据实际情况选用硬质合金焊接式外圆车刀或可转位车刀，车刀主偏角大于 90°，因零件质量要求不高，故粗、精加工采用同一把车刀车削并将车刀装夹在 T01 号刀位。选用切断刀手动切断工件。

（3）零件加工工艺路线的制订　本任务加工工艺路线为夹住毛坯外圆，粗车 $\phi28$mm 外圆，留 0.6mm 的精车余量；粗车圆锥面，分 4 次走刀切除余量，车削路径如图 2-14 所示；然后精车端面、圆锥、外圆；用切断刀手动切断；调头夹住 $\phi28$mm 外圆，手动车左端面，控制总长。具体加工工艺见表 2-20。

（4）量具的选择　外圆、长度等尺寸精度较低，采用游标卡尺测量；圆锥角度采用游标万能角度尺测量；表面粗糙度用表面粗糙度样板比对。

（5）切削用量的选择　工件材料为 45 钢，粗加工背吃刀量取 2～3mm，进给量取 0.2mm/r，主轴转速取 600r/min；精加工背吃刀量取 0.3mm，进给量取 0.1mm/r，主轴转速取 800r/min，具体切削用量见表 2-20。

表 2-20　车外圆锥轴加工工艺

工序名	定位 （装夹面）	工步序号及内容	刀具及刀号	主轴转速 $n/$(r/min)	进给量 $f/$(mm/r)	背吃刀量 $a_p/$mm
车削	夹住毛坯外圆	（1）粗车圆锥、外圆面	外圆车刀，刀号 T01	600	0.2	2～3
		（2）精车圆锥、外圆面	外圆车刀，刀号 T01	800	0.1	0.3
		（3）手动切断	切断刀，刀号 T02	400	0.1	4
	调头，夹住 $\phi28$mm 外圆	手动车端面，控制总长	外圆车刀，刀号 T01	600	0.2	2～3

2. 程序编制

编程时，工件坐标系原点选择在零件右端面中心点；取外圆车刀刀尖为刀位点，发那科系统粗车 $\phi28$mm 外圆及分层粗车圆锥面余量可采用锥度切削循环 G90 指令编程，循环起点 A 坐标设为（5，35），Z5 处圆锥面编程直径为 8.24mm；台阶面留 0.3mm 的精车余量，Z-25.7 处圆锥面编程直径为 19.06mm，锥度量 $=(D-d)/2 = (19.06-8.24)$mm$/2 = 5.41$mm（外圆锥右小左大，R 值为负），每次纵向车削终点 B 坐标为（-25.7，31.66）、（-25.7，27.66）、（-25.7，23.66）、（-25.7，19.66）。对于西门子系统，此处依照切削步骤编程。

参考程序见表 2-21，发那科系统程序名为"O0222"，西门子系统程序名为

"SKC0022. MPF"。手动切断和调头手动车左端面无须编程。

表 2-21　外圆锥轴加工参考程序

程序段号	程序内容（发那科系统）	程序内容（西门子系统）	程序说明
N10	G99 G21 M03 S600 T0101；	G95 G71 M03 S600 T01 DIA-MON；	每转进给量，米制尺寸输入，主轴正转，转速为 600r/min，选 T01 号外圆粗车刀，直径编程
N20	G00 X35. 0 Z5. 0 M08；	G00 G90 X35. 0 Z5. 0 M08；	刀具快速移至切削起点,切削液开
N30	G90 X28. 6 Z-45. 0 F0. 2；	G91 X-6. 4；	粗车 ϕ28mm 外圆，进给量为 0.2mm/r
N40		G01 Z-45. 0 F0. 2；	
N50		X6. 4；	
N60		G00 Z45. 0；	
N70	G90 X31. 66 Z-25. 7 R-5. 41；	X-14. 16；	第一次粗车圆锥面
N80		G01 X10. 82 Z-30. 7 F0. 2；	
N90		X3. 34；	
N100		G00 Z30. 7；	
N110	G90 X27. 66 Z-25. 7 R-5. 41；	X-18. 16；	第二次粗车圆锥面
N120		G01 X10. 82 Z-30. 7 F0. 2；	
N130		X7. 34；	
N140		G00 Z30. 7；	
N150	G90 X23. 66 Z-25. 7 R-5. 41；	X-22. 16；	第三次粗车圆锥面
N160		G01 X10. 82 Z-30. 7 F0. 2；	
N170		X11. 34；	
N180		G00 Z30. 7；	
N190	G90 X19. 66 Z-25. 7 R-5. 41；	X-26. 16；	第四次粗车圆锥面
N200		G01 X10. 82 Z-30. 7 F0. 2；	
N210		X15. 34；	
N220		G00 Z30. 7；	
N230	M03 S800；	G90 M03 S800；	选择精车转速为 800r/min
N240	G00 X0 Z5. 0；	G00 X0 Z5. 0；	刀具快速移至进刀点
N250	G01 Z0 F0. 1；	G01 Z0 F0. 1；	精车至工件端面
N260	X10. 0；	X10. 0；	精车端面
N270	X19. 17 Z-26；	X19. 17 Z-26；	精车圆锥面
N280	X28. 0；	X28. 0；	精车阶台面
N290	Z-45. 0；	Z-45. 0；	精车 ϕ28mm 外圆
N300	X34. 0；	X34. 0；	刀具 X 方向切出
N310	G28 X100. 0 Z20. 0；	G74 X1＝0 Z1＝0；	刀具返回参考点
N320	M05 M09；	M05 M09；	主轴停,切削液关
N330	M30；	M30；	程序结束

3．加工操作

（1）加工准备

1）开机，回参考点，建立机床坐标系，使机床对其后的操作有一个基准位置。

2）装夹工件。夹住毛坯外圆，伸出长度为 50mm 左右。

3）装夹刀具。将外圆车刀装夹在 T01 号刀位，切断刀装夹在 T02 号刀位；使刀具刀尖与工件回转中心等高，切断刀刀头垂直于工件轴线。

4）对刀操作。外圆车刀采用试切法对刀，对刀后将数据分别输入到刀具相应长度补偿中。刀具对刀完成后，分别进行 X、Z 方向对刀验证，检验对刀是否正确。

空运行与仿真

5）输入程序并校验。将程序输入机床数控系统，调出程序，设置空运行及仿真，进行程序校验并观察刀具轨迹。

发那科系统空运行及仿真操作步骤：选择自动加工模式，打开程序 O0222，按空运行键，再按图形参数键，在图形参数界面中可根据需要设置毛坯尺寸、坐标位置、比例等，按［图形］软键，显示刀具加工轨迹界面，如图 2-16 所示，按数控启动键，执行程序并在屏幕上显示加工轨迹。

西门子系统空运行及仿真操作步骤：打开程序，选择自动加工模式，按 程序控制 软键，移动光标将 程序测试 和 空运行进给 选中，也可以选择 单一程序段，最后按 模拟 软键，显示加工轨迹，界面如图 2-17 所示，按数控启动键，执行程序并在屏幕上显示加工轨迹。在加工轨迹界面中可根据需要选择"侧视图""3 维视图""其他视图"查看。

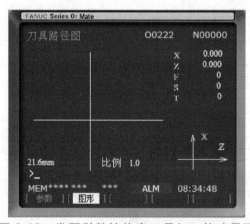

图 2-16　发那科数控仿真刀具加工轨迹界面

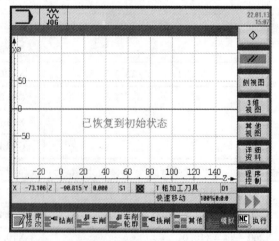

图 2-17　西门子数控仿真刀具加工轨迹界面

进行刀具轨迹仿真时，若不选中"程序测试"，将进行空运行。

空运行刀具移动速度快，切忌发生撞刀事故，校验程序时可不装夹工件，或刀具对刀后将数控系统中刀具 Z 方向值增加 50~100mm，以防止撞刀。程序校验结束后必须随时取消空运行等有关设置，有些机床空运行后还需重回机床参考点。

发那科系统机床还可按辅助功能（机床）锁住开关键及空运行键进行轨迹仿真，此时刀具不发生移动，只运行程序并显示加工轨迹。

（2）零件加工

1）加工零件右端轮廓，加工步骤如下。

① 调出程序，检查工件、刀具是否按要求夹紧，刀具是否已对刀。

② 选择自动加工方式，调小进给倍率，按数控启动键进行自动加工。加工中观察切削情况，逐步将进给倍率调至适当大小。

③ 手动切断工件。

2）调头夹住 ϕ28mm 外圆，手动车左端面，控制总长。加工中为避免自定心卡盘损坏已加工外圆，可垫一圈铜皮作为保护。

3）加工结束后及时清扫机床。

 **检测评分**

将任务完成情况的检测与评价填入表 2-22 中。

表 2-22　外圆锥轴的加工检测评价表

序号	检测项目	检测内容及要求	配分	学生自检	学生互检	教师检测	得分
1	职业素养	文明、礼仪	5				
2		安全、纪律	10				
3		行为习惯	5				
4		工作态度	5				
5		团队合作	5				
6	制订工艺	（1）选择装夹与定位方式 （2）选择刀具 （3）选择加工路径 （4）选择合理的切削用量	5				
7	程序编制	（1）编程坐标系选择正确 （2）指令使用与程序格式正确 （3）基点坐标正确	10				
8	机床操作	（1）开机前检查、开机、回参考点 （2）工件装夹与对刀 （3）程序输入与校验	5				
9	零件加工	ϕ28mm	10				
10		ϕ10mm	10				
11		36mm	5				
12		10mm	5				
13		20°	10				
14		表面粗糙度值 Ra3.2μm	10				
	综合评价						

任务反馈

在任务完成过程中，分析是否出现表 2-23 所列问题，了解其产生原因，提出修正措施。

表 2-23　外圆锥轴加工出现的问题、产生原因及修正措施

问题	产生原因	修正措施
圆锥面大、小端直径超差	(1)圆锥编程尺寸计算或输入错误	
	(2)刀具 X 方向对刀误差大	
	(3)测量错误	
圆锥面长度尺寸超差	(1)圆锥编程尺寸计算或输入错误	
	(2)刀具 Z 方向对刀误差大	
	(3)测量错误	
圆锥角度不正确或圆锥素线出现双曲线误差	(1)圆锥编程尺寸计算或输入错误	
	(2)车刀刀尖与工件回转中心不等高	
表面粗糙度超差	(1)工艺系统刚性不足	
	(2)刀具角度不正确或刀具磨损	
	(3)切削用量选择不当	

任务拓展一

发那科系统用增量坐标，西门子系统用绝对坐标编写图 2-11 所示零件加工程序并完成其加工练习。

任务拓展二

加工图 2-18 所示零件。材料为 45 钢，毛坯为 φ35mm×50mm 棒料。

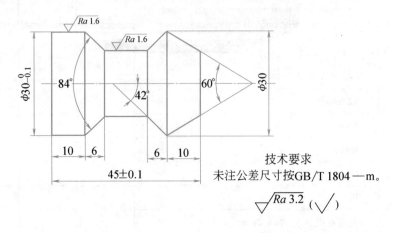

图 2-18　任务拓展训练题图

任务拓展实施提示：零件有 3 个外圆锥面，已知圆锥角度、长度等尺寸，还需计算圆锥面其他部分尺寸；加工表面质量要求较高，需分粗、精加工完成，粗车圆锥表面需分多次进刀；零件有倒圆锥存在，加工中要注意解决刀具角度选择等问题。

任务三 多槽轴的加工

任务描述

使用 FANUC 0i Mate-TD 或 SINUMERIK 828D 系统数控车床完成图 2-19 所示多槽轴的加工，材料为 45 钢，其中 4mm×1mm 窄槽 3 个，6mm×2mm 宽槽 3 个，零件表面粗糙度值全部为 $Ra3.2\mu m$。多槽轴加工后的效果如图 2-20 所示。

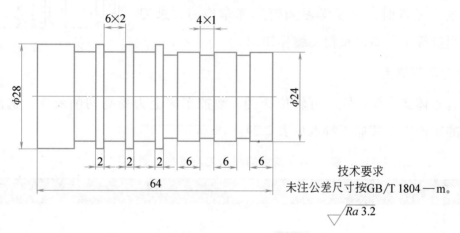

图 2-19 多槽轴零件图

图 2-20 多槽轴三维效果图

知识目标

1. 掌握 G04 暂停指令及其应用。
2. 掌握切槽循环指令及其应用。

3. 掌握子程序定义及其应用。

4. 熟悉各种外槽加工工艺。

技能目标

1. 会编写各种外槽加工程序。

2. 会进行车槽刀的安装及对刀。

3. 具有加工各种外槽并达到一定精度要求的能力。

知识准备

轴类零件表面上有各种类型的槽，如直槽、V（梯）形槽、圆弧槽等，如图 2-21 所示，主要用作螺纹退刀槽、砂轮越程槽、密封槽、冷却槽等，精度要求不是很高。在数控车床上加工这类零件时，主要学习如何选择车槽刀、进刀方式、切削用量等工艺知识及相关编程知识。

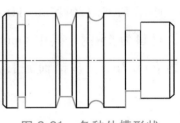

图 2-21　各种外槽形状

1. 车槽刀及其选用

车槽刀有整体式、焊接式、可转位 3 种，数控车床上为提高切削效率，选用可转位车槽刀。常见的车槽刀及其加工特点见表 2-24。

表 2-24　常见的车槽刀及其加工特点

车槽刀种类	结构形式	加工特点
整体式		由高速钢刀条刃磨而成，切削速度较低，效率较低，易折断，常用于有色金属、塑料等材料的加工，也可用于钢、铸铁的加工。为防止折断，可用弹性刀夹夹持
焊接式		由硬质合金刀片焊接在刀杆上制成，价格较低，但磨损后需重磨，效率低
可转位		由专门企业生产，将可转位刀片装夹在刀杆上构成，一个切削刃磨损后只需将刀片松开转一个位置，再夹紧即可继续投入切削，效率高，故数控机床一般都选用可转位车槽刀进行加工

车槽或切断中，应确定车槽刀刀头长度 L 和刀头宽度 a 的尺寸。刀头长度与槽的深度有关，一般按经验公式计算，即

$$L = h + 2 \sim 3$$

式中　L——刀头长度（mm）；

　　　h——切入深度（mm）。

刀头宽度的计算公式为

$$a = (0.5 \sim 0.6)\sqrt{d}$$

式中　a——刀头宽度（mm）；

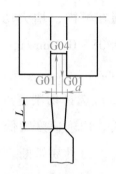

　　　d——待加工表面直径（mm）。

加工槽宽小于 5mm 的槽时，刀头宽度取槽宽尺寸。

2. 车外槽的进刀方式

（1）车窄直槽的进、退刀方式　车窄直槽的进、退刀方式与切断工件时的进、退刀方式相同，采用一次进给切入、切出，如图 2-22 所示。

图 2-22　车窄直槽的进、退刀方式

（2）车宽直槽的进刀方式　用车槽刀沿横向多次粗车，槽侧和槽底留精车余量，最后精车槽侧和槽底，如图 2-23 所示。

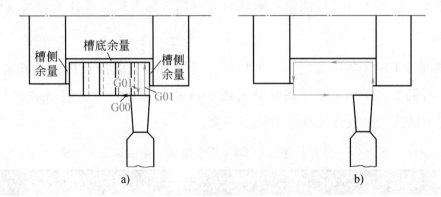

图 2-23　车宽直槽的进刀方式

a）粗车宽直槽进刀方式　b）精车宽直槽进刀方式

（3）车 V（梯）形槽的进刀方式　车 V 形槽时，根据槽尺寸大小可采用成形车槽刀直进法、直槽车刀左右切削法切削。当 V 形槽尺寸较小时，用 V 形槽车刀直进法，如图 2-24a 所示。V 形槽也可用直槽车刀分 3 次切削完成，第 1 刀车直槽，第 2 刀车右侧 V 形部分，第 3 刀车左侧 V 形部分，如图 2-24b 所示。

3. 车槽切削用量

车槽切削用量的选择主要考虑工件材料、刀具类型、工艺系统刚性及表面粗糙度等因素。因车槽刀窄而长，刀具强度低，易折断，故切削用量相对较小。

（1）选择背吃刀量　当槽宽 $b<5$mm 时，车槽刀刀头宽度等于槽宽，背吃刀量为刀头宽度；车宽槽时，用小于 5mm 的车槽刀分次车削加工，精车槽侧及槽底背吃刀量（精车余量）取 0.1~0.3mm。

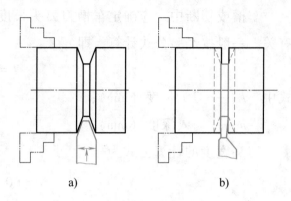

图 2-24　车 V（梯）形槽的进刀方式

a）V 形槽车刀 1 次直进方式

b）直槽车刀分 3 次进刀的切削方式

（2）选择进给量　车槽进给量宜选择较小值，因为车槽刀越切入槽底，排屑越困难，切屑易堵在槽内，增大切削力。一般粗车槽进给量取 0.08~0.1mm/r，精车槽进给量取 0.05~0.08mm/r。

（3）选择切削速度　车槽时的切削速度不宜太低。切削速度太低，切削力增大；随着车槽的深入，切削速度越来越小，切削力也相应增大，刀具易折断。此外，切削速度的选择还应考虑刀具性质，高速钢车槽刀及焊接式车槽刀切削时转速可取 200~300r/min，可转位车槽刀切削时转速可取 300~400r/min。

4. 测量槽尺寸的量具

外槽的尺寸主要有槽的宽度和槽底直径（或槽深）。槽宽根据精度高低可选用钢直尺、游标卡尺、样板、内测千分尺等测量。槽底直径可用游标卡尺、外径千分尺或样板等测量。

5. 编程知识

（1）暂停指令 G04　加工宽度不大的槽时，可用 G01 直线插补指令直进法切入、切出，为保证槽底光滑圆整，车槽刀车至槽底时需用 G04 指令暂停，以光整槽底表面，如图 2-22 所示。G04 指令格式、参数含义及示例见表 2-25。

表 2-25　进给暂停指令 G04 指令格式、参数含义及示例

数控系统	指令格式	参数含义	示例
发那科系统	G04 X __;	X 后跟暂停时间,可用带小数点的数,单位为秒(s)	G04 X5;表示暂停 5s
	G04 U __;	U 后跟暂停时间,可用带小数点的数,单位为秒(s)	G04 U5;表示暂停 5s
	G04 P __;	P 后跟暂停时间,不允许用带小数点的数,单位为毫秒(ms)	G04 P50;表示暂停 50ms,即暂停 0.05s
西门子系统	G04 F __;	F 后跟暂停时间,可用带小数点的数,单位为秒(s)	G04 F2.5;表示暂停 2.5s
	G04 S __;	S 后跟主轴转数,表示暂停主轴转过 S 转的时间	G04 S5;表示暂停主轴转过 5 转的时间

注：G04 指令为程序段有效指令。

（2）发那科系统径向沟槽复合循环切削指令 G75　当槽尺寸较大或有多个相同尺寸的槽时，可通过调用径向沟槽复合循环切削指令进行编程。G75 指令格式、参数含义及使用说明见表 2-26。

表 2-26 发那科系统 G75 指令格式、参数含义及使用说明

类别	内 容
径向沟槽复合切削 循环指令格式	G75 R(e); G75 X(U)_ Z(W)_ P(Δi) Q(Δk) R(Δd) F(f);
切削循环路径	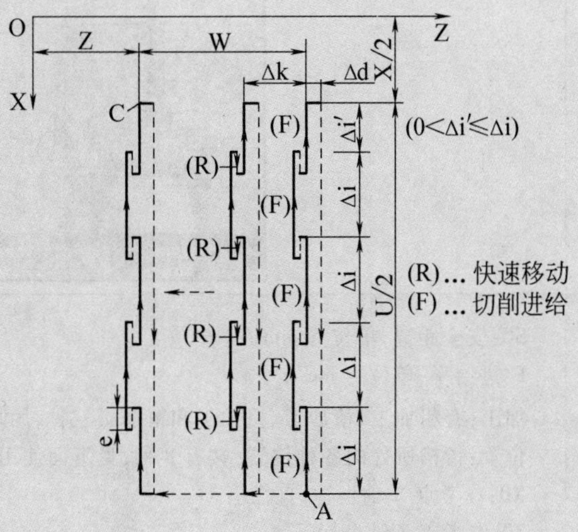
参数含义	e:返回量 X、Z:槽底终点绝对坐标 U、W:槽底终点相对于循环起点的增量坐标 Δi:X 轴方向的切深量,无符号,半径值,输入单位为 μm Δk:Z 轴方向的移动量,无符号,输入单位为 μm Δd:槽底位置 Z 方向的退刀量,无要求时尽量不要设置数值,以免断刀 f:进给速度
使用说明	(1)X(U)或 Z(W)指定,而 Δi 或 Δk 未指定或值为零将发生报警 (2)Δk 值一般小于刀头的宽度,Δk 值为负时将发生报警;Δk 值大于槽宽将车出多个相同的槽 (3)Δi 值大于 U/2 或设置为负时将发生报警 (4)退刀量大于进刀量将发生报警 (5)发那科系统切槽循环只能加工径向直槽

（3）西门子系统车槽循环指令 CYCLE930　当槽尺寸较大时可调用车槽循环进行编程，以简化编程计算。车槽循环指令格式、参数含义及使用说明见表 2-27。

西门子系统车槽循环编程示例见表 2-28。

表 2-27 西门子系统车槽循环指令格式、参数含义及使用说明

类别	内 容
指令格式	CYCLE930(X0,Z0,B1,B2,T1,a0,a1,a2,FS1,FS2,FS3,FS4,D,UX,UZ,SC,N,F);

(续)

类　别	内　　容
调用步骤及图示	单击数控面板下方的 ⊾车削 软键,再单击面板右侧的 凹槽▶ 软键,出现如图所示车削凹槽界面,单击面板右侧软键,可选择凹槽1、凹槽2、凹槽3,然后上、下移动光标,输入车削凹槽的参数 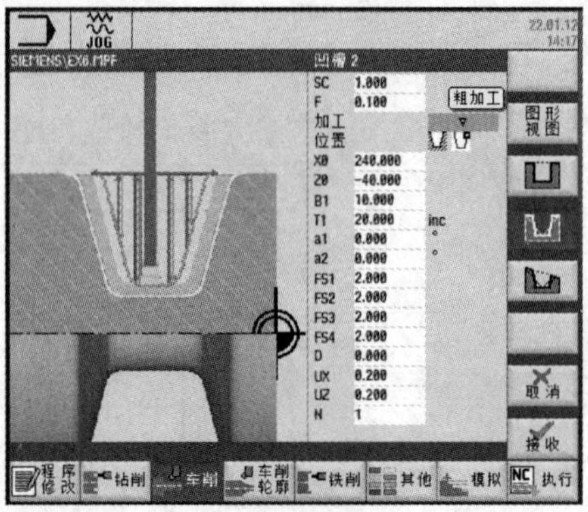
参数含义	SC:安全距离,单位为 mm F:进给率,单位为 mm/r 加工:有粗加工、精加工、粗加工和精加工三种,用 🔘 键切换 位置:指槽所处的各种位置,共有 8 种,见下面使用说明中图所示 X0:参考点 X 轴坐标,直径值 Z0:参考点 Z 轴坐标 B1:凹槽底部宽度,单位为 mm,用 🔘 键切换 B2:凹槽顶度宽度,单位为 mm T1:凹槽绝对深度,直径值,或相对于 X0、Z0 的凹槽深度,用 🔘 键切换 a0:斜面角度,仅限于选择凹槽 3 时提供 a1:槽侧面角度 1,该角度为 0°~90° a2:槽侧面角度 2,该角度为 0°~90° FS1~FS4(或 R1~R4):槽顶、槽底倒角宽度(或槽顶、槽底倒角半径),用 🔘 键切换 D:最大切入深度;若 D 为 0,则一刀直接加工到最终深度,单位为 mm UX:X 轴精加工余量,单位为 mm UZ:Z 轴精加工余量,单位为 mm N:凹槽数量(N=1~65535)
使用说明	(1)使用凹槽循环可以在任意直线轮廓单元上加工对称和不对称的凹槽 (2)车槽宽度(WIDG)小于刀具实际宽度将发生报警 (3)在调用循环之前,有效的 G 功能在循环之后仍保持有效 (4)该循环可进行纵向、横向、外槽、内槽车削,主要由"位置"参数确定,"起刀点"如图所示 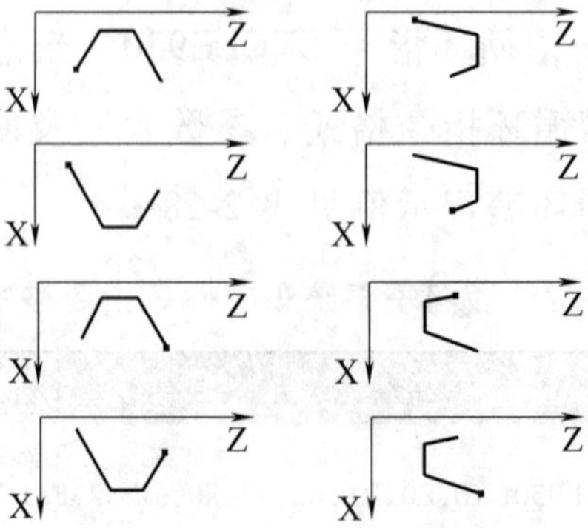

表 2-28　车槽循环编程示例

车槽要求及零件图	程序（直径编程）
车外槽，起始点位于（X70，Z60）；刀具：T05；刀具补偿号：D1、D2；槽侧、槽底精车余量为 0.5mm，槽底暂停时间为 1s 	N10 T05 D1 M03 S400 DIAMON；
	N20 G00 G90 X80 Z65；
	N30 G95 F0.2；
	N40 CYCLE930（70，60，30，25，5，10，20，0，0，2，2，0.2，2，1，10510，，1，，0.1，2，0.5，0.5，2，1111110）；
	N50 G00 G90 X80 Z65；
	N60 M02；

（4）子程序　当加工零件上部分相同形状和结构时，可将这部分形状和结构的加工编写成子程序，在主程序的适当位置调用、运行，以简化程序结构。

子程序结构与主程序结构完全相同，由程序名、程序段、程序结束指令等组成。发那科系统与西门子系统子程序名、子程序结束指令见表 2-29。

表 2-29　发那科系统与西门子系统子程序名及子程序结束指令

数控系统	发那科系统	西门子系统
子程序名	子程序名与主程序名命名方式完全相同，由字母 O 开头，后跟四位数字，如"O1233"	子程序名开始两位必须是字母，其后为字母、数字或下划线，最多不超过 24 位，中间不允许有分隔符，并用扩展名". SPF"与主程序相区分，如"DDF. SPF"。此外，地址 L 后跟 1~7 位数也表示子程序名。如"L28. SPF""L028. SPF"，且两者不是同一子程序
子程序结束指令及说明	用 M99 指令结束子程序并返回，使用时不必使用一段独立程序段	用 RET、M17 或 M02 指令结束子程序并返回。其中 M02 指令返回主程序时会中断 G64 连续路径方式，RET、M17 返回时不会中断连续路径方式，但需使用独立程序段
示例	子程序名："O2233"（增量编程） N10 G00 W-10.0；Z 方向快速移动-10mm N20 G01 U-8.0；X 方向直线进给-8mm N30 G04 X2.0；暂停时间 2s N40 G01 U8.0；X 方向直线切出 8mm N50 M99；子程序结束并返回	子程序名："L33. SPF"（增量编程） N10 G00 G91 Z-10.0；Z 方向快速移动-10mm N20 G01 X-8.0；X 方向直线进给-8mm N30 G04 F2.0；暂停时间 2s N40 G01 X8.0；X 方向直线切出 8mm N50 RET；子程序结束

（5）子程序调用　主程序可以在适当位置调用子程序，子程序还可以再调用其他子程序。发那科系统与西门子系统子程序调用见表 2-30。

表 2-30　发那科系统与西门子系统子程序调用

数控系统	发那科系统	西门子系统
子程序调用	M98 P xxx　xxxx；P 后跟子程序被重复调用次数及子程序名	直接用程序名调用子程序；当要求多次执行某一子程序时，则在所调用子程序名后地址 P 后写入调用次数
示例	N20 M98 P2233；调用一次子程序"O2233" … N40 M98 P31133；重复调用三次子程序"O1133"	N10 L2233；调用一次子程序 L2233 … N40　NAM1133 P3；重复调用三次子程序"NAM1133.SPF"
调用子程序后，程序执行次序图	子程序O2233 主程序 N10…；　　N10…； N20 M98 P2233；　N20…； N30…；　　N30…； N40 M98 P31133；　N40…； N50…；　　N50 M99； 子程序O1133 N10…； N20…； N30…； N40 M99；	子程序L2233.SPF 主程序 N10…；　　N10…； N20 L2233；　N20…； N30…；　　N30…； N40 NAM1133 P3；　N40…； N50…；　　N50 RET； 子程序NAM1133.SPF N10…； N20…； N30…； N40 RET；

任务实施

　　选用 FANUC 0i Mate-TD 或 SINUMERIK 828D 系统数控车床完成任务实施。本任务中，3 个窄槽和 3 个宽槽分别处于不同台阶面上，为方便加工，选用刀头宽度相同的同一把车槽刀，窄槽一次切削至尺寸要求，宽槽分几次粗车，最后再精车完成。此外，车槽前还需完成相应外圆表面车削。

　　1. 工艺分析

　　（1）选择刀具　加工外圆、端面选用硬质合金外圆车刀或可转位车刀；车槽选用宽度为 4mm 的硬质合金焊接式车槽刀或可转位车槽刀。

　　（2）确定车削零件工艺路线　加工时，先夹住毛坯外圆，车工件端面、外圆，然后换车槽刀分别加工 6 个槽，切断工件；调头夹住 φ28mm 外圆，车削工件左端面，控制总长。车削工艺见表 2-31。

　　（3）选择切削用量　粗、精车外圆切削用量同前面任务，车槽主要考虑转速和进给量大小，转速选择 350r/min，进给量选择 0.08mm/r。所有表面加工切削用量见表 2-31。

　　2. 程序编制

　　编写槽加工程序时，因 3 个 4mm×1mm 槽及 3 个 6mm×2mm 槽结构形状相同，可采用增量方式分别编写两个子程序，然后在主程序中分别连续调用 3 次子程序即可，调头车端面控制总长无须编写加工程序。

表 2-31　车削多槽轴的加工工艺

工序名	定位 （装夹面）	工步序号及内容	刀具及刀号	主轴转速 $n/(r/min)$	进给量 $f/(mm/r)$	背吃刀量 a_p/mm
车削	夹住毛坯外圆，车工件右端轮廓、槽	（1）粗车 ϕ28mm 及 ϕ24mm 外圆	外圆车刀，刀号 T01	600	0.2	2
		（2）精车 ϕ28mm 及 ϕ24mm 外圆	外圆车刀，刀号 T01	800	0.1	0.3
		（3）车 3 个 4mm×1mm 窄槽	车槽刀，刀号 T02	350	0.08	4
		（4）车 3 个 6mm×2mm 宽槽	车槽刀，刀号 T02	350	0.08	4
		（5）切断	车槽刀，刀号 T02	350	0.08	4
	调头装夹	手动车端面，控制总长	外圆车刀，刀号 T01	600	0.2	2

（1）主程序　加工零件右端轮廓时，工件坐标系原点选择在零件右端面（装夹后）中心点；加工槽时车槽刀刀位点选取左侧刀尖点。参考程序见表 2-32，发那科系统程序名为"O0023"，西门子系统程序名为"SKC0023.MPF"。

表 2-32　车削零件右端轮廓参考程序

程序段号	程序内容（发那科系统）	程序内容（西门子系统）	程序说明
N10	G40 G18 G21 G99；	G40 G18 G71 G95；	参数初始化
N20	M03 S600 T0101；	M03 S600 T01；	主轴正转，转速为 600r/min，选 T01 号外圆车刀
N30	G00 X32.0 Z5.0 M08；	G00 X32.0 Z5.0 M08；	刀具快速移至循环起点，切削液开
N40	G90 X28.6 Z-69.0 F0.2；	G00 X28.6；	粗车 ϕ28mm 外圆，进给速度为 0.2mm/r，发那科系统调用循环只需一段程序
N50		G01 Z-69.0 F0.2；	
N60		X32.0；	
N70		G00 Z5.0；	
N80	G90 X24.6 Z-29.8；	G00 X24.6；	粗车 ϕ24mm 外圆，发那科系统调用循环只需一段程序
N90		G01 Z-29.8；	
N100		X32.0；	
N110		G00 Z5.0；	
N120	M03 S800；	M03 S800；	主轴转速调为 800r/min
N130	G00 X0 Z5.0；	G00 X0 Z5.0；	刀具快速移至进刀点
N140	G01 Z0 F0.1；	G01 Z0 F0.1；	精车至端面
N150	X24.0；	X24.0；	精车端面
N160	Z-30.0；	Z-30.0；	精车 ϕ24mm 外圆
N170	X28.0；	X28.0；	精车阶台面
N180	Z-69.0；	Z-69.0；	精车 ϕ28mm 外圆
N190	X32.0；	X32.0；	刀具 X 方向切出

（续）

程序段号	程序内容（发那科系统）	程序内容（西门子系统）	程序说明
N200	G28 X60.0 Z50.0；	G74 X1＝0 Z1＝0；	刀具返回参考点
N210	T0202；	T02；	换车槽刀
N220	G00 X32.0 Z0 M03 S350；	G00 X32.0 Z0 M03 S350；	刀具返回切削起点，车槽主轴转速为350r/min
N230	M98 P30001；	L0231 P3；	调用窄槽加工子程序，加工3个窄槽
N240	M98 P30002；	L0232 P3；	调用宽槽加工子程序，加工3个宽槽
N250	G00 Z-68.0；	G00 Z-68.0；	刀具移至Z-68处
N260	G01 X0 F0.08；	G01 X0 F0.08；	切断工件
N270	X32.0；	X32.0；	刀具切出
N280	G28 X60.0 Z50.0；	G74 X1＝0 Z1＝0；	刀具返回参考点
N290	M05 M09；	M05 M09；	主轴停，切削液关
N300	M30；	M30；	程序结束

（2）加工4mm×1mm窄槽子程序　见表2-33，发那科系统子程序名为"O0001"，西门子系统子程序名为"L0231.SPF"。

表2-33　加工窄槽子程序

程序段号	程序内容（发那科系统）	程序内容（西门子系统）	程序说明
N10	G00 W-10；	G00 G91 Z-10；	增量坐标编程，Z方向移动10mm
N20	G01 U-10 F0.08；	G01 X-10 F0.08；	X方向切入10mm，进给速度0.08mm/r
N30	G04 X3；	G04 F3；	槽底暂停3s
N40	U10；	X10；	X方向切出10mm
N50		G90；	西门子系统采用绝对坐标编程
N60	M99；	RET；	子程序结束并返回

（3）加工6mm×2mm宽槽子程序　参考程序见表2-34，发那科系统子程序名为"O0002"，西门子系统子程序名为"L0232.SPF"。

表2-34　加工宽槽子程序

程序段号	程序内容（发那科系统）	程序内容（西门子系统）	程序说明
N10	G00 W-6.3；	G00 G91 Z-6.3；	Z方向移动6.3mm，槽侧留0.3mm余量
N20	G01 U-7.7 F0.08；	G01 X-7.7 F0.08；	X方向切入7.7mm，槽底留0.15mm余量
N30	G04 X3；	G04 F3；	槽底暂停3s
N40	U7.7；	X7.7；	X方向切出7.7mm
N50	G00 W-1.4；	G00 Z-1.4；	Z方向向左移动1.4mm

（续）

程序 段号	程序内容（发那科系统）	程序内容（西门子系统）	程 序 说 明
N60	G01 U-7.7 F0.08;	G01 X-7.7 F0.08;	X方向切入7.7mm，槽底留0.15mm余量
N70	G04 X3;	G04 F3;	槽底暂停3s
N80	U7.7;	X7.7;	X方向切出7.7mm
N90	G00 W1.7;	G00 Z1.7;	Z方向向右移动1.7mm
N100	G01 U-8 F0.08;	G01 X-8 F0.08;	X方向切入8mm，进给速度为0.08mm/r
N110	W-2;	Z-2;	Z方向向左切削2mm
N120	U8;	X8;	X方向切出8mm
N130		G90;	西门子系统采用绝对坐标编程
N140	M99;	RET;	子程序结束并返回

3. 加工操作

（1）加工准备

1）开机，回参考点，建立机床坐标系，使机床对其后的操作有一个基准位置。

2）装夹工件。加工零件右端轮廓时，夹住毛坯外圆，伸出长度为75mm左右。调头夹住φ28mm外圆，手动车端面时需进行找正，保证工件不歪斜。

3）装夹刀具。本任务用到外圆车刀、4mm车槽刀等，分别将刀具装夹在T01、T02号刀位中；保证刀具刀尖与工件回转中心等高，车槽刀刀头严格垂直于工件轴线。

4）对刀操作。外圆车刀对刀方法同前面任务。车槽刀对刀刀位点选左侧刀尖，对刀步骤如下。

① Z方向对刀。在MDI（MDA）方式下输入程序"M03 S400;"，使主轴正转；切换为手动（JOG）方式，将车槽刀左侧刀尖碰至工件端面，沿+X方向退出刀具，如图2-25所示。然后进行面板操作，面板操作步骤与外圆车刀相同。

② X方向对刀。在MDI（MDA）方式下输入程序"M03 S400;"，使主轴正转；切换为手动（JOG）方式，用车槽刀主切削刃试切工件外圆面（长3~5mm），沿+Z方向退出刀具，如图2-26所示。停机，测量外圆直径，然后进行面板操作，面板操作步骤与外圆车刀X方向对刀相同。

发那科系统外槽车刀对刀

西门子系统车槽刀对刀

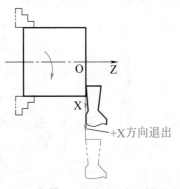

图2-25 车槽刀Z方向对刀操作过程

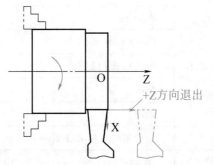

图2-26 车槽刀X方向对刀操作过程

刀具对刀完成后,分别进行 X、Z 方向对刀验证,检验对刀是否正确。

5)输入程序并校验。将主程序与两个子程序全部输入机床数控系统,调出主程序,设置空运行及仿真,进行程序校验并观察刀具轨迹,程序校验结束后取消空运行等设置。

(2)零件加工

1)加工零件右端轮廓,步骤如下。

① 调出主程序,检查工件、刀具是否按要求夹紧,刀具是否已对刀。

② 选择自动加工模式,调小进给倍率,按数控启动键进行自动加工。加工中观察切削情况,逐步将进给倍率调至适当大小。

2)调头夹住 ϕ28mm 外圆,车端面,控制总长。

3)加工结束后及时清扫机床。

 检测评分

将任务完成情况的检测与评价填入表 2-35 中。

表 2-35 多槽轴的加工检测评价表

序号	检测项目	检测内容及要求	配分	学生自检	学生互检	教师检测	得分
1	职业素养	文明、礼仪	5				
2		安全、纪律	10				
3		行为习惯	5				
4		工作态度	5				
5		团队合作	5				
6	制订工艺	(1)选择装夹与定位方式 (2)选择刀具 (3)选择加工路径 (4)选择合理的切削用量	5				
7	程序编制	(1)编程坐标系选择正确 (2)指令使用与程序格式正确 (3)基点坐标正确	10				
8	机床操作	(1)开机前检查、开机、回参考点 (2)工件装夹与对刀 (3)程序输入与校验	5				
9	零件加工	ϕ28mm	5				
10		ϕ24mm	5				
11		4mm×1mm 槽（3 个）	12				
12		6mm×2mm 槽（3 个）	12				
13		6mm	3				
14		2mm	3				
15		表面粗糙度值 $Ra3.2\mu m$	10				
	综合评价						

任务反馈

在任务完成过程中，分析是否出现表 2-36 所列问题，了解其产生原因，提出修正措施。

表 2-36　多槽轴加工出现的问题、产生原因及修正措施

问　题	产生原因	修正措施
槽宽度尺寸不正确	(1) 刀具刀头宽度尺寸不正确	
	(2) 编程坐标错误	
槽深度尺寸不正确	(1) 编程坐标错误	
	(2) 测量错误	
槽表面粗糙度超差	(1) 工艺系统刚性不足	
	(2) 刀具角度不正确	
	(3) 切削用量选择不当	
	(4) 车槽刀安装不正确	
车槽刀折断	(1) 车槽刀角度不正确	
	(2) 车槽刀安装不正确	
	(3) 切削用量不当	
	(4) 未充分使用切削液	
	(5) 切屑阻断	

任务拓展一

用车槽循环指令编写图 2-19 所示零件的数控加工程序并练习加工。

任务拓展二

加工图 2-27 所示零件。材料为 45 钢，毛坯为 ϕ45mm×55mm 棒料。

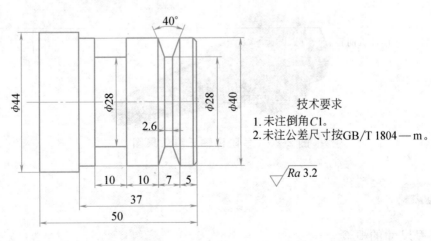

技术要求
1. 未注倒角 C1。
2. 未注公差尺寸按 GB/T 1804—m。

$\sqrt{Ra\ 3.2}$

图 2-27　任务拓展训练题

任务拓展实施提示：零件主要由外圆面、端面、台阶、V形槽及宽直槽构成，槽底宽分别为2.6mm、10mm，加工时先粗、精车外圆、端面、槽，再调头加工ϕ44mm外圆。车削V形槽时，先用刀头宽为2.6mm的车槽刀加工宽度等于槽底尺寸的直槽，然后分别加工两侧边部分；宽直槽用车槽循环指令加工。

任务四　多阶梯轴的加工

任务描述

使用FANUC 0i Mate-TD或SINUMERIK 828D系统数控车床，完成图2-28所示多阶梯轴零件的加工，材料为45钢，毛坯为ϕ32mm×75mm棒料，零件由多个外圆柱面、外圆锥面、台阶与端面组成，且零件尺寸精度要求较高，表面质量要求较高，形状复杂。多阶梯轴零件加工后的效果图如图2-29所示。

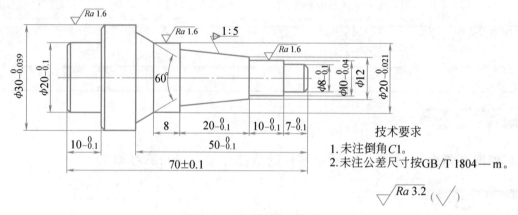

图2-28　多阶梯轴零件图

图2-29　多阶梯轴三维效果图

知识目标

1. 理解编程尺寸的概念。

2. 了解轴类零件的装夹工艺。

3. 掌握恒定速度控制指令及其应用。

4. 掌握发那科系统轮廓粗、精加工复合循环指令格式及参数含义。

5. 掌握西门子系统轮廓切削循环指令参数含义及其应用。

技能目标

1. 会制订多阶梯轴的加工工艺。

2. 会用轮廓加工复合循环指令编写多阶梯轴粗、精加工程序。

3. 具备加工多阶梯轴并达到一定精度要求的能力。

知识准备

中等复杂程度的轴一般都是多阶梯轴，常由圆柱面、圆锥面、台阶、端面、圆弧面等表面构成，其加工工艺由各表面加工知识综合而成，编程方法则采用轮廓粗、精车复合循环指令，以简化程序结构。

1. 轴类零件装夹方法

在数控车床上装夹工件有手动装夹和自动装夹两种方法，手动装夹工件采用自定心卡盘、单动卡盘、一夹一顶、两顶尖等，自动装夹工件采用液压卡盘。数控车床上轴类零件的装夹方法及特点见表 2-37。

表 2-37　数控车床上轴类零件的装夹方法及特点

装 夹 方 法	图 示	特 点
卡爪的装拆 自定心卡盘装夹工件		夹紧力较小，具有自动定心作用，一般不需要找正，但装夹较长的工件时，工件离卡盘夹持部分较远处的旋转中心不一定与车床主轴旋转中心重合，需找正；自定心卡盘长时间使用后精度会下降，也应进行找正。常用于装夹小型、规则形状工件
单动卡盘装夹工件	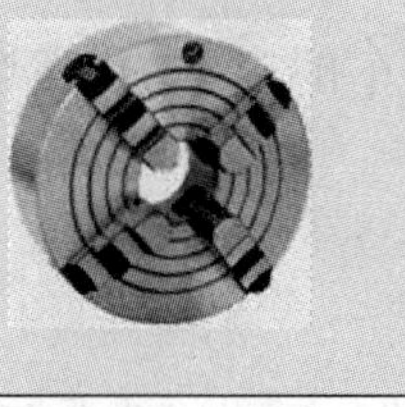	每个卡爪独立运动，夹紧力大，但不能自动定心，装夹工件后需要找正。用于装夹大型或形状不规则工件
一夹一顶装夹工件	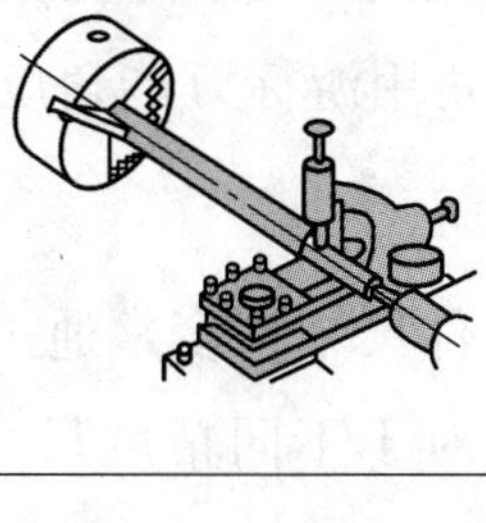	对于较长工件的粗加工及较重的工件，为安全起见，宜采用一夹一顶装夹；为防止工件轴向位移，必须在卡盘内装一个限位支承或利用工件的台阶进行限位，同时承受较大的轴向力

（续）

装 夹 方 法	图　示	特　点
两顶尖装夹工件	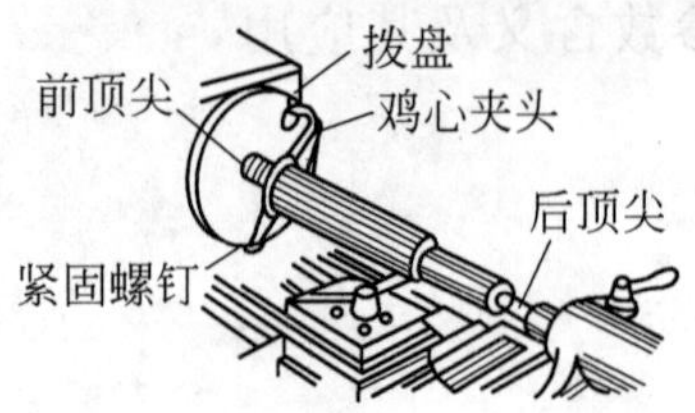 前顶尖　拨盘　鸡心夹头　后顶尖　紧固螺钉	较长的轴或必须经过多次装夹才能完成加工的轴宜采用两顶尖装夹，其定心精度高，但刚性差，适用于精加工。装夹前应在工件两端钻好中心孔，并用鸡心夹头夹住工件，以传递动力
液压卡盘自动装夹工件		使用液压缸自动控制卡爪夹紧与松开动作，不需要找正，夹紧工件迅速，效率高，是高档数控车床常用的夹紧工件方法

2. 多阶梯轴加工车刀及其选用

多阶梯轴加工车刀以外圆车刀为主，根据加工精度要求，分别用粗、精车刀进行粗加工和精加工；若多阶梯轴零件有圆锥面、圆弧面，则需考虑车刀主、副偏角大小，以防止产生干涉现象。

3. 多阶梯轴车削路径

多阶梯轴各段外圆加工余量大小不同，大直径外圆加工余量较小，可一刀车削；小直径外圆加工余量较大，需多次车削。为减少粗加工车削路径和编程，发那科系统一般采用粗车复合循环指令 G71 进行粗加工和精车复合循环指令 G70 进行精加工；若零件径向尺寸不呈单向递增或递减，则必须采用分层切削方式粗车，切削路径与车外圆、圆锥、圆弧面相同，或采用固定形状粗车复合循环指令 G73 进行粗加工（详见项目四任务二）。西门子系统一般采用毛坯（轮廓）切削循环去除余量和进行精加工。

4. 多阶梯轴加工切削用量的选择

多阶梯轴加工切削用量的选择与车外圆、端面、圆锥等切削用量的选择相同，当工艺系统刚性足够时，应尽可能选择较大的背吃刀量，以减少走刀次数，提高效率。粗车时进给量应选大一些的值，精车时选小一些的进给量。粗车时选择中等切削速度，精车时选择较高的切削速度。

5. 多阶梯轴加工量具的选择

多阶梯轴加工量具根据组成轴的各表面来确定。外圆直径用游标卡尺、外径千分尺测量，长度用游标卡尺或游标深度卡尺测量；锥角用游标万能角度尺、标准量规等测量。

6. 编程知识

（1）编程尺寸　在数控车床上加工时，零件尺寸精度常通过设置刀具磨损量进行控制，在一次轮廓加工中，其控制量是相同的。因此对于不同精度尺寸，必须以其极限尺寸的平

均值作为编程尺寸,才能实现所有轮廓的精度控制。编程尺寸计算公式为

$$编程尺寸 = 公称尺寸 + \frac{上极限偏差 + 下极限偏差}{2}$$

例:$\phi25_{-0.1}^{0}$mm 外圆编程尺寸 = 25mm + (0 - 0.1) mm/2 = 24.95mm;长度 25mm ± 0.1mm 编程尺寸为 25mm。

(2)恒定切削速度指令 G96、取消恒定切削速度指令 G97 使用恒定切削速度功能后,可以使刀具切削点切削速度始终为常数(主轴转速×直径 = 常数),保证各表面加工质量一致,如图 2-30 所示。即切削速度不随刀具位置而发生变化,切削时工件直径发生变化时,主轴转速随之变化,保证各点的切削速度 v_A、v_B、v_C 恒定。

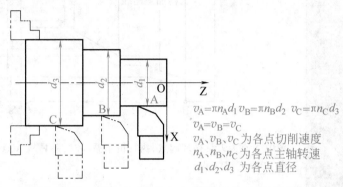

$v_A = \pi n_A d_1 \quad v_B = \pi n_B d_2 \quad v_C = \pi n_C d_3$
$v_A = v_B = v_C$
v_A、v_B、v_C 为各点切削速度
n_A、n_B、n_C 为各点主轴转速
d_1、d_2、d_3 为各点直径

图 2-30 恒定切削速度主轴转速与直径的关系

恒定切削速度功能指令含义、格式及使用说明见表 2-38。

表 2-38 发那科系统与西门子系统恒定切削速度功能指令含义、格式及使用说明

数控系统	发那科系统	西门子系统
指令含义	G96:恒定切削速度生效 G97:取消恒定切削速度	G96:恒定切削速度生效 G97:取消恒定切削速度
指令格式及参数含义	G96 S __;S 后数值表示切削速度(m/min) G50 S __;设定主轴转速上限。S 后数值表示主轴转速(r/min) G97 S __;S 后数值表示主轴转速(r/min)	G96 S __ LIMS = __ F __; G97; S 后数值表示切削速度(m/min) LIMS 后为主轴转速上限(r/min),对 G96、G97 有效 F 后为进给率
指令使用说明	(1)主轴必须为受控主轴,该指令才能生效 (2)当工件从大直径加工到小直径时,主轴转速可能提高得非常快,因此使用恒定切削速度时,必须设定主轴转速上限 (3)使用 G00 快速移动指令时,主轴转速不改变 (4)取消恒定切削速度后,S 地址后的数值生效,单位为 r/min;如果没有重新写入地址 S,则主轴以原先的 G96 功能生效前转速旋转	(1)主轴必须为受控主轴,该指令才能生效 (2)当工件从大直径加工到小直径时,主轴转速可能提高得非常快,因此必须设定极限转速 (3)使用 G00 快速移动指令时,主轴转速不改变 (4)取消恒定切削速度后,需重新写入 S 数值,单位为 r/min;如果没有重新写入地址 S,则主轴以 G96 功能生效前转速旋转 (5)进给率 F 单位为 mm/r(如原先指定的是 G94,则需重新写入一个适当的值)

（3）发那科系统粗车复合循环指令 G71　应用该指令，只需指定粗加工背吃刀量、精加工余量和精加工路线等参数，系统便可自动计算出粗加工路线和加工次数，完成内、外轮廓表面的粗加工。发那科系统粗车复合循环指令外轮廓粗加工循环路线、指令格式及参数含义见表 2-39。

表 2-39　发那科系统粗车复合循环指令外轮廓粗加工循环路线、指令格式及参数含义

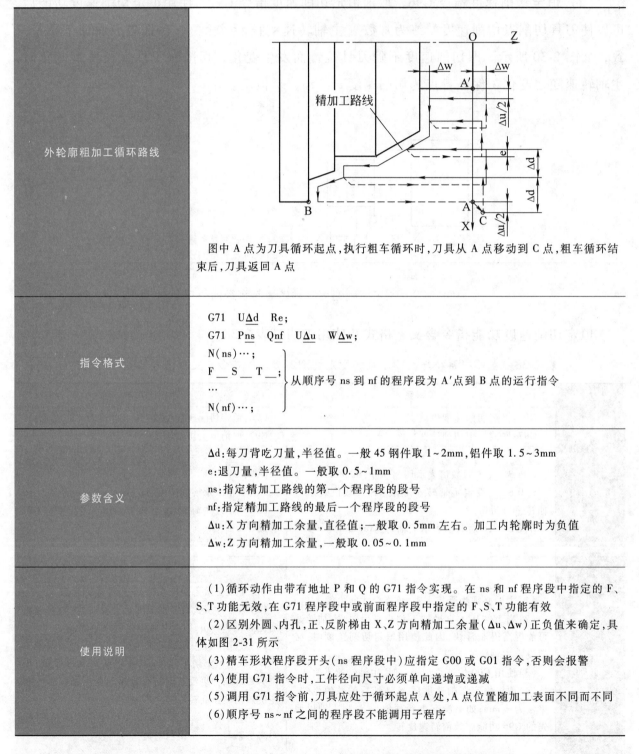

外轮廓粗加工循环路线	图中 A 点为刀具循环起点，执行粗车循环时，刀具从 A 点移动到 C 点，粗车循环结束后，刀具返回 A 点
指令格式	G71　UΔd　Re； G71　Pns　Qnf　UΔu　WΔw； N(ns)…； F__　S__　T__； … N(nf)…；　从顺序号 ns 到 nf 的程序段为 A′点到 B 点的运行指令
参数含义	Δd：每刀背吃刀量，半径值。一般 45 钢件取 1~2mm，铝件取 1.5~3mm e：退刀量，半径值。一般取 0.5~1mm ns：指定精加工路线的第一个程序段的段号 nf：指定精加工路线的最后一个程序段的段号 Δu：X 方向精加工余量，直径值；一般取 0.5mm 左右。加工内轮廓时为负值 Δw：Z 方向精加工余量，一般取 0.05~0.1mm
使用说明	（1）循环动作由带有地址 P 和 Q 的 G71 指令实现。在 ns 和 nf 程序段中指定的 F、S、T 功能无效，在 G71 程序段中或前面程序段中指定的 F、S、T 功能有效 （2）区别外圆、内孔，正、反阶梯由 X、Z 方向精加工余量（Δu、Δw）正负值来确定，具体如图 2-31 所示 （3）精车形状程序段开头（ns 程序段中）应指定 G00 或 G01 指令，否则会报警 （4）使用 G71 指令时，工件径向尺寸必须单向递增或递减 （5）调用 G71 指令前，刀具应处于循环起点 A 处，A 点位置随加工表面不同而不同 （6）顺序号 ns~nf 之间的程序段不能调用子程序

（4）发那科系统精车复合循环指令 G70　用 G71、G73 粗车完毕后，可用精加工循环

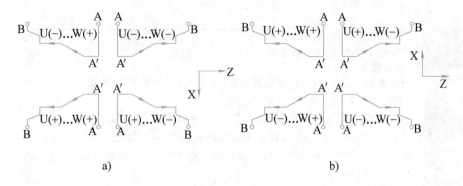

图 2-31　前置刀架和后置刀架加工不同表面时 △u、△w 的正负情况

a）前置刀架　b）后置刀架

指令 G70 进行 A→A′→B 的精加工。

精车复合循环指令格式、参数含义及使用说明见表 2-40。

表 2-40　发那科系统精车复合循环指令格式、参数含义及使用说明

指令格式	G70　Pns　Qnf；
参数含义	ns：指定精加工路线的第一个程序段的段号 nf：指定精加工路线的最后一个程序段的段号
使用说明	（1）精车循环 G70 状态下，ns～nf 程序中指定的 F、S、T 有效；当 ns～nf 程序中不指定 F、S、T 时，粗车循环 G71、G73 中指定的 F、S、T 有效 （2）G70 循环加工结束时，刀具返回起点并读下一个程序段 （3）G70 中 ns～nf 间的程序段不能调用子程序

（5）西门子系统轮廓切削循环指令（CYCLE952）　使用该循环，可以从毛坯开始，通过多种切削方式制造出一个在子程序中所编程的轮廓，轮廓中包括底切段，可以完成纵向和横向、内轮廓和外轮廓、粗加工和精加工或综合加工等多种形式的轮廓切削。轮廓切削循环指令格式、调用循环参数界面、参数含义及使用说明见表 2-41。

表 2-41　西门子系统轮廓切削循环指令格式、调用循环参数界面、参数含义及使用说明

循环指令格式	CYCLE952（PRG，，CONR，，F，FR，，，DX，DZ，UX，UZ，XD，ZD，，XA，ZA，XB，ZB，DI，SC）；
调用循环参数界面	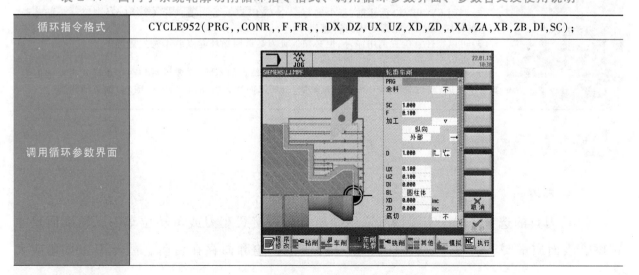

（续）

循环参数含义	PRG:字符串,轮廓子程序名 F:进给率 FS:精加工进给率(仅限于选择完整加工时提供,即粗加工+精加工) 余料:有"不"和"是"两种,通过 键切换 CONR:更新的毛坯轮廓余料加工的名称,余料为"是"时存在 加工:(1)加工性质,有粗加工、精加工两种,通过 键切换 　　　(2)加工方向,有"纵向""端面的""轮廓平行"三种,通过 键切换 　　　(3)加工位置,有"外部""内部""前面""后面"四种,通过 键切换 D:最大切入深度(仅限于选择粗加工时提供) DX:最大切入深度(仅限于选择平行于轮廓时提供) :返回方式,有"始终沿轮廓返回""从不沿轮廓返回""在下一个切削点前沿轮廓返回"三种,通过 键切换 :切削分段,有"切削分段等分""切削分段按边沿划分"两种,通过 键切换 :切削深度分配,有"恒定切削深度""变化的切削深度"两种,通过 键切换 DZ:最大切削深度(仅限选择了平行于轮廓和 UX 时提供) UX(或 U):X 轴精加工余量,或 X 轴和 Z 轴精加工余量(仅限选择粗加工时提供) UZ:Z 轴精加工余量(仅限选择了 UX 时提供) DI:为零时,连续切削(仅限选择了粗加工方法时提供) BL:毛坯定义(仅限选择了粗加工时提供)。(1)圆柱体,通过 XD、ZD 定义;(2)余量,离完成成品轮廓还剩下的 XD 和 ZD;(3)轮廓,第二个 CYCLE62,调用毛坯轮廓 XD:毛坯尺寸(仅限选择粗加工且仅限选择"圆柱体"和"余量"时提供),选择"圆柱体"时绝对数据指圆柱体直径,增量数据是指与 CYCLE62 成品轮廓最大值的差值。在"余量"中的毛坯定义是指离完成 CYCLE62 成品轮廓的余量 DZ:毛坯尺寸(仅限选择粗加工且仅限选择"圆柱体"和"余量"时提供),选择"圆柱体"时绝对数据指圆柱体尺寸,增量数据是指与 CYCLE62 成品轮廓最大值的差值。在"余量"中的毛坯定义是指离完成 CYCLE62 成品轮廓的余量 余量:预加工余量(仅限选择精加工时提供),有"是"(U1 轮廓余量)和"否"两种 U1:X 和 Z 方向的补偿余量(仅限选择"余量"毛坯定义时提供) :限制加工区,有"是"和"否"两种,通过 键切换 XA:XAφ 限制 1 XB:XBφ 绝对限制 2,或相对于 XA 的限制 2 ZA:ZA 限制 1 ZB:ZB 绝对限制 2,或相对于 ZA 的限制 2 底切:有"是"和"否"两种,通过 键切换,"是"指凹轮廓加工 FR:凹轮廓插入进给率
使用说明	(1)调用轮廓 CYCLE62,通过输入创建所选轮廓 (2)调用 CYCLE952 循环前,至少编写一个 CYCLE62,如果有两个 CYCLE62,则第一个循环调用毛坯轮廓,第二个轮廓是成品轮廓 (3)可以在任意位置调用循环,但必须保证刀具返回循环起点时不发生碰撞 (4)进给率单位将保持调用循环前的单位 (5)根据余料、轮廓加工性质、加工方向及加工位置的不同,需要填写和在指令格式中反映的参数也不相同,故指令格式中参数仅为参数,一切以循环参数界面中填写(输入)的数值为准

任务实施

1. 工艺分析

（1）刀具的选择　根据实际情况选用硬质合金焊接式车刀或可转位车刀,轮廓面尺寸精度、表面质量要求较高,分别用粗、精车刀车削;轮廓面存在台阶,故车刀主偏角应大于或等于 90°。

（2）零件加工工艺路线的制订　本任务尺寸精度和表面质量要求较高，不仅需要分粗、精加工完成，还需要调头装夹车削。先粗、精车右端轮廓表面，再调头装夹粗、精车左端面及外圆。因工件径向尺寸单向递增，采用粗车复合循环指令进行车削，以简化分层粗车时的编程及计算，轮廓精加工采用精车复合循环指令编程。

（3）量具的选择　外圆直径选用外径千分尺测量，长度尺寸选用游标卡尺测量，圆锥角度用游标万能角度尺测量，表面粗糙度用表面粗糙度样板比对。

（4）切削用量的选择　粗车背吃刀量取 2~3mm，进给量取 0.2mm/r，主轴转速取 600r/min，精车背吃刀量取 0.3mm，进给量取 0.1mm/r，主轴转速取 1000r/min。具体切削用量见表 2-42。

表 2-42　多阶梯轴的加工工艺

工序名	定位（装夹面）	工步序号及内容	刀具及刀号	主轴转速 $n/(\text{r/min})$	进给量 $f/(\text{mm/r})$	背吃刀量 a_p/mm
车削	夹住毛坯外圆，伸出 60mm	（1）粗车右端外轮廓	外圆粗车刀,刀号 T01	600	0.2	2~3
		（2）精车右端外轮廓	外圆精车刀,刀号 T02	1000	0.1	0.3
	调头夹住 $\phi20_{-0.021}^{0}$mm 外圆	（1）粗车左端外轮廓	外圆粗车刀,刀号 T01	600	0.2	2~3
		（2）精车左端外轮廓	外圆精车刀,刀号 T02	1000	0.1	0.3

2. 程序编制

（1）加工零件右端轮廓的程序　夹住工件毛坯外圆，工件坐标系原点选择在零件右端面中心点；编程时取刀尖为刀位点，编程尺寸取极限尺寸平均值，采用轮廓粗、精车复合循环指令进行编程，精加工外圆使用恒定切削速度指令，以保证直径不等的各外圆表面切削速度一致。参考程序见表 2-43，发那科系统程序名为"O0024"，西门子系统程序名为"SKC0024.MPF"。

表 2-43　加工零件右端轮廓参考程序

程序段号	程序内容（发那科系统）	程序内容（西门子系统）	程序说明
N10	G40 G21 G99;	G40 G71 G95 G90;	参数初始化
N20	M03 S600 F0.2 T0101 M08;	M03 S600 F0.2 T01 M08;	选择 T01 号外圆粗车刀,设置粗车用量,切削液开
N30	G00 X36.0 Z5.0;	G00 X36.0 Z5.0;	刀具快速移动至循环起点
N40	G71 U2 R1;	CYCLE952（"L0240",,"　", 2201411,0.3……）;	设置循环参数,调用循环粗加工轮廓
N50	G71 P60 Q180 U0.6 W0.1;		
N60	G00 X0;		N60~N180 为发那科系统轮廓精加工程序段;西门子系统轮廓定义子程序见表 2-44 中 L0240.SPF
N70	G01 Z0;		
N80	X5.95;		

（续）

程序段号	程序内容（发那科系统）	程序内容（西门子系统）	程序说明
N90	X7.95 Z-1.0；		
N100	Z-6.95；		
N110	X9.98；		
N120	Z-16.95；		
N130	X12.0；		N60~N180为发那科系统轮廓精加工程序段；西门子系统轮廓定义子程序见表2-44中L0240.SPF
N140	X16.0 Z-36.95；		
N150	X19.99；		
N160	Z-45.0；		
N170	X25.77 Z-49.95；		
N180	X34.0；		
N190	G28 X100.0 Z100.0；	G74 X1=0 Z1=0；	刀具返回参考点
N200	M00 M05 M09；	M00 M05 M09；	主轴停，程序停，切削液关
N210	T0202；	T02；	换T02精车刀
N220	M03 S1000 F0.1 M08；	M03 S1000 F0.1 M08；	精车转速为1000r/min，进给速度为0.1mm/r，切削液开
N230	G00 G96 S40 X36.0 Z5.0；	G00 X36.0 Z5.0；	刀具返回循环起点
N240	G50 S2000；	CYCLE952（"L0240"，，""，2101421,0.1,……）；	调用轮廓精车复合循环精车轮廓
N250	G70 P60 Q180；		
N260	G28 X100.0 Z200.0；	G74 X1=0 Z1=0；	刀具返回参考点
N270	M00 M09 G97；	M00 M09；	程序停，切削液关
N280	M30；	M30；	程序结束

西门子系统轮廓定义子程序"L0240.SPF"见表2-44。

表2-44　西门子系统轮廓定义子程序

程序段号	程序内容	程序说明
N10	G01 X0 Z0 G96 S40 LIMS=2000；	刀具切削至端面，设置恒定切削速度
N20	X5.95；	车右端面
N30	X7.95 Z-1.0；	车倒角
N40	Z-6.95；	车$\phi 8_{-0.1}^{0}$mm外圆
N50	X9.98；	车台阶
N60	Z-16.95；	车$\phi 10_{-0.04}^{0}$mm外圆
N70	X12.0；	车台阶
N80	X16.0 Z-36.95；	车1:5圆锥
N90	X19.99；	车台阶
N100	Z-45.0；	车$\phi 20_{-0.021}^{0}$mm外圆

（续）

程序段号	程序内容	程序说明
N110	X25.77 Z−49.95;	车60°圆锥
N120	X34.0;	车台阶
N130	G97;	取消恒定切削速度
N140	RET;	子程序结束

（2）加工左端轮廓程序　调头夹住 $\phi 20^{0}_{-0.021}$ mm 外圆，取装夹后工件右端面中心点为工件坐标系原点，发那科系统程序名为"O0124"，西门子系统程序名为"SKC0124.MPF"。参考程序见表 2-45。

表 2-45　加工零件左端轮廓参考程序

程序段号	程序内容（发那科系统）	程序内容（西门子系统）	程序说明
N10	G40 G21 G99;	G40 G71 G95 G90;	参数初始化
N20	M03 S600 F0.2 T0101 M08;	M03 S600 F0.2 T01 M08;	选择 T01 号外圆粗车刀,设置粗车用量,切削液开
N30	G00 X36.0 Z5.0;	G00 X36.0 Z5.0;	刀具快速移动至循环起点
N40	G71 U2 R1;	CYCLE952（"L0241",,"",	设置循环参数,调用循环粗加工轮廓
N50	G71 P60 Q140 U0.6 W0.1;	2201411,0.3……）;	
N60	G00 X0;		
N70	G01 Z0;		
N80	X17.95;		
N90	X19.95 Z−1.0;		N60~N140 为发那科系统轮廓精加工程序段;西门子系统轮廓定义子程序见表 2-46
N100	Z−9.95;		
N110	X27.98;		
N120	X29.98 Z−10.95;		
N130	Z−22.0;		
N140	X34.0;		
N150	G28 X100.0 Z100.0;	G74 X1=0 Z1=0;	刀具返回参考点
N160	M00 M05 M09;	M00 M05 M09;	主轴停,程序停,切削液关,测量
N170	T0202;	T02;	换 T02 精车刀
N180	M03 S1000 F0.1 M08;	M03 S1000 F0.1 M08;	精车转速为 1000r/min,进给速度为 0.1mm/r,切削液开
N190	G00 G96 S40 X36.0 Z5.0;	G00 X36.0 Z5.0;	刀具返回循环起点
N200	G50 S2000;	CYCLE952（"L0241",,"",	调用循环精车轮廓
N210	G70 P60 Q140;	2101411,0.1……）;	
N220	G28 X100.0 Z200.0;	G74 X1=0 Z1=0;	刀具返回参考点
N230	M00 M09 G97;	M00 M09;	程序停,切削液关
N240	M30;	M30;	程序结束

西门子系统轮廓定义子程序"L0241.SPF"见表2-46。

表 2-46　西门子系统轮廓定义子程序

程序段号	程 序 内 容	程 序 说 明
N10	G01 X0 Z0 G96 S40 LIMS=2000;	刀具切削至端面
N20	X17.95;	车端面
N30	X19.95 Z−1.0;	车倒角
N40	Z−9.95;	车 $\phi 20_{-0.1}^{0}$ mm 外圆
N50	X27.98;	车台阶
N60	X29.98 Z−10.95;	车倒角
N70	Z−22.0;	车 $\phi 30_{-0.039}^{0}$ mm 外圆
N80	X34.0;	车至毛坯外圆
N90	G97;	取消恒定切削速度
N100	RET;	子程序结束

3. 加工操作

（1）加工准备

1）开机，回参考点，建立机床坐标系，使机床对其后的操作有一个基准位置。

2）装夹工件。夹住毛坯外圆，伸出长度为 60mm 左右，调头夹住 $\phi 20_{-0.021}^{0}$ mm 外圆时需找正工件且不能破坏已加工表面。

3）装夹刀具。将外圆粗车刀装夹在 T01 号刀位中，外圆精车刀装夹在 T02 号刀位中，保证刀具主偏角大于或等于 90°。

4）对刀操作。工件调头装夹前后，外圆精车刀、外圆粗车刀都需要对刀，对刀方法同前面任务。对刀完成后，分别进行 X、Z 方向对刀验证，检验对刀是否正确。

5）输入程序并校验。将主程序和子程序全部输入机床数控系统，设置空运行及仿真，分别打开主程序进行程序校验和刀具轨迹检查，程序校验结束后取消空运行等设置。

（2）零件加工

1）加工零件右端轮廓。步骤如下。

① 调出程序"O0024"或"SKC0024.MPF"，检查工件、刀具是否按要求夹紧，刀具是否已对刀。

② 选择自动加工模式，调小进给倍率，按数控启动键进行自动加工，加工中观察切削情况，逐步将进给倍率调至适当大小。

③ 程序运行至 N200，停机测量外圆直径并设置刀具磨损量，以控制零件尺寸精度。

④ 设置外圆精车刀磨损量后，按数控启动键，运行轮廓精车程序。

刀具磨损量的调整方法：如外圆精车余量为 0.3mm（半径值），程序运行至 N200，测

量 $\phi 10_{-0.04}^{0}$ mm 外圆直径实际尺寸为 $\phi 10.62$ mm，则余量为 0.62～0.66mm，取中间值 0.64mm，单边余量为 0.32mm，即将刀具磨损量设为 0.32mm－0.3mm＝0.02mm，运行轮廓精车程序后，即可达到尺寸要求。

外圆尺寸的控制也可以在程序运行至 N200 段后，设置外圆精车刀刀具磨损量为 0.02mm，运行精车外轮廓程序后测量工件实际尺寸，根据实际尺寸修调外圆精车的刀具磨损量。发那科系统用程序再启动功能（Q-TYPE、P-TYPE）重新运行精车轮廓程序，若机床无程序再启动功能也可将精车轮廓单独编写一个程序，反复运行以控制尺寸。西门子系统使用程序中断点搜索功能，操作步骤如下。

在自动加工模式下打开程序并按 执行 软键，按 程序段 搜索 软键，打开搜索窗口，通过光标或 搜索 断点 软键装载断点，按 计算 轮廓 或 启动 搜索 软键启动中断点搜索，使机床回到中断点，按数控启动键（2 次）即可从中断点开始继续加工。

2）加工零件左端轮廓。夹住 $\phi 20_{-0.021}^{0}$ mm 外圆，采用软卡爪装夹并用百分表进行找正，保证左右两侧外圆轴线同轴。加工步骤如下。

① 调出 "O0124" 或 "SKC0124. MPF" 程序，检查工件、刀具是否按要求夹紧，刀具是否已对刀。

② 选择自动加工模式，调小进给倍率，按数控启动键进行自动加工。加工中观察切削情况，逐步将进给倍率调至适当大小。

③ 当程序运行至 N160 程序段，停机测量外圆直径，并设置外圆精车刀刀具磨损量。

④ 按数控启动键，进行轮廓精加工。

3）加工结束后及时清扫机床。

检测评分

将任务完成情况的检测与评价填入表 2-47 中。

表 2-47 多阶梯轴的加工检测评价表

序号	检测项目	检测内容及要求	配分	学生自检	学生互检	教师检测	得分
1	职业素养	文明、礼仪	3				
2		安全、纪律	8				
3		行为习惯	3				
4		工作态度	3				
5		团队合作	3				
6	制订工艺	(1)选择装夹与定位方式 (2)选择刀具 (3)选择加工路径 (4)选择合理的切削用量	5				

（续）

序号	检测项目	检测内容及要求	配分	学生自检	学生互检	教师检测	得分
7	程序编制	（1）编程坐标系选择正确 （2）指令使用与程序格式正确 （3）基点坐标正确	10				
8	机床操作	（1）开机前检查、开机、回参考点 （2）工件装夹与对刀 （3）程序输入与校验	5				
9	零件加工	$\phi 8_{-0.1}^{0}$ mm	5				
10		$\phi 10_{-0.04}^{0}$ mm	5				
11		$\phi 20_{-0.021}^{0}$ mm	5				
12		$\phi 20_{-0.1}^{0}$ mm	3				
13		$\phi 30_{-0.039}^{0}$ mm	5				
14		$\phi 12$ mm	1				
15		$7_{-0.1}^{0}$ mm	3				
16		$10_{-0.1}^{0}$ mm（两处）	6				
17		$20_{-0.1}^{0}$ mm	3				
18		$50_{-0.1}^{0}$ mm	3				
19		70 mm± 0.1 mm	3				
20		8 mm	1				
21		$1:5$ 圆锥	5				
22		$60°$ 圆锥	5				
23		倒角 $C1$	1				
24		表面粗糙度值 $Ra1.6\mu m$	4				
25		表面粗糙度值 $Ra3.2\mu m$	2				
综合评价							

任务反馈

在任务完成过程中，分析是否出现表 2-48 所列问题，了解其产生原因，提出修正措施。

表 2-48　多阶梯轴加工出现的问题、产生原因及修正措施

问题	产生原因	修正措施
程序报警	（1）编程错误	
	（2）编程尺寸计算或输入错误	
	（3）操作方式不正确	
轮廓尺寸超差	（1）编程尺寸计算或输入错误	
	（2）刀具 X 方向和 Z 方向对刀不准	
	（3）刀具磨损量设置不正确	
	（4）测量错误	
	（5）机床刀架、丝杠间隙大	

（续）

问题	产生原因	修正措施
圆锥角度不正确、圆锥素线不直	（1）编程尺寸计算或输入错误	
	（2）测量错误	
	（3）刀尖与工件旋转中心不等高	
轮廓表面粗糙度值超差	（1）工艺系统刚性不足	
	（2）刀具角度不正确或刀具磨损	
	（3）切削用量选择不当	

任务拓展

加工图 2-32 所示零件。材料为 45 钢，毛坯为 φ35mm×75mm 棒料。

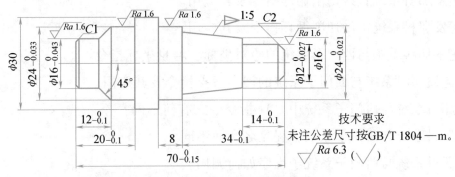

图 2-32　任务拓展训练题图

任务拓展实施提示：本拓展任务由外圆面、端面、台阶、圆锥面组成，两边均呈台阶状，需调头装夹车削。先夹住毛坯外圆，车右端轮廓；再调头夹住 $\phi24_{-0.021}^{0}$ mm 外圆，车左端轮廓。两边径向尺寸呈单向递增，发那科系统车床用粗、精车复合循环指令完成粗、精加工，以减少粗车路径尺寸计算，西门子系统车床用轮廓切削循环编程进行粗、精加工。零件轮廓精度要求较高，以极限尺寸平均值作为编程尺寸。零件调头加工时，所有刀具均应重新对刀。

项目小结

轴类零件主要由外圆面、端面、台阶、外圆锥面、外圆弧面等表面构成，通过对这些典型表面加工刀具的选择、粗精加工路径的确定、测量工具的选择、切削用量的选择及编程方法进行学习，基本学会了简单轴类零件数控编程及加工方法，为以后其他零件加工，如套类零件、螺纹类零件加工奠定了基础。

中国机床

拓展学习

数控机床作为工业的"工作母机"，是一个国家工业化水平和综合国力的综合表现。

近年来，随着我国装备制造业的迅速发展，重型机床硕果累累，成功研制出多个世界最大的数控机床，一件件堪称国宝级的"中国制造"享誉全球。

思考与练习

1. G00 与 G01 指令有何区别？各有什么功用？

2. 简述发那科系统与西门子系统米制、寸制尺寸输入指令及其应用。

3. 简述数控车床上直径编程指令的含义及设定方法。

4. 简述发那科系统与西门子系统空运行的作用及操作步骤。

5. 数控车削用量有哪些？如何选择？

6. 程序单段运行有何作用？

7. 简述发那科系统直线切削循环指令及其应用。

8. 简述发那科系统锥度切削循环指令及其应用。

9. 简述发那科系统与西门子系统的绝对坐标、增量坐标指令。

10. 简述发那科系统与西门子系统的回参考点指令及其应用。

11. 发那科系统与西门子系统中 G04 指令格式有何不同？

12. 发那科系统与西门子系统子程序名有何不同？

13. 发那科系统与西门子系统子程序如何调用？

14. 简述发那科系统与西门子系统的车槽循环指令格式、参数含义及其应用情况。

15. 发那科系统的 G71 指令与西门子系统的 CYCLE952 指令有何相同和不同之处？

16. 编程尺寸为何取极限尺寸的平均值？

17. 简述发那科系统与西门子系统的恒定切削速度指令及其区别。

18. 编写图 2-33 所示零件的数控加工程序。毛坯为 ϕ20mm 的 45 钢棒料。

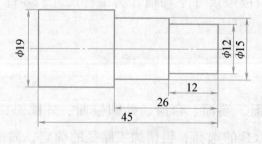

图 2-33　题 18 图

19. 编写图 2-34 所示零件的数控加工程序并练习加工。毛坯为 ϕ20mm 的 45 钢棒料。

20. 编写图 2-35 所示零件的数控加工程序并练习加工。毛坯为 ϕ20mm 的 45 钢棒料。

21. 编写图 2-36 所示零件的数控加工程序并练习加工。毛坯为 ϕ25mm 的 45 钢棒料。

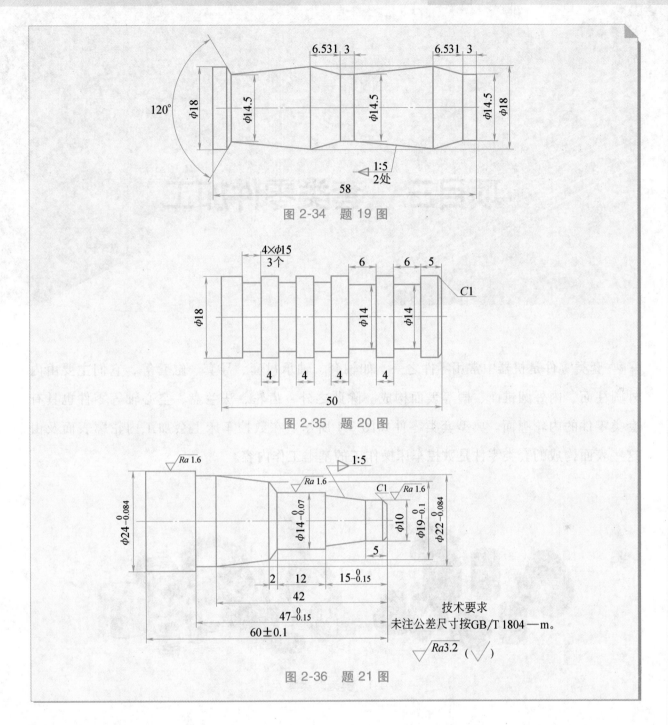

图 2-34 题 19 图

图 2-35 题 20 图

技术要求
未注公差尺寸按GB/T 1804—m。

图 2-36 题 21 图

项目三　套类零件加工

　　套类零件是机器中常用零件之一，如轴套、轴承衬套、导套、缸套等，它们主要由内外圆柱面、内外圆锥面、槽等表面构成。除此之外，齿轮、法兰盘、空心轴等零件也具有套类零件的内轮廓面。典型套类零件如图 3-1 所示。在数控车床上会加工内轮廓表面及由这些表面构成的套类零件是数控车床操作工的基本工作内容。

图 3-1　典型套类零件

学习目标

- 掌握简单套类零件加工工艺的制订方法。
- 掌握内圆柱面的车削方法。
- 掌握内圆锥面的车削方法。
- 会编写内圆柱面、内圆锥面的数控加工程序。
- 掌握典型套类零件的车削方法。

任务一 通孔轴套的加工

**任务描述**

使用 FANUC 0i Mate-TD 或 SINUMERIK 828D 系统数控车床，完成图 3-2 所示通孔轴套零件的加工。材料为 45 钢，毛坯为 $\phi36\text{mm}\times45\text{mm}$，其主要表面有外圆柱面、内圆柱面，其中 $\phi18^{+0.084}_{0}\text{mm}$ 内圆柱面和 $\phi30^{0}_{-0.021}\text{mm}$ 外圆尺寸精度和表面质量要求较高。通孔轴套加工后的三维效果图如图 3-3 所示。

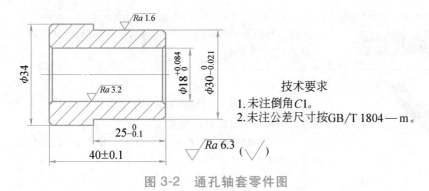

图 3-2 通孔轴套零件图

图 3-3 通孔轴套三维
效果图

**知识目标**

1. 了解套类零件加工工艺的制订方法。

2. 理解平面选择指令及其含义。

3. 了解发那科系统与西门子系统钻孔循环指令的格式及参数含义。

**技能目标**

1. 会正确安装内孔车刀并进行对刀操作。

2. 会编写内圆柱面加工程序。

3. 会加工内圆柱面并达到一定的精度要求。

**知识准备**

套类零件的特征表面之一是内圆柱面，会加工内圆柱面是套类零件加工的基础。在数控车床上加工内圆柱面，主要学习如何选择切削刀具、加工方法、切削用量、定位方法等工艺知识及相关编程知识。

1. 内孔车刀及其选用

内孔车刀主要用来车削内圆柱面、内圆锥面，有整体式、焊接式、可转位3种。其常见结构形式和加工特点见表3-1。

表3-1 内孔车刀常见结构形式及加工特点

内孔车刀种类	结构形式	加工特点
整体式		由高速钢刀条刃磨而成,切削速度较低,效率较低,用于有色金属、塑料等材料的加工
焊接式		由硬质合金刀片焊接在刀杆上制成,价格较低,但磨损后需重磨,效率低
可转位		由专门企业生产,将可转位刀片装夹在刀杆上构成,一个切削刃磨损后只需将刀片松开转一个位置,再夹紧即可继续投入切削,效率高,故数控机床一般都选用可转位内孔车刀进行加工

选择内孔车刀还需考虑刀具角度的大小，如通孔车刀主偏角一般小于90°，以增大刀头强度，如图3-4所示，前角和后角大小则根据加工性质选择。

内孔车刀刀杆尺寸也是重点考虑的因素。刀杆尺寸太小，刚性差、易振动；刀杆尺寸太大，刀杆会与内孔表面发生干涉。一般选择不发生干涉的最大刀杆尺寸。

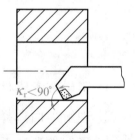

$\kappa_r < 90°$

图3-4 通孔车刀参数要求

2. 内孔加工方法

在数控车床上加工内孔的方法有钻孔、扩孔、铰孔、车孔等，其特点及应用见表3-2。

表3-2 内孔加工方法的特点及应用

加工方法	特点及应用
钻孔	用麻花钻在实心材料上加工孔,尺寸精度低(标准公差等级为IT11~IT12),表面粗糙度值大($Ra12.5 \sim 25\mu m$)
扩孔	用扩孔钻将孔径扩大,常用于孔的半精加工,标准公差等级为IT9~IT10,表面粗糙度值为$Ra5 \sim 10\mu m$
铰孔	用铰刀切除孔上微量材料层,常用于孔径不大、硬度不高的孔的精加工;尺寸精度较高,标准公差等级可达IT7~IT9,表面粗糙度值可达$Ra0.4\mu m$
车孔(镗孔)	孔粗、精加工中最常用的方法,标准公差等级可达IT7~IT8,表面粗糙度值可达$Ra0.8\mu m$

3. 量具的选择

测量内孔直径的量具有游标卡尺、内径百分表、内径千分尺及塞规等，其特点及应用见表3-3。

表3-3 常见内孔量具的特点及应用

量具种类	实物图	特点及应用
游标卡尺		游标卡尺有普通游标卡尺、带表游标卡尺和数显游标卡尺等，其中带表游标卡尺测量读数方便，精度高
内径百分表		测量精度高，分度值可达0.01mm，属于间接测量，但测量操作麻烦，可测较深孔的孔径，用于测量单件和小批量生产零件
内径千分尺		测量精度高，分度值可达0.01mm，属于直接测量，测量方便，不能测较深孔的孔径，用于单件和小批量生产零件的测量，有5~30mm、25~50mm等规格
塞规		专用量规，只能判别加工的孔合格与否，不能测出孔的实际尺寸，有通端（T）和止端（Z），通端能通过而止端不能通过为合格，用于批量生产零件的测量

4. 切削用量的选择

孔加工方法不同，切削用量也不同。钻孔、扩孔的主轴转速取400~600r/min，进给速度取0.1~0.3mm/r；钻孔前还需钻中心孔，钻中心孔的主轴转速一般取800~1000r/min，进给速度较小，取0.1mm/r左右。铰孔的主轴转速应选择得小一些，为100~200r/min，进给速度取0.2~0.4mm/r。

车孔时，因内孔车刀伸出较长，刀杆刚性较差，故切削用量比车外圆时小。粗车背吃刀量取0.4~2mm，进给速度取0.2~0.4mm/r，主轴转速取400~600r/min；精车余量取0.1~0.3mm，进给速度取0.08~0.15mm/r，主轴转速取800~1000r/min。

5. 编程知识

（1）平面选择指令G17、G18、G19

G17：选择XY平面。

G18：选择XZ平面，卧式数控车床默认指定平面。

G19：选择YZ平面，数控车床一般不用G19平面。

（2）钻孔、扩孔、铰孔编程指令 普通数控车床的主轴为变频主轴，钻孔、扩孔、铰孔时常将刀具装夹在机床尾座套筒内，手动加工，不需编程；也可将刀具装夹在回转刀架中，用G01直线插补指令进行钻孔、扩孔、铰孔。若使用高档伺服主轴机床，可采用钻孔循环指令进行钻孔、扩孔、铰孔。钻孔循环指令格式及参数含义见表3-4。

表 3-4　钻孔循环指令格式及参数含义

数控系统	发那科系统（钻深孔循环）	西门子系统（钻深孔循环）
指令格式	G83 X __ C __ Z __ R __ Q __ F __ P __ K __ M __; G80;取消循环	CYCLE83(RP,Z0,SC,Z1,D,FD1,DF,V1,V2,DTB, DT,DTS);
加工图例		
参数含义	X、C:孔位置数据，即 X 轴、C 轴坐标 Z:孔底的位置坐标（绝对值时），从 R 点到孔底的距离（增量值时） R:从初始位置到 R 点位置的距离 Q:表示每次钻削深度，如不指定则指一般钻孔 F:切削进给速度 P:孔底停留时间 K:重复次数 M:C 轴夹紧的 M 代码（需要时用）	RP:返回平面坐标，单位为 mm Z0:参考平面坐标，单位为 mm SC:安全距离，单位为 mm 断屑:排屑或断屑，通过 ⟲ 键切换 刀杆:钻深，相对于刀杆或刀尖，通过 ⟲ 键切换 Z1:最后钻孔深度（绝对钻深或相对于 Z0 的钻深） D:起始钻孔深度或相对于 Z0 的起始钻孔深度 FD1:起始钻孔深度的进给系数（%） DF:DF=100%,进给量保持相同;DF<100%,进给量不断递减 V1:最小进给量，只有编写 DF<100% 才会有 V1 V2:每次加工后的退回量 DTB:钻孔深度的停留时间，单位为 s 或 r DT:最后钻孔深度时的停留时间，单位为 s 或 r DTS:排屑时的停留时间，单位为 s 或 r
使用说明	（1）调用循环前，应指定主轴转速及转向 （2）G17（XY 平面）必须有效 （3）发那科系统钻孔循环 G83 中，当指定重复次数 K 时，只对第一个孔执行 M 指令，对第二个或以后的孔不执行 M 指令 （4）G83 指令为模态有效代码，用 G80 或 01 组 G 代码（G01、G02 等）取消 （5）钻削加工还有钻中心孔循环 G81、钻孔循环 G82，攻螺纹循环 G84 等	（1）调用循环前，应指定主轴转速及转向，刀具应处于钻孔位置 （2）G17（XY）平面必须有效 （3）排屑方式，每次钻一定深度后刀具返回至参考平面;断屑方式，每次钻入一定深度后停留数秒时间并后退 1mm 以断屑 （4）钻削加工还有钻中心孔循环 CYCLE81、钻孔循环 CYCLE82、镗孔循环 CYCLE86、攻螺纹循环 CYCLE840 等，参数含义与 CYCLE83 类似

注：发那科系统 G 代码有 A、B、C 三组，本书以经济型数控车床为主，采用 A 代码；全功能数控车床常采用 B 代码，具体以数控机床说明书为准。

（3）车内圆柱面编程指令　车内圆柱面用直线插补 G01 指令粗、精车。在发那科系统中，还可以用外圆（内孔）单一固定循环指令 G90，或粗车复合循环指令 G71、精车复合循环指令 G70 完成内圆柱面粗、精加工。在西门子系统中，还可以用轮廓切削循环粗、精加工内圆柱面，其指令格式及应用参照项目二任务四。

任务实施

本任务零件由两个外圆柱面和一个通孔圆柱面构成，其中内圆柱面尺寸精度、表面质量要求均较高，是本任务的重点完成内容。

1. 工艺分析

（1）刀具的选择　车外圆、端面、台阶时选用 90° 外圆粗、精车刀；内圆柱面是通孔，选择主偏角小于 90° 的通孔粗、精车刀进行粗、精车，刀具种类均选焊接式，以降低训练成本；钻中心孔选用 A3 中心钻，钻孔选用 $\phi16$mm 麻花钻。

（2）零件加工工艺路线的制订　本任务中 $\phi18^{+0.084}_{0}$mm 内圆柱面和 $\phi30^{0}_{-0.021}$mm 外圆面的尺寸精度和表面质量要求高，车削时需分粗、精加工，其他外圆面、台阶及端面精度要求较低，只安排粗加工即能达到要求，加工内圆柱面前还需安排钻中心孔和钻孔工艺。具体车削步骤见表 3-5。

（3）量具的选择　长度尺寸及 $\phi34$mm 外圆精度较低，选择游标卡尺测量；$\phi30^{0}_{-0.021}$mm 外圆用外径千分尺测量；$\phi18^{+0.084}_{0}$mm 内孔精度较高，选用内径千分尺测量；表面粗糙度用表面粗糙度样板比对。

（4）切削用量的选择　外圆、端面切削用量同前面任务。内圆柱表面粗车背吃刀量取 1~2mm，进给量取 0.2mm/r，主轴转速取 600r/min；精车背吃刀量取 0.2mm，进给量取 0.1mm/r，主轴转速取 800r/min。具体切削用量见表 3-5。

手动钻中心孔

表 3-5　通孔轴套加工工艺

工序名	定位（装夹面）	工步序号及内容	刀具及刀号	主轴转速 n/(r/min)	进给量 f/(mm/r)	背吃刀量 a_p/mm
车削	夹住毛坯外圆	（1）粗车端面及 $\phi30^{0}_{-0.021}$mm 外圆	外圆粗车刀，刀号 T01	600	0.2	2~3
		（2）钻中心孔	A3 中心钻，刀号 T03	1000	0.1	
		（3）钻 $\phi16$mm 孔	$\phi16$mm 麻花钻，刀号 T04	400	0.1	8
		（4）粗车 $\phi18^{+0.084}_{0}$mm 内孔	内孔粗车刀，刀号 T05	600	0.2	1~2
		（5）精车 $\phi18^{+0.084}_{0}$mm 内孔	内孔精车刀，刀号 T06	800	0.1	0.2
		（6）精车 $\phi30^{0}_{-0.021}$mm 外圆	外圆精车刀，刀号 T02	1000	0.1	0.2
	调头，夹住 $\phi30^{0}_{-0.021}$mm 外圆	（1）车端面，倒角，车 $\phi34$mm 外圆	外圆粗车刀，刀号 T01	600	0.2	2~3
		（2）车内孔倒角 $C1$	45° 车刀，刀号 T07	600	0.15	手动

2. 程序编制

（1）右端轮廓加工参考程序　夹住毛坯外圆，加工零件右端内、外轮廓，工件坐标系原点选择在零件右端面中心点，在伺服主轴的高档数控车床上加工，参考程序见表3-6。发那科系统程序名为"OO0031"，西门子系统程序名为"SKC0031.MPF"。

表3-6 通孔轴套右端轮廓加工参考程序

程序段号	程序内容(发那科系统)	程序内容(西门子系统)	程序说明
N10	G40 G99 G80 G18 G21;	G40 G95 G90 G18 G71;	设置初始状态
N20	T0101;	T01;	选择外圆粗车刀
N30	M03 S600 M08;	M03 S600 M08;	设置主轴转速,切削液开
N40	G00 X36.0 Z5.0 F0.2;	G00 X36.0 Z5.0;	刀具移至进刀点
N50	G90 X34.4 Z-24.8;	X34.4;	第一次粗车 $\phi30_{-0.021}^{0}$ mm 外圆
N60		G01Z-24.8 F0.2;	
N70		X36.0;	
N80		G00 Z5.0;	
N90	G90 X30.4 Z-24.8;	X30.4;	第二次粗车 $\phi30_{-0.021}^{0}$ mm 外圆
N100		G01 Z-24.8;	
N110		X36.0;	
N120		G00 Z5.0;	
N130	G00 X100.0 Z200.0;	G00 X100.0 Z200.0;	刀具退至换刀点
N140	M00 M05 M09;	M00 M05 M09;	程序停,主轴停,切削液关
N150	T0303;	T03;	换中心钻(若手动钻中心孔、钻孔,则N150~N240段程序舍去)
N160	M03 S1000;	M03 S1000;	设置钻中心孔转速
N170	G00 X0 Z10.0 M08 G17;	G00 X0 Z10.0 M08 G17;	刀具移动至循环起点,切削液开
N180	G82 X0 C0 Z-4.0 R5 P2 F0.1 M31;	CYCLE82(10,0,3,-4,,2);	设置循环参数,调用钻孔循环钻中心孔
N190	G00 X100.0 Z200.0;	G00 X100.0 Z200.0;	刀具退回至换刀点
N200	T0404;	T04;	换麻花钻
N210	M03 S400;	M03 S400;	设置钻孔速度
N220	G00 X0 Z10.0 M08;	G00 X0 Z10.0 M08 G17;	钻头移动至循环起点,切削液开
N230	G83 X0 C0 Z-47.0 R5 Q6 P2 F0.1 M31;	CYCLE83(10,0,3,-45,,-5,,1,0,0,1,0);	设置循环参数,调用钻孔循环钻 $\phi16$mm 孔
N240	G00 X100.0 Z200.0;	G00 X100.0 Z200.0;	刀具退至换刀点
N250	T0505;	T05;	换内孔粗车刀
N260	M03 S600;	M03 S600;	设置粗车内孔转速
N270	G00 X10.0 Z10.0 M08 G18;	G00 X10.0 Z10.0 M08 G18;	刀具移至切削起点,切削液开
N280	G90 X17.6 Z-42.0 F0.2;	X17.6;	粗车 $\phi18_{0}^{+0.084}$ mm 内孔
N290		G01 Z-42.0 F0.2;	
N300		X10.0;	
N310		G00 Z10.0;	

（续）

程序段号	程序内容（发那科系统）	程序内容（西门子系统）	程序说明
N320	G00 X100.0 Z200.0;	G00 X100.0 Z200.0;	刀具退至换刀点
N330	M00 M05 M09;	M00 M05 M09;	程序停,主轴停,切削液关,测量
N340	T0606;	T06;	换内孔精车刀
N350	M03 S800;	M03 S800;	精车转速为800r/min
N360	G00 X16.042 Z5.0 M08;	G00 X16.042 Z5.0 M08;	车刀快速移至进刀点,切削液开
N370	G01 Z0 F0.1;	G01 Z0 F0.1;	
N380	X18.042 Z-1.0;	X18.042 Z-1.0;	
N390	Z-42.0;	Z-42.0;	精车 $\phi18^{+0.084}_{0}$ mm内孔
N400	X10.0;	X10.0;	
N410	G00 Z5.0;	G00 Z5.0;	
N420	G00 X100.0 Z200.0;	G00 X100.0 Z200.0;	刀具退至换刀点
N430	M00 M05 M09;	M00 M05 M09;	程序停,主轴停,切削液关,测量
N440	T0202;	T02;	换T02外圆精车刀
N450	M03 S1000;	M03 S1000;	精车转速为1000r/min
N460	G00 X27.9895 Z5.0 M08;	G00 X27.9895 Z5.0 M08;	车刀快速移至进刀点,切削液开
N470	G01 Z0 F0.1;	G01 Z0 F0.1;	
N480	X29.9895 Z-1.0;	G01X29.9895 Z-1.0;	
N490	Z-24.95;	Z-24.95;	精车 $\phi30^{0}_{-0.021}$ mm外圆
N500	X36.0;	X36.0;	
N510	G00 X100.0 Z200.0 M09;	G00 X100.0 Z200.0 M09;	刀具退至换刀点,切削液关
N520	M05;	M05;	主轴停
N530	M30;	M30;	程序结束

（2）左端轮廓加工参考程序　调头，夹住 $\phi30^{0}_{-0.021}$ mm外圆，车工件左端轮廓，工件坐标系建立在装夹后工件右端面中心点，参考程序见表3-7。发那科系统程序名为"O0131"，西门子系统程序名为"SKC0131.MPF"。

表3-7　通孔轴套左端轮廓加工参考程序

程序段号	程序内容（发那科系统）	程序内容（西门子系统）	程序说明
N10	G40 G99 G80 G18 G21;	G40 G95 G90 G18 G71;	设置初始状态
N20	T0101;	T01;	选择外圆车刀
N30	M03 S600 M08;	M03 S600 M08;	设置主轴转速,切削液开
N40	G00 X0 Z5.0;	G00 X0 Z5.0;	刀具移至进刀点
N50	G01 Z0 F0.2;	G01 Z0 F0.2;	刀具车至工作端面
N60	X32.0;	X32.0;	车端面

（续）

程序段号	程序内容（发那科系统）	程序内容（西门子系统）	程 序 说 明
N70	X34.0 Z-1.0;	X34.0 Z-1.0;	车 C1 倒角
N80	W-16.0;	G91 Z-16.0;	车 φ34mm 外圆
N90	X40.0;	G90 X40.0;	刀具 X 方向切出
N100	G00 X100.0 Z200.0 M09;	G00 X100.0 Z200.0 M09;	刀具退回至换刀点,切削液关
N110	M05;	M05;	主轴停
N120	M30;	M30;	程序结束

3. 加工操作

（1）加工准备

1）开机，回参考点，建立机床坐标系，使机床对其后的操作有一个基准位置。

2）装夹工件。夹住毛坯外圆，伸出长度为 30mm 左右。调头夹住 $\phi30_{-0.021}^{0}$ mm 外圆车左端轮廓时需找正工件且夹紧时不能使工件变形。

3）装夹刀具。将 90°外圆粗车刀、90°外圆精车刀、中心钻、麻花钻、内孔粗车刀、内孔精车刀、倒角车刀装夹在 T01、T02、T03、T04、T05、T06、T07 号刀位中，使刀具刀尖与工件旋转中心等高。若采用手动钻中心孔、钻孔，则将中心钻和麻花钻分别装入尾座套筒中依次钻中心孔和钻孔，其他刀具装入对应刀号中。

内孔车刀对刀

4）对刀操作。外圆车刀采用试切法对刀；对于中心钻和麻花钻，将钻头移至工件右端面中心点进行对刀。对刀后将数据输入到刀具相应长度补偿中。内孔车刀的对刀步骤如下。

① Z 轴对刀。因通孔车刀无法车端面，只能借助钢直尺等工具使刀具刀尖与工件右端面对齐，然后进行面板操作，面板操作内容与外圆车刀对刀相同，如图 3-5a 所示。

② X 轴对刀。在 MDI（MDA）方式下输入 "M03 S400;"，使主轴正转，转速为 400 r/min，切换为手动（JOG）方式，移动内孔车刀试切内孔，深为 2~3mm，再沿+Z 方向退出，停机，测量所车内孔直径，如图 3-5b 所示，然后通过面板操作将其值输入到刀具相应的长度补偿中。

对刀结束后分别进行 X 轴、Z 轴对刀验证。工件调头装夹车削时，所用车刀都应重新对刀并验证。

孔加工

5）输入程序并校验。将程序输入机床数控系统，分别调出两个程序，设置空运行及仿真，进行程序校验并观察刀具轨迹，程序校验结束后取消空运行等

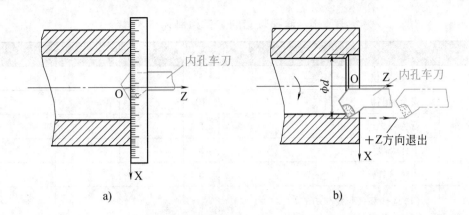

图 3-5 内孔车刀对刀示意图

a）Z 轴对刀示意图　b）X 轴对刀示意图

设置。也可采用数控仿真软件进行仿真验证。

（2）零件加工

1）加工零件右端轮廓，加工步骤如下。

① 调出"O0031"或"SKC0031. MPF"程序，检查工件、刀具是否按要求夹紧，刀具是否已对刀。

② 选择自动加工模式，调小进给倍率，按数控启动键进行自动加工。加工中观察切削情况，逐步将进给倍率调至适当大小。

③ 当程序运行至 N330 段时，停机测量内孔直径，并设置内孔精车刀磨损量。

④ 继续按数控启动键，运行精车内孔程序，保证尺寸精度。

应注意内孔车刀刀具磨损量设置与外圆车刀相反，如内孔精车余量为 0.2mm（单边），粗车 $\phi 18_{0}^{+0.084}$ mm 内孔后实测尺寸为 $\phi 17.60$ mm，比直径还小 0.4~0.484mm，取平均值为 0.442mm，单边值为 0.221mm，则应将内孔精车刀刀具磨损量设为 -0.221 mm $+0.2$ mm $=$ -0.021 mm。

⑤ 程序运行至 N430 段，停机测量外圆直径，并设置外圆精车刀刀具磨损量，以控制外圆尺寸精度。

2）加工零件左端轮廓。调头夹住 $\phi 30_{-0.021}^{0}$ mm 外圆，调出"O0131"或"SKC0131. MPF"程序，在自动加工模式下，按数控启动键进行自动加工。所加工表面尺寸精度较低，不需要测量调试。加工中为避免自定心卡盘损坏已加工外圆表面，可垫一圈铜皮作为保护。

3）加工结束后及时清扫机床。

检测评分

将任务完成情况的检测与评价填入表 3-8 中。

表 3-8　通孔轴套的加工检测评价表

序号	检测项目	检测内容及要求	配分	学生自检	学生互检	教师检测	得分
1	职业素养	文明、礼仪	5				
2		安全、纪律	10				
3		行为习惯	5				
4		工作态度	5				
5		团队合作	5				
6	制订工艺	(1)选择装夹与定位方式 (2)选择刀具 (3)选择加工路径 (4)选择合理的切削用量	5				
7	程序编制	(1)编程坐标系选择正确 (2)指令使用与程序格式正确 (3)基点坐标正确	10				
8	机床操作	(1)开机前检查,开机,回参考点 (2)工件装夹与对刀 (3)程序输入与校验	5				
9	零件加工	$\phi30_{-0.021}^{0}$mm	10				
10		$\phi18_{0}^{+0.084}$mm	10				
11		$\phi34$mm	5				
12		40mm±0.1mm	5				
13		$25_{-0.1}^{0}$mm	5				
14		$C1$	2				
15		表面粗糙度值 $Ra1.6\mu$m	5				
16		表面粗糙度值 $Ra3.2\mu$m	5				
17		表面粗糙度值 $Ra6.3\mu$m	3				
综合评价							

任务反馈

在任务完成过程中,分析是否出现表 3-9 所列问题,了解其产生原因,提出修正措施。

表 3-9　通孔轴套加工出现的问题、产生原因及修正措施

问题	产生原因	修正措施
无法加工	(1)编程或输入错误出现报警	
	(2)刀杆直径太大,发生干涉	
	(3)机床操作不正确	
外圆或内孔直径超差	(1)编程尺寸输入错误	
	(2)刀具 X 方向对刀不准	

（续）

问题	产生原因	修正措施
外圆或内孔直径超差	（3）刀具磨损设置不当	
	（4）测量错误	
长度尺寸超差	（1）刀具Z方向对刀不正确	
	（2）调头装夹未找正	
	（3）测量错误	
表面粗糙度超差	（1）刀具伸出太长或刀杆太细	
	（2）刀具角度不正确或刀具磨损	
	（3）切削用量选择不当	
	（4）刀杆与内孔表面发生干涉	

任务拓展

加工图 3-6 所示零件。材料为 45 钢，毛坯为 φ35mm×45mm 棒料。

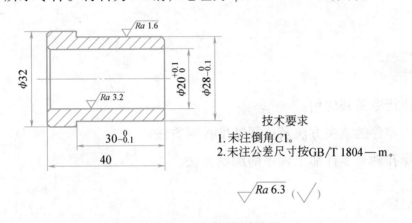

技术要求
1. 未注倒角C1。
2. 未注公差尺寸按GB/T 1804—m。

$\sqrt{Ra\ 6.3}\ (\sqrt{\ })$

图 3-6　任务拓展训练题

任务拓展实施提示：零件由通孔内圆和外圆面构成，内孔、一个外圆尺寸精度及表面质量要求较高，需经粗、精加工完成。另外，孔壁较薄，粗、精车需分开进行，应采用一定的夹紧装备，以防止零件发生变形。

任务二　阶梯孔轴套的加工

任务描述

使用 FANUC 0i Mate-TD 或 SINUMERIK 828D 系统数控车床，完成图 3-7 所示阶梯孔轴套零件的加工，材料为 45 钢，毛坯为 φ40mm×50mm 棒料。零件主要加工表面为两个阶梯孔表面及一个外圆面，表面质量及尺寸精度要求高，而且 $\phi 24^{+0.021}_{0}$mm 孔的轴线对 $\phi 32^{0}_{-0.039}$mm 外圆轴线有较高的同轴度要求。阶梯孔轴套加工后的效果图如图 3-8 所示。

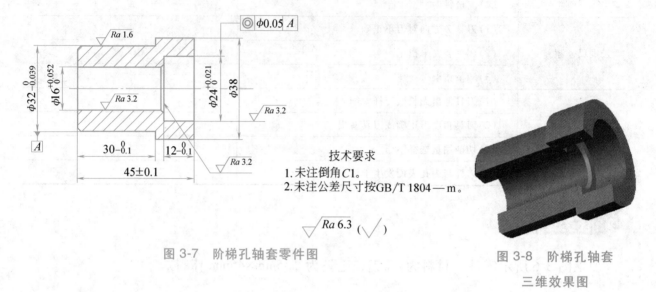

<table>
<tr><td>图 3-7　阶梯孔轴套零件图</td><td>图 3-8　阶梯孔轴套
三维效果图</td></tr>
</table>

知识目标

1. 掌握倒角指令及其应用。
2. 了解套类零件的装夹方法及位置精度控制方法。
3. 掌握阶梯孔轴套零件加工程序的编制方法。

技能目标

1. 会制订阶梯孔加工工艺。
2. 会加工阶梯孔轴套并达到一定的精度要求。

知识准备

阶梯孔轴套零件主要表面也是内孔表面，其加工方法、切削用量、量具的选择同通孔表面，不同之处在于刀具的选择。此外，本任务内、外圆表面有较高的位置精度要求，需要通过选择合适的定位方法，安排合理的工艺才能实现。

1. 内孔车刀及其选用

选择阶梯孔车刀与通孔车刀基本相同，可选整体式、焊接式、可转位 3 种，不同之处是刀具的主偏角。车阶梯孔的内孔车刀其主偏角必须大于或等于 90°，否则刀头部分会发生干涉，如图 3-9 所示。

车刀刀杆尺寸尽可能选择得大一些，以提高刀杆刚度，但必须以刀杆不会与内孔表面发生干涉为前提。加工平底孔表面时，为保证能将孔底车平，车刀刀尖至刀背距离还应小于内孔半径（$a<R$）。

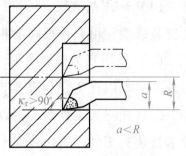

图 3-9　不通孔、阶梯孔
车刀参数要求

2. 套类零件的装夹方法

在数控车床上加工套类零件以外圆定位时，常用自定心卡盘、单动卡盘、软卡爪装夹；以内孔定位时，常将套类零件装夹在圆柱心轴、圆锥心轴、小锥度心轴、胀力心轴上，再将心轴装夹在车床主轴上实现工件的装夹，各种装夹方法及特点见表 3-10。

表 3-10　数控车床加工套类零件以内孔定位时的装夹方法及特点

装夹方法	图　示	特　点
圆柱心轴装夹工件		装夹方便，一次可装夹多个零件，但定心精度较低
圆锥心轴装夹工件		装夹方便，定心精度高，承受的切削力大，只能用于带圆锥孔零件
小锥度心轴装夹工件		制造容易，定心精度高，但轴向无法定位，承受的切削力小
胀力心轴装夹工件		依靠材料弹性变形所产生的胀力来夹紧工件，装卸方便，定心精度高，应用广泛

3. 套类零件的相互位置精度及其保证方法

套类零件的相互位置精度主要是内、外圆轴线间的同轴度要求及端面对内圆轴线的垂直度要求。位置精度的保证方法主要有以下几种。

（1）采用基准统一原则　在一次装夹中完成内孔、外圆及端面的加工。由于基准统一，无安装误差，可获得很高的相互位置精度要求，多适用于尺寸较小的套类零件的加工。

（2）采用互为基准原则　分两种情况。一是先终加工内孔，再以内孔为定位基准终加工外圆。以内孔为定位基准时采用的夹具为表3-10中的各种心轴，这种方法安装误差较小。二是先终加工外圆，再以外圆为定位基准终加工内孔。以外圆为定位基准时常采用各种卡盘装夹工件。若用普通卡盘，则安装误差较大，位置精度较低，故一般需选用定心精度高的卡盘，如弹性膜片卡盘、经过修磨后的自定心卡盘及软卡爪等。

4. 量具的选择

测量阶梯孔直径的量具与测量通孔的相同，主要有游标卡尺、内径百分表、内径千分尺及塞规等；阶梯孔深度常用游标卡尺、深度千分尺等量具测量。

5. 切削用量的选择

阶梯孔加工中，钻中心孔、钻孔、粗车孔、精车孔的切削用量与前一任务相同。

6. 编程知识

倒角（直线过渡）指令是在直线与直线插补或直线与圆弧插补之间自动地插入直线过渡。倒角指令格式及参数含义见表3-11。

表3-11　倒角指令格式及参数含义

数控系统	发那科系统	西门子系统
指令格式	G01 X __ Z __ F __ ,C __ ;	G01 X __ Z __ CHF= __ F __ ;
参数含义	X、Z:拐角点的坐标 F:进给速度 C:拐角顶点到拐角起点或拐角终点的距离	X、Z:拐角点的坐标 CHF:倒角部分的长度 F:进给速度
图例	 N20 G01 X40.0 Z85.0 F0.2,C7.0; N30 X35.0 Z45.0;	 N20 G01 X40.0 Z85.0 CHF=11.0 F0.2; N30 X35.0 Z45.0;
使用说明	（1）指定倒角程序段后面必须是直线插补 G01 或圆弧插补 G02、G03 移动程序段，其间可插入 G04 程序段，否则会有报警（PS0051）发出 （2）用直线插补 G01 或圆弧插补 G02、G03 以外的程序段指定倒角，",C"将被忽略 （3）指定倒角后使插补超出原先的移动范围，将会有报警（PS0055）发出	（1）指定倒角程序段后面必须是直线插补 G01 或圆弧插补 G02、G03 移动程序段 （2）在参与的程序段中,若轮廓长度不够时,则会自动削减倒角的编程值 （3）若采用倒角指令格式:G01 X_ Z_ CHR=_ F_;;其中 CHR 表示原始运行方向上的倒角宽度

任务实施

本任务主要加工表面是两个阶梯孔和一个外圆面，尺寸精度和表面质量要求较高，且 $\phi24^{+0.021}_{0}$ mm 内孔和 $\phi32^{0}_{-0.039}$ mm 外圆有较高的位置精度要求，这是本任务实施时需重点考虑的内容。

1. 工艺分析

（1）刀具的选择　粗、精车外圆时分别选用硬质合金焊接式外圆粗、精车刀，粗、精车内圆柱面分别选用硬质合金焊接式内孔粗、精车刀，内孔车刀的直径以不发生干涉的最大直径为宜。车内圆柱面之前还要用到 A3 中心钻、$\phi14$mm 麻花钻等刀具进行钻中心孔和钻孔。

（2）零件加工工艺路线的制订　粗、精加工严格分开进行，$\phi24^{+0.021}_{0}$ mm 内孔轴线和 $\phi32^{0}_{-0.039}$ mm 外圆轴线有较高的同轴度要求，精加工时不能通过在一次装夹中同时加工这两个面来保证其位置精度要求，只能采用互为基准原则，此处以 $\phi32^{0}_{-0.039}$ mm 外圆轴线为定位基准加工 $\phi24^{+0.021}_{0}$ mm 内孔的方式来保证其位置精度。具体加工工艺过程见表 3-12。

（3）量具的选择　本任务中，长度尺寸及阶梯孔深度尺寸采用游标卡尺测量；外圆尺寸精度要求较高，采用外径千分尺测量，内孔直径采用内径百分表测量；表面粗糙度用表面粗糙度样板比对。

（4）切削用量的选择　工件材料为 45 钢，需考虑粗、精加工外圆，粗、精加工内圆柱面，钻中心孔，钻孔等切削用量，具体切削用量数值见表 3-12。

表 3-12　阶梯孔轴套加工工艺

工序名	定位（装夹面）	工步序号及内容	刀具及刀号	主轴转速 n/（r/min）	进给量 f/（mm/r）	背吃刀量 a_{p}/mm
车削	夹住 $\phi32^{0}_{-0.039}$mm 外圆毛坯，伸出 20mm	（1）粗车端面、$\phi38$mm 外圆	外圆粗车刀，刀号 T01	600	0.2	2~3
		（2）手动钻中心孔	A3 中心钻	1000	0.1	
		（3）手动钻孔	$\phi14$mm 麻花钻	400	0.1	
		（4）粗车内圆柱面	内孔车刀，刀号 T03	600	0.2	2
	调头夹住 $\phi38$mm 外圆	（1）粗车 $\phi32^{0}_{-0.039}$mm 外圆	外圆粗车刀，刀号 T01	600	0.2	2~3
		（2）精车 $\phi32^{0}_{-0.039}$mm 外圆	外圆精车刀，刀号 T02	1000	0.1	0.3~0.5
	用软卡爪夹住 $\phi32^{0}_{-0.039}$mm 外圆	精车 $\phi24^{+0.021}_{0}$mm 内孔及 $\phi16^{+0.052}_{0}$mm 内孔	内孔精车刀，刀号 T04	800	0.1	0.3~0.5

2. 程序编制

（1）粗车 $\phi38$mm 外圆、钻孔及粗车内圆柱面的加工程序　编程时工件坐标系原点选择在零件右端面中心点，发那科系统采用外圆（内孔）单一固定循环指令 G90 编程，西门子系统按加工步序编程（也可用轮廓循环编程）；钻中心孔和钻孔采用手动方式，无须编程。外圆车刀及内孔车刀均取刀尖为刀位点。参考程序见表 3-13，发那科系统程序名为"O0032"，西门子系统程序名为"SKC0032. MPF"。

表 3-13 粗车右端轮廓参考程序

程序段号	程序内容（发那科系统）	程序内容（西门子系统）	程序说明
N10	G40 G99 G80 G18 G21；	G40 G95 G90 G18 G71；	设置初始参数
N20	M03 S600 T0101；	M03 S600 T01；	主轴正转,转速为600r/min,选 T01 号外圆粗车刀
N30	G00 X42.0 Z5.0 M08；	G00 X42.0 Z5.0 M08；	刀具快速移至切削起点,切削液开
N40	G90 X38.0 Z-17.0 F0.2；	X38.0；	粗车φ38mm 外圆,进给速度为0.2mm/r
N50		G01 Z-17.0 F0.2；	
N60		X42.0；	
N70		G00 Z5.0；	
N80	G28 U0 W0；	G74 X1＝0 Z1＝0；	刀具直接回参考点
N90	M03 S1000；	M03 S1000；	设置钻中心孔转速
N100	M00；	M00；	程序停,手动钻中心孔
N110	M03 S400；	M03 S400；	设置钻孔转速
N120	M00；	M00；	程序停,手动钻φ14mm 孔
N130	M03 S600 T0303；	M03 S600 T03；	主轴正转,转速为600r/min,选 T03 号内孔粗车刀
N140	G00 X5.0 Z5.0；	G00 X5 Z5.0；	刀具快速移至切削起点
N150	G90 X15.2 Z-46.0 F0.2；	X15.2；	粗车 φ16mm 内孔,进给速度为0.2mm/r
N160		G01 Z-46.0 F0.2；	
N170		X5；	
N180		G00 Z5.0；	
N190	G90 X19.2 Z-11.5；	X19.2；	第一次粗车 φ24mm 内孔
N200		G01 Z-11.5；	
N210		X5；	
N220		G00 Z5.0；	
N230	G90 X23.2 Z-11.5；	X23.2；	第二次粗车 φ24mm 内孔
N240		G01 Z-11.5；	
N250		X5；	
N260		G00 Z5.0；	
N270	G00 X100.0 Z200.0；	G00 X100.0 Z200.0；	刀具退回
N280	M05 M09；	M05 M09；	主轴停,切削液关
N290	M30；	M30；	程序结束

（2）粗、精加工左端面及 $\phi 32_{-0.039}^{0}$ mm 外圆的加工程序 编程时工件坐标系原点选择在装夹后零件右端面中心点，参考程序见表 3-14。发那科系统程序名为"O0132"，西门子系统程序名为"SKC0132. MPF"。

表 3-14 粗、精加工左端面及 $\phi 32_{-0.039}^{0}$ mm 外圆参考程序

程序段号	程序内容（发那科系统）	程序内容（西门子系统）	程序说明
N10	G40 G99 G80 G18 G21；	G40 G95 G90 G18 G71；	设置初始参数
N20	M03 S600 T0101；	M03 S600 T01；	主轴正转，转速为600r/min，选 T01 号外圆粗车刀
N30	G00 X42.0 Z5.0 M08；	G00 X42.0 Z5.0 M08；	刀具快速移至切削起点，切削液开
N40	G90 X37.0 Z-29.5 F0.2；	X37.0；	第一次粗车 $\phi 32_{-0.039}^{0}$ mm 外圆，进给速度为 0.2mm/r
N50		G01 Z-29.5 F0.2；	
N60		X42.0；	
N70		G00 Z5.0；	
N80	G90 X33 Z-29.5；	X33.0；	第二次粗车 $\phi 32_{-0.039}^{0}$ mm 外圆
N90		G01 Z-29.5；	
N100		X42.0；	
N110		G00 Z5.0；	
N120	G00 X100.0 Z200.0；	G00 X100.0 Z200.0；	刀具退至换刀点
N130	M00 M05 M09；	M00 M05 M09；	程序停，主轴停，切削液关，测量
N140	T0202；	T02；	换外圆精车刀
N150	M03 S1000 M08；	M03 S1000 M08；	设置精车转速，切削液开
N160	G00 X0 Z5.0；	G00 X0 Z5.0；	刀具移至进刀点
N170	G01 X0 Z0 F0.1；	G01 X0 Z0 F0.1；	车至端面，进给速度为 0.1mm/r
N180	G01 X31.9805,C1；	G01 X31.9805 CHF = 1.414；	精车端面并倒角
N190	Z-29.95；	Z-29.95；	精车 $\phi 32_{-0.039}^{0}$ mm 外圆
N200	X40；	X40；	刀具沿 X 方向车出
N210	G00 X100 Z200 M09；	G00 X100 Z200 M09；	刀具退回，切削液关
N220	M05；	M05；	主轴停
N230	M30；	M30；	程序结束

（3）精加工 $\phi 24_{0}^{+0.021}$ mm 及 $\phi 16_{0}^{+0.052}$ mm 内孔的加工程序 编程时工件坐标系原点选择在装夹后零件右端面中心点，参考程序见表 3-15，发那科系统程序名为"O0232"，西门子系统程序名为"SKC0232. MPF"。

3. 加工操作

（1）加工准备

1）开机，回参考点，建立机床坐标系，使机床对其后的操作有一个基准位置。

2）装夹工件。本任务共涉及 3 次装夹工件。第一次是夹住毛坯外圆，伸出长度为

20mm 左右，粗车 $\phi38$mm 外圆及钻孔，粗车内孔；第二次是调头夹住 $\phi38$mm 外圆，夹紧长度为 10mm 左右，粗、精车 $\phi32_{-0.039}^{0}$mm 外圆；第三次是调头夹住 $\phi32_{-0.039}^{0}$mm 外圆，精车内孔。尤其是第三次装夹，需要注意不能破坏已加工表面且用软卡爪装夹，装夹后还需要找正工件，否则不能保证同轴度要求。

表 3-15　精加工 $\phi24_{0}^{+0.021}$mm 及 $\phi16_{0}^{+0.052}$mm 内孔参考程序

程序段号	程序内容（发那科系统）	程序内容（西门子系统）	程序说明
N10	G40 G99 G80 G18 G21;	G40 G95 G90 G71;	设置初始参数
N20	M03 S800 T0404;	M03 S800 T04;	主轴正转，转速为 800r/min，选 T04 号内孔精车刀
N30	G00 X24.0105 Z5.0 M08;	G00 X24.0105 Z5.0 M08;	刀具快速移至起点，切削液开
N40	G01 Z-11.95 F0.1;	G01 Z-11.95 F0.1;	精加工 $\phi24_{0}^{+0.021}$mm 内孔
N50	G01 X16.026 ,C1;	X16.026 CHF=1.414;	车阶梯面并倒角
N60	Z-46.0;	Z-46.0;	精车 $\phi16_{0}^{+0.052}$mm 内孔
N70	X10.0;	X10.0;	刀具 X 方向退回
N80	G00 Z10.0;	G00 Z10.0;	刀具 Z 方向退回
N90	G00 X100.0 Z200.0 M09;	G00 X100.0 Z200.0 M09;	刀具退回，切削液关
N100	M05;	M05;	主轴停
N110	M30;	M30;	程序结束

3）装夹刀具。将外圆粗车刀、外圆精车刀、内孔粗车刀、内孔精车刀分别装夹在 T01、T02、T03、T04 号刀位，使刀具刀尖与工件回转中心等高；将中心钻、麻花钻分别装夹在尾座套筒中，使钻头中心与工件回转中心重合。内孔车刀在对刀前应先用手动方式验证刀具是否会发生干涉。

4）对刀操作。每次装夹工件后将需要用到的车刀进行对刀操作，步骤同前面任务，并且对刀后分别进行验证。

5）输入程序并校验。将程序全部输入机床数控系统，分别调出各程序，设置空运行及仿真，校验程序并观察刀具轨迹，程序校验结束后取消空运行等设置。也可以采用数控仿真软件进行仿真校验。

（2）零件加工

1）粗车 $\phi38$mm 外圆及钻孔，粗车内孔，加工步骤如下。

① 调出 "O0032" 或 "SKC0032.MPF" 程序，检查工件、刀具是否按要求夹紧，刀具是否已对刀。

② 选择自动加工模式，调小进给倍率，按数控启动键进行自动加工。加工中观察切削情况，逐步将进给倍率调至适当大小。

③ 当程序运行至 N100 程序段，用手动方式钻中心孔。

④ 中心孔钻好后，按数控启动键，程序运行至 N120 程序段，手动钻 $\phi14$mm 孔。

⑤ $\phi14$mm 孔钻好后，按数控启动键，继续内孔粗加工至程序结束。

2）调头夹住 $\phi38$mm 外圆，粗、精车 $\phi32_{-0.039}^{\ 0}$mm 外圆，步骤如下。

① 调出"O0132"或"SKC0132.MPF"程序，检查工件、刀具是否按要求夹紧，刀具是否已对刀。

② 选择自动加工模式，调小进给倍率，按数控启动键进行自动加工。加工中观察切削情况，逐步将进给倍率调至适当大小。

③ 程序运行至 N130 段，测量 $\phi32_{-0.039}^{\ 0}$mm 外圆和 $30_{-0.1}^{\ 0}$mm 实际尺寸，根据实测结果修调外圆精车刀 X、Z 方向磨损量，进行尺寸控制。

④ 继续按数控启动键，运行精车外圆程序。

3）精加工 $\phi24_{0}^{+0.021}$mm 及 $\phi16_{0}^{+0.052}$mm 内孔，步骤如下。

① 调出"O0232"或"SKC0232.MPF"程序，检查工件、刀具是否按要求夹紧，刀具是否已对刀，将内孔精车刀刀具 X 磨损量设置为 0.2mm，Z 磨损量设置为 0.1mm。

② 选择自动加工模式，调小进给倍率，按数控启动键进行自动加工。加工中观察切削情况，逐步将进给倍率调至适当大小。

③ 程序运行结束后，测量 $\phi24_{0}^{+0.021}$mm 孔和 $\phi16_{0}^{+0.052}$mm 孔实际尺寸，根据实测结果修调内孔精车刀磨损量。

④ 重新运行"O0232"或"SKC0232.MPF"程序，再次测量实际尺寸并修调刀具磨损量进行尺寸控制，直至内孔直径和长度达到图样要求。

4）加工结束后及时清扫机床。

检测评分

将任务完成情况的检测与评价填入表 3-16 中。

表 3-16　阶梯孔轴套的加工检测评价表

序号	检测项目	检测内容及要求	配分	学生自检	学生互检	教师检测	得分
1	职业素养	文明、礼仪	5				
2		安全、纪律	10				
3		行为习惯	5				
4		工作态度	5				
5		团队合作	5				
6	制订工艺	(1)选择装夹与定位方式 (2)选择刀具 (3)选择加工路径 (4)选择合理的切削用量	5				

（续）

序号	检测项目	检测内容及要求	配分	学生自检	学生互检	教师检测	得分
7	程序编制	(1)编程坐标系选择正确 (2)指令使用与程序格式正确 (3)基点坐标正确	10				
8	机床操作	(1)开机前检查、开机、回参考点 (2)工件装夹与对刀 (3)程序输入与校验	5				
9	零件加工	$\phi 32_{-0.039}^{0}$ mm	6				
10		$\phi 16_{0}^{+0.052}$ mm	6				
11		$\phi 24_{0}^{+0.021}$ mm	6				
12		$\phi 38$ mm	2				
13		45 mm± 0.1 mm	3				
14		$30_{-0.1}^{0}$ mm	5				
15		$12_{-0.1}^{0}$ mm	5				
16		$C1$	2				
17		同轴度 $\phi 0.05$ mm	6				
18		表面粗糙度值 $Ra1.6\mu$m	3				
19		表面粗糙度值 $Ra3.2\mu$m	4				
20		表面粗糙度值 $Ra6.3\mu$m	2				
综合评价							

任务反馈

在任务完成过程中，分析是否出现表 3-17 所列问题，了解其产生原因，提出修正措施。

表 3-17　阶梯孔轴套加工出现的问题、产生原因及修正措施

问题	产生原因	修正措施
内、外圆直径尺寸超差	(1)编程尺寸输入错误	
	(2)内孔车刀 X 方向对刀不准	
	(3)刀具磨损设置不当	
	(4)内孔车刀伸出太长	
	(5)测量错误	
长度尺寸超差	(1)刀具 Z 方向对刀不正确	
	(2)调头装夹后没有找正	
	(3)测量错误	
同轴度超差	(1)调头装夹不正确	
	(2)装夹后没有找正	
	(3)机床精度差	

（续）

问题	产生原因	修正措施
表面粗糙度超差	（1）刀具伸出太长或刀杆太细	
	（2）刀具角度不正确或刀具磨损	
	（3）切削用量选择不当	
	（4）刀杆与内孔表面发生干涉	

任务拓展

加工图 3-10 所示零件。材料为 45 钢，毛坯为 $\phi40\text{mm}\times40\text{mm}$ 棒料。

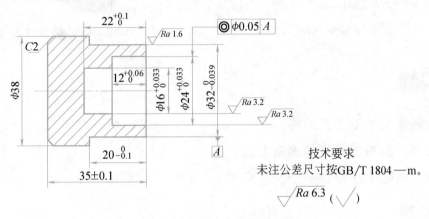

图 3-10　任务拓展训练题

任务拓展实施提示：本拓展任务零件主要由一个阶梯孔和一个平底孔构成。两内孔表面质量要求较高，$\phi24_{0}^{+0.033}\text{mm}$ 内孔轴线对外圆面轴线还有较高的同轴度要求，加工时需在一次装夹中车削，以保证位置精度。内孔车刀主偏角应大于或等于 $90°$，为保证把孔底车平且不发生干涉，刀杆尺寸应选择得较小，切削用量也应选择得较小，粗车余量采用分层切削或用外圆（内孔）单一固定循环指令加工。其他工艺同本任务。

任务三　锥孔轴套的加工

任务描述

使用 FANUC 0i Mate-TD 或 SINUMERIK 828D 系统数控车床，完成图 3-11 所示锥孔轴套加工，材料为 45 钢，毛坯为 $\phi40\text{mm}\times45\text{mm}$ 棒料，零件主要加工表面为 3∶10 内圆锥面、$\phi32_{-0.039}^{0}\text{mm}$ 外圆面和 $\phi16_{0}^{+0.043}\text{mm}$ 内孔表面，其尺寸精度较高，表面粗糙度值为 $Ra1.6\mu\text{m}$，且内锥面对 $\phi32_{-0.039}^{0}\text{mm}$ 外圆轴线有较高的位置精度要求。锥孔轴套加工后的三维效果图如

图 3-12 所示。

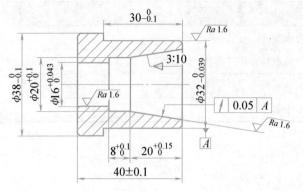

图 3-11　锥孔轴套零件图

技术要求
1. 未注倒角C1。
2. 未注公差尺寸按GB/T 1804—m。$\sqrt{Ra\,3.2}$ $(\sqrt{\ \ })$

图 3-12　锥孔轴套三维效果图

知识目标

1. 了解内圆锥面加工工艺的特点。
2. 掌握内圆锥面加工程序的编制方法。
3. 掌握刀尖圆弧半径补偿指令及其应用。

技能目标

1. 会制订锥孔轴套加工工艺。
2. 会设置机床刀尖圆弧半径补偿值及刀尖位置号。
3. 具有加工锥孔轴套并达到一定精度要求的能力。

知识准备

锥孔轴套加工的主要问题是如何加工内圆锥面，而内圆锥面与外圆锥面加工过程基本相同，包括圆锥部分尺寸计算、加工工艺制订、编程等。

1. 内圆锥面各部分尺寸计算

内圆锥面各部分尺寸及计算公式同外圆锥面，见表2-13。

2. 车内圆锥面的刀具及其选用

车内圆锥面的刀具与内孔车刀相同，主要考虑刀具角度大小及刀杆尺寸大小，如车带阶梯的内圆锥面，车刀主偏角必须大于或等于 90°，即采用不通孔车刀，如图 3-13 所示。刀具前、后角大小根据加工性质选定，刀杆尺寸以车内孔表面不发生干涉为宜。

3. 内圆锥面车削路径

内圆锥面与外圆锥面一样，粗车时大、小端余量不等，需沿圆锥面分层切削，走刀路径如图 3-14 所示。

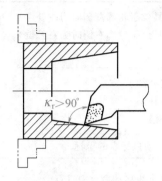 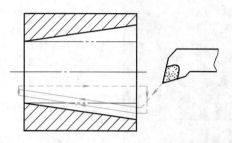

图 3-13　车带台阶的内圆锥面的车刀角度　　　　图 3-14　粗车内圆锥路径

4. 量具的选择

测内圆锥角度的量具有游标万能角度尺、角度样板、圆锥塞规等。

5. 切削用量的选择

车内圆锥的切削用量与车内圆柱面的切削用量选择基本相同。粗车背吃刀量取 0.4~2mm，进给速度取 0.2~0.4mm/r，主轴转速取 500~600r/min；精车余量取 0.1~0.3mm，进给速度取 0.08~0.15mm/r，精车转速取 800~1000r/min。

6. 编程知识

车内圆锥面可用直线插补指令车削，也可用轮廓切削复合循环编程加工，但需注意相关循环参数的设置，具体见表 2-39 和表 2-41。发那科系统还可用 G90 指令编程。

加工精度要求较高的内、外圆锥面时，刀尖圆弧会对其精度和形状产生一定影响，主要原因是编程时以假想刀尖为刀位点进行编程，对刀时也以假想刀尖作为刀位点对刀，车削过程中因刀尖圆弧半径会产生欠切削或过切削现象，如图 3-15 所示。

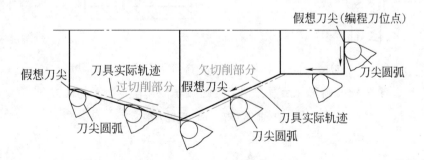

图 3-15　刀尖圆弧半径在车圆锥时产生欠切削或过切削

为消除刀尖圆弧半径的影响，需使用刀尖圆弧半径补偿功能指令，使刀具向工件轮廓左边或右边偏离一个刀尖圆弧半径值，避免车圆锥表面时产生欠切削或过切削现象。

发那科系统与西门子系统刀尖圆弧半径补偿指令代码、格式和使用说明相同，见表 3-18。

表 3-18　发那科系统与西门子系统刀尖圆弧半径补偿指令代码、格式和使用说明

指令代码	G41:刀尖圆弧半径左补偿(沿加工方向看,刀具位于轮廓左侧时为左补偿) G42:刀尖圆弧半径右补偿(沿加工方向看,刀具位于轮廓右侧时为右补偿) G40:取消刀尖圆弧半径补偿
指令格式	G00/G01 G41 X ___ Z ___;建立刀尖圆弧半径左补偿 G00/G01 G42 X ___ Z ___;建立刀尖圆弧半径右补偿 G00/G01 G40 X ___ Z ___;取消刀尖圆弧半径补偿
参数含义	X、Z为建立或取消刀尖圆弧半径补偿时刀具移动目标点的坐标
使用说明	(1)建立或取消刀尖圆弧半径补偿必须在刀具直线移动命令中进行 (2)建立刀尖圆弧半径补偿应在轮廓加工前进行 (3)取消刀尖圆弧半径补偿应在轮廓加工完毕后进行 (4)G18 处于有效状态 (5)G41、G42 指令不能同时使用,西门子系统中使用 G41、G42 时必须有相应的刀沿号
补偿方向判别	刀尖圆弧半径左、右补偿的判别方法是在补偿平面内,沿加工方向看,刀具位于轮廓左边用左补偿,刀具位于轮廓右边用右补偿。数控车床前置刀架从后往前看,后置刀架从前往后看,如图 3-16 所示。不论是前置刀架还是后置刀架,自右往左车外轮廓都是用刀尖圆弧半径右补偿 G42,车内轮廓都是用刀尖圆弧半径左补偿 G41
机床刀补值和位置号输入	使用刀尖圆弧半径补偿指令,还需要在数控车床对应刀具号中输入刀尖圆弧半径值及刀尖位置号,作为刀尖圆弧半径补偿依据。刀尖圆弧半径值粗加工取 0.8mm,半精加工取 0.4mm,精加工取 0.2mm;不论是前置刀架还是后置刀架,刀尖位置号是一样的,自右至左车外圆,刀尖位置号都是 3,自右至左车内孔,刀尖位置号都是 2,如图 3-17 所示

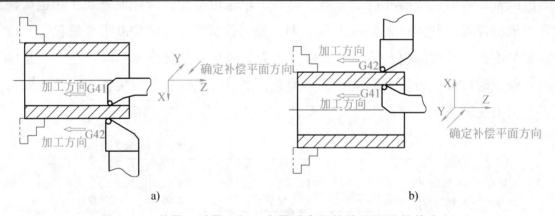

图 3-16　前置、后置刀架刀尖圆弧半径补偿平面及补偿方向

a) 前置刀架　b) 后置刀架

任务实施

本任务外圆面、内圆锥面、内圆柱面尺寸精度、表面质量要求较高,内圆锥面对外圆面还有较高的位置精度要求,任务实施时需重点考虑。

1. 工艺分析

(1) 圆锥尺寸的计算　任务给出圆锥小端直径为 $\phi 20_0^{+0.1}$mm,圆锥长度为 $20_0^{+0.15}$mm,

---

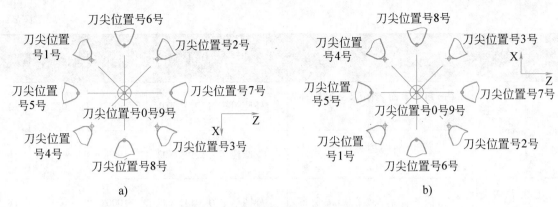

图 3-17　前置、后置刀架刀尖位置号

a）前置刀架　b）后置刀架

锥度为 3:10，需计算出大端直径才能进行程序编制。大端直径 $D = d + LC = 20.05\text{mm} + 20.075\text{mm} \times 3/10 = 26.07\text{mm}$。另外，还需计算圆锥角，以便测量，即 $\tan(\alpha/2) = C/2 = 3/20 = 0.15$，$\alpha/2 = 8°32'$。

（2）刀具的选择　粗、精车外圆时分别选用硬质合金焊接式外圆粗、精车刀，粗、精车内表面分别选用硬质合金焊接式内孔粗、精车刀，车内孔之前还要用到中心钻、麻花钻等刀具进行钻中心孔和钻孔，具体见表 3-19。

（3）零件加工工艺路线的制订　锥孔轴套零件表面精度要求较高，需分粗、精加工完成；粗加工内孔时，因表面余量较大可采用轮廓切削循环完成，内圆锥面对 $\phi 32_{-0.039}^{0}$ mm 外圆轴线有较高的位置精度要求，应在一次装夹中同时加工两表面，以保证其径向圆跳动要求。具体加工工艺过程见表 3-19。

（4）量具的选择　本任务零件长度尺寸采用游标卡尺测量；外圆尺寸采用外径千分尺测量，内圆柱孔采用内径百分表测量，内圆锥角度采用游标万能角度尺测量，表面粗糙度用表面粗糙度样板比对。

（5）切削用量的选择　工件材料为 45 钢，需考虑粗、精加工外圆，粗、精加工内孔、钻中心孔、钻孔等的切削用量。具体数值见表 3-19。

表 3-19　锥孔轴套加工工艺

工序名	定位（装夹面）	工步序号及内容	刀具及刀号	主轴转速 $n/(\text{r/min})$	进给量 $f/(\text{mm/r})$	背吃刀量 a_{p}/mm
车削	夹住 $\phi 38_{-0.1}^{0}$ mm 毛坯外圆	（1）粗车端面、$\phi 32_{-0.039}^{0}$ mm 外圆	外圆粗车刀，刀号 T01	600	0.2	2~3
		（2）手动钻中心孔	A3 中心钻	1000	0.1	
		（3）手动钻孔	$\phi 14$mm 麻花钻	400	0.1	
		（4）粗车内孔	内孔粗车刀，刀号 T03	600	0.2	2

（续）

工序名	定位（装夹面）	工步序号及内容	刀具及刀号	主轴转速 $n/(r/min)$	进给量 $f/(mm/r)$	背吃刀量 a_p/mm
车削	调头夹住 $\phi 32_{-0.039}^{0}$ mm 外圆	（1）粗车端面,倒角及 $\phi 38_{-0.1}^{0}$ mm 外圆	外圆粗车刀,刀号 T01	600	0.2	2~3
		（2）精车端面、倒角、$\phi 38_{-0.1}^{0}$ mm 外圆	外圆精车刀,刀号 T02	1000	0.1	0.3
	用软卡爪夹住 $\phi 38_{-0.1}^{0}$ mm 外圆	（1）精车端面、$\phi 32_{-0.039}^{0}$ mm 外圆	外圆精车刀,刀号 T02	1000	0.1	0.3
		（2）精车内孔	内孔精车刀,刀号 T04	800	0.1	0.3

2. 编制程序

（1）粗车端面、$\phi 32_{-0.039}^{0}$ mm 外圆及内孔的加工程序　编程时工件坐标系原点选择在零件右端面中心点；取刀尖为刀位点,粗车内孔采用外圆（内孔）单一固定循环指令编程。参考程序见表 3-20,发那科系统程序名为"O0033",西门子系统程序名为"SKC0033.MPF"。

表 3-20　粗车锥孔轴套右端轮廓参考程序

程序段号	程序内容(发那科系统)	程序内容(西门子系统)	程序说明
N10	G40 G99 G80 G18 G21;	G40 G95 G90 G18 G71;	设置初始参数
N20	M03 S600 T0101;	M03 S600 T01;	主轴正转,转速为 600 r/min,选 T01 号外圆粗车刀
N30	G00 X42.0 Z5.0 M08;	G00 X42.0 Z5.0 M08;	刀具移至切削起点,切削液开
N40	G90 X36.0 Z-29.5 F0.2;	G00 X36.0 Z5.0;	粗车 $\phi 32_{-0.039}^{0}$ mm 外圆,进给速度为 0.2mm/r
N50		G01 Z-29.5 F0.2;	
N60		X42.0;	
N70		G00 Z5;	
N80	G00 X0;	G00 X0;	刀具移至 X0
N90	G01 Z0;	G01 Z0;	车削到工件端面
N100	X32.6;	X32.6;	车端面
N110	Z-29.7;	Z-29.7;	第二次粗车 $\phi 32_{-0.039}^{0}$ mm 外圆
N120	X42.0;	X42.0;	刀具 X 方向切出
N130	G28 U0 W0;	G74 X1=0 Z1=0;	刀具直接回参考点
N140	M03 S1000;	M03 S1000;	设置钻中心孔转速
N150	M00;	M00;	程序停,手动钻中心孔
N160	M03 S400;	M03 S400;	设置钻孔转速

（续）

程序段号	程序内容（发那科系统）	程序内容（西门子系统）	程序说明
N170	M00;	M00;	程序停,手动钻φ14mm孔
N180	M03 S600 T0303;	M03 S600 T03;	主轴正转,转速为 600 r/min,选T03号内孔粗车刀
N190	G00 X5.0 Z5.0;	G00 X5 Z5.0;	刀具快速移至循环起点
N200	G71 U2.0 R1.0;	CYCLE952("L0331",,"",2102411, 0.2,,0.2,,,0.3,0.3,,,……)	设置循环参数,调用轮廓切削循环粗车内孔
N210	G71 P220 Q280 U-0.6 W0.3;		
N220	G01 X26.07 Z5.0 F0.2;		精加工路径程序,西门子系统见轮廓定义子程序 L0331.SPF
N230	Z0;		
N240	X20.05 Z-20.075;		
N250	Z-28.125;		
N260	X16.021;		
N270	Z-42.0;		
N280	X14.0;		
N290	G00 X100.0 Z200.0 M09;	G00 X100.0 Z200.0 M09;	刀具返回,切削液关
N300	M05;	M05;	主轴停
N310	M30;	M30;	程序结束

西门子系统轮廓定义子程序"L0331.SPF"见表3-21。

表 3-21 西门子系统轮廓定义子程序 L0331.SPF

程序段号	程序内容	程序说明
N10	G01 X26.07 Z5.0 F0.2;	刀具车到圆锥孔口
N20	Z0;	车至端面
N30	X20.05 Z-20.075;	车 3:10 内圆锥
N40	Z-28.0125;	车 $\phi20^{+0.1}_{0}$ mm 内孔
N50	X16.021;	车内阶梯面
N60	Z-42.0;	车 $\phi16^{+0.043}_{0}$ mm 内孔
N70	X14.0;	刀具 X 方向切出
N80	RET;	子程序结束

（2）粗、精车左端面，倒角及 $\phi38^{0}_{-0.1}$ mm 外圆的加工程序 工件坐标系原点选择在零件装夹后右端面中心点；参考程序见表3-22，发那科系统程序名为"O0133"，西门子系统程序名为"SKC0133.MPF"。

表 3-22 粗、精车锥孔轴套左端面及 $\phi 38_{-0.1}^{0}$ mm 外圆参考程序

程序段号	程序内容(发那科系统)	程序内容(西门子系统)	程序说明
N10	G40 G99 G80 G18 G21;	G40 G95 G90 G18 G71;	设置初始参数
N20	M03 S600 T0101;	M03 S600 T01;	主轴正转,转速为 600r/min,选 T01 号外圆粗车刀
N30	G00 X42.0 Z5.0 M08;	G00 X42.0 Z5.0 M08;	刀具快速移至切削起点,切削液开
N40	G90 X38.6 Z-12.0 F0.2;	G00 X38.6 Z5.0;	粗车 $\phi 38$mm 外圆,进给速度为 0.2mm/r
N50		G01 Z-12.0 F0.2;	
N60		X42.0;	
N70		Z5.0;	
N80	G28 U0 W0;	G74 X1=0 Z1=0;	刀具直接回参考点
N90	M00 M05 M09;	M00 M05 M09;	程序停,主轴停,切削液关,测量
N100	T0202;	T02;	换 T02 号外圆精车刀
N110	M03 S1000 M08;	M03 S1000 M08;	精车外圆,主轴转速为 1000r/min,切削液开
N120	G00 X0 Z5.0;	G00 X0 Z5.0;	刀具移至切削起点
N130	G01 Z0 F0.1;	G01 Z0 F0.1;	车至工件端面,进给速度为 0.1mm/r
N140	X36.05;	X36.05;	精车端面
N150	X38.05 Z-1.0;	X38.05 Z-1.0;	车倒角
N160	Z-12.0;	Z-12.0;	精车 $\phi 38_{-0.1}^{0}$ mm 外圆
N170	X42.0;	X42.0;	刀具切出
N180	G00 X100.0 Z200.0 M09;	G00 X100.0 Z200.0 M09;	刀具返回,切削液关
N190	M05;	M05;	主轴停
N200	M30;	M30;	程序结束

(3)精车 $\phi 32_{-0.039}^{0}$ mm 外圆及内孔的加工程序 工件坐标系原点选择在零件装夹后右端面中心点。参考程序见表 3-23,发那科系统程序名为"O0233",西门子系统程序名为"SKC0233.MPF"。

表 3-23 精车端面、$\phi 32_{-0.039}^{0}$ mm 外圆及内孔参考程序

程序段号	程序内容(发那科系统)	程序内容(西门子系统)	程序说明
N10	G40 G99 G80 G18 G21;	G40 G95 G90 G18 G71;	设置初始参数
N20	M03 S1000 T0202;	M03 S1000 T02;	主轴正转,转速为 1000r/min,选 T02 号外圆精车刀
N30	G00 X25.0 Z5.0 M08;	G00 X25.0 Z5.0 M08;	刀具快速移至切削起点,切削液开
N40	G01 Z0 F0.1;	G01 Z0 F0.1;	车至端面,进给速度为 0.1mm/r

（续）

程序段号	程序内容（发那科系统）	程序内容（西门子系统）	程序说明
N50	X31.98 ,C1;	X31.98 CHF=1.414;	车端面并倒角
N60	Z-29.95;	Z-29.95;	精车 $\phi 32_{-0.039}^{0}$ mm 外圆
N70	X40.0;	X40.0;	刀具 X 方向退出
N80	G28 U0 W0;	G74 X1=0 Z1=0;	刀具回参考点
N90	T0404;	T04;	换 T04 号内孔精车刀
N100	M03 S800 M08;	M03 S800 M08;	精车内孔，转速为 800r/min，切削液开
N110	G00 G41 X26.07 Z5.0;	G00 G41 X26.07 Z5.0;	刀具快速移至切削起点，建立刀尖圆弧半径左补偿
N120	G01 Z0 F0.1;	G01 Z0 F0.1;	车至端面，进给速度为 0.1mm/r
N130	X20.05 Z-20.075;	X20.05 Z-20.075;	车 3:10 内圆锥
N140	Z-28.125;	Z-28.125;	车 $\phi 20_{0}^{+0.1}$ mm 内孔
N150	X16.021;	X16.021;	车内阶梯面
N160	Z-42.0;	Z-42.0;	车 $\phi 16_{0}^{+0.043}$ mm 内孔
N170	G40 X12.0;	G40 X12.0;	刀具 X 方向切出，取消刀尖圆弧半径补偿
N180	G00 Z10.0;	G00 Z10.0;	刀具 Z 方向退出
N190	X100.0 Z200.0 M09;	X100.0 Z200.0 M09;	刀具返回，切削液关
N200	M05;	M05;	主轴停
N210	M30;	M30;	程序结束

3. 加工操作

（1）加工准备

1）开机，回参考点，建立机床坐标系，使机床对其后的操作有一个基准位置。

2）装夹工件。本任务共有 3 次装夹，第一次夹住毛坯外圆，伸出长度为 35mm 左右，粗车右端轮廓；第二次夹住 $\phi 32_{-0.039}^{0}$ mm 外圆，粗、精车左端面及 $\phi 38_{-0.1}^{0}$ mm 外圆；第三次夹住 $\phi 38_{-0.1}^{0}$ mm 外圆，精加工零件右端内、外轮廓面和端面。需要重点关注的是第三次装夹，一方面不能破坏已加工面，另一方面需用软卡爪装夹并找正，否则精加工余量不够，并且内锥面对 $\phi 32_{-0.039}^{0}$ mm 轴线的径向圆跳动要求也不易保证。

3）装夹刀具。将外圆粗车刀、外圆精车刀、内孔粗车刀、内孔精车刀分别装夹在 T01、T02、T03、T04 号刀位，使刀具刀尖与工件回转中心等高，将中心钻、麻花钻分别装夹在尾座套筒中，对刀操作后将刀尖圆弧半径及刀位号输入机床相应刀具号中。

4）对刀操作。每次装夹后，分别将需要用到的车刀采用试切法对刀，并将对刀数据分别输入刀具相应长度补偿中。对刀完成后，分别进行 X、Z 方向对刀测试，检验对刀是否正确。

5）输入程序并校验。将程序全部输入机床数控系统，分别调出各程序，设置空运行及仿真，进行程序校验并观察刀具轨迹，程序校验结束后取消空运行等设置。也可以采用数控仿真软件进行仿真校验。

（2）零件加工

1）粗车端面、$\phi 32_{-0.039}^{0}$ mm 外圆及内孔，加工步骤如下。

① 调出 "O0033" 或 "SKC0033.MPF" 程序，检查工件、刀具是否按要求夹紧，刀具是否已对刀。

② 选择自动加工模式，调小进给倍率，按数控启动键进行自动加工。加工中观察切削情况，逐步将进给倍率调至适当大小。

③ 当程序运行至 N150 程序段，用手动方式钻中心孔。

④ 中心孔钻好后，按数控启动键，程序运行至 N170 程序段，手动钻 $\phi 14$ mm 孔。

⑤ $\phi 14$ mm 孔钻好后，按数控启动键，进行内孔粗加工至程序结束。

2）粗、精车左端面，倒角及 $\phi 38_{-0.1}^{0}$ mm 外圆，加工步骤如下。

① 调出 "O0133" 或 "SKC0133.MPF" 程序，检查工件、刀具是否按要求夹紧，刀具是否已对刀。

② 选择自动加工模式，调小进给倍率，按数控启动键进行自动加工。加工中观察切削情况，逐步将进给倍率调至适当大小。

③ 程序运行至 N90 段，停机测量 $\phi 38_{-0.1}^{0}$ mm 外圆尺寸，调整机床外圆精车刀 X 方向磨损量，进行尺寸控制。

④ 按数控启动键精车外圆。

3）精车 $\phi 32_{-0.039}^{0}$ mm 外圆及内孔，加工步骤如下。

① 调出 "O0233" 或 "SKC0233.MPF" 程序，检查工件、刀具是否按要求夹紧，刀具是否已对刀，将外圆精车刀和内孔精车刀设置一定磨损量。

② 选择自动加工模式，调小进给倍率，按数控启动键进行自动加工。加工中观察切削情况，逐步将进给倍率调至适当大小。

③ 程序运行结束后测量 $\phi 32_{-0.039}^{0}$ mm 外圆及内孔尺寸，调整机床外圆精车刀和内孔精车刀的磨损量。

④ 重新运行程序，控制尺寸至符合图样要求。

4）加工结束后及时清扫机床。

检测评分

将任务完成情况的检测与评价填入表 3-24 中。

表 3-24 锥孔轴套的加工检测评价表

序号	检测项目	检测内容及要求	配分	学生自检	学生互检	教师检测	得分
1		文明、礼仪	5				
2		安全、纪律	10				
3	职业素养	行为习惯	5				
4		工作态度	5				
5		团队合作	5				
6	制订工艺	(1)选择装夹与定位方式 (2)选择刀具 (3)选择加工路径 (4)选择合理的切削用量	5				
7	程序编制	(1)编程坐标系选择正确 (2)指令使用与程序格式正确 (3)基点坐标正确	10				
8	机床操作	(1)开机前检查、开机、回参考点 (2)工件装夹与对刀 (3)程序输入与校验	5				
9		$\phi 38_{-0.1}^{0}$ mm	5				
10		$\phi 32_{-0.039}^{0}$ mm	5				
11		$\phi 20_{0}^{+0.1}$ mm	3				
12		$\phi 16_{0}^{+0.043}$ mm	5				
13		40mm±0.1mm	5				
14		$30_{-0.1}^{0}$ mm	3				
15	零件加工	$20_{0}^{+0.15}$ mm	3				
16		$8_{0}^{+0.1}$ mm	3				
17		3:10	5				
18		径向圆跳动 0.05mm	5				
19		C1	2				
20		表面粗糙度值 $Ra1.6\mu m$	4				
21		表面粗糙度值 $Ra3.2\mu m$	2				
综合评价							

🔧 **任务反馈**

在任务完成过程中，分析是否出现表 3-25 所列问题，了解其产生原因，提出修正措施。

表 3-25　锥孔轴套加工出现的问题、产生原因及修正措施

问题	产生原因	修正措施
圆锥面大、小端直径超差	（1）圆锥编程尺寸计算或输入错误	
	（2）刀具 X 方向对刀误差大	
	（3）未输入刀尖圆弧半径补偿值	
	（4）测量错误	
圆锥角度不正确	（1）圆锥编程尺寸计算或输入错误	
	（2）刀杆刚性差，让刀	
圆锥素线出现双曲线误差	车刀刀尖与工件旋转中心不等高	
位置精度要求超差	（1）卡盘精度降低	
	（2）未找正	
	（3）机床精度低	
表面粗糙度超差	（1）刀杆刚性不足，产生振动	
	（2）刀具角度不正确或刀具磨损	
	（3）切削用量选择不当	
	（4）刀杆与内孔表面发生干涉	

任务拓展

加工图 3-18 所示零件。材料为 45 钢，毛坯为 $\phi40mm×45mm$ 棒料。

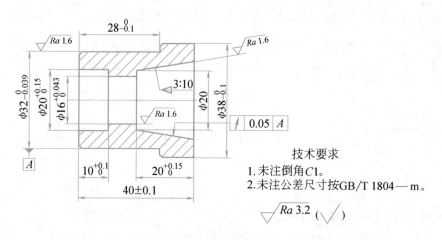

图 3-18　任务拓展训练题

技术要求
1. 未注倒角C1。
2. 未注公差尺寸按GB/T 1804—m。

任务拓展实施提示：本拓展任务零件外圆柱面、内圆柱面、内圆锥面质量要求均较高，且圆锥孔底有台阶面，应将粗、精车分开进行。内锥孔车刀应选择主偏角大于或等于 90° 的车刀。内孔直径较小，切削用量应选择得较小，粗车采用分层切削或用毛坯切削循环加工。位置精度只能采用互为基准方式保证。其他工艺同本任务。

项目小结

本项目通过通孔轴套、阶梯孔轴套和锥孔轴套等典型套类零件的任务实施，对套类、盘类零件中内孔表面加工刀具的选择、粗精加工工艺的编排、量具的确定、切削用量的选

择及编程方法进行了系统学习，对内孔表面数控加工方法及尺寸控制方法进行了实施，为以后加工成形面类零件、螺纹类零件及零件综合加工奠定了基础。

拓展学习

辽宁号航空母舰是中国人民解放军海军隶下的一艘可以搭载固定翼飞机的航空母舰，也是中国第一艘服役的航空母舰。它助推中国海军实力的跨越式发展，增强了保卫我国海域、海疆的能力，提升了中华民族的凝聚力和国际地位。

思考与练习

1. 在数控车床上加工孔有哪些方法？各使用在什么场合？

2. 对通孔车刀刀具角度有何要求？

3. 测量内孔直径的量具有哪些？各有何特点？

4. 发那科系统与西门子系统钻孔加工循环有何区别？

5. 简述内孔车刀对刀步骤。

6. 数控车削加工中，如何控制内孔直径尺寸？

7. 对阶梯孔车刀刀具角度和尺寸有何要求？为什么？

8. 套类零件的装夹方法有哪些？各有何特点？

9. 套类零件加工中如何保证其相互位置精度要求？

10. 发那科系统与西门子系统倒角指令有何异同？

11. 内圆锥面锥角常用哪些量具测量？

12. 什么是刀尖圆弧半径补偿？什么情况下要使用刀尖圆弧半径补偿指令？

13. 什么是刀尖圆弧半径左补偿？什么是刀尖圆弧半径右补偿？如何选用？

14. 如何建立和取消刀尖圆弧半径补偿指令？

15. 什么情况下可以使用粗车复合循环指令 G71 加工内轮廓表面？

16. 编写图 3-19 所示通孔零件的数控加工程序并练习加工，材料为 45 钢，毛坯尺寸为 $\phi45\text{mm}\times45\text{mm}$。

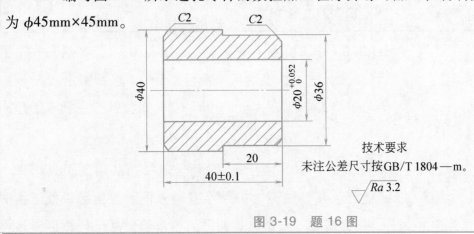

技术要求
未注公差尺寸按GB/T 1804—m。

图 3-19　题 16 图

17. 编写图 3-20 所示阶梯孔零件的数控加工程序并练习加工，材料为 45 钢，毛坯尺寸为 $\phi60mm \times 60mm$。

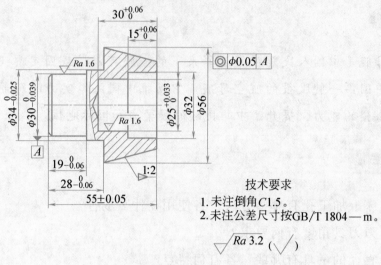

技术要求
1. 未注倒角C1.5。
2. 未注公差尺寸按GB/T 1804—m。

$\sqrt{Ra\,3.2}\;(\sqrt{})$

图 3-20　题 17 图

18. 编写图 3-21 所示内锥孔零件的数控加工程序并练习加工，材料为 45 钢，毛坯尺寸为 $\phi60mm \times 60mm$。

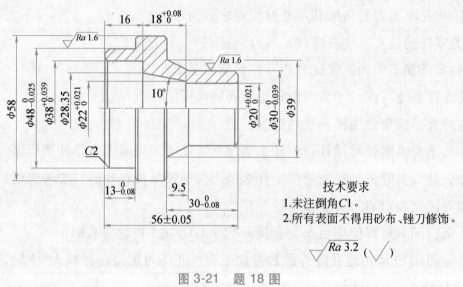

技术要求
1. 未注倒角C1。
2. 所有表面不得用砂布、锉刀修饰。

$\sqrt{Ra\,3.2}\;(\sqrt{})$

图 3-21　题 18 图

项目四 成形面类零件加工

成形面是由曲线回转形成的表面，又称为特形面，各类球头手柄、球面轴承、球头关节轴承等，如图4-1所示，均包含成形面，属于成形面类零件。成形面类零件在普通车床上加工比较困难，而在数控车床上加工比较方便，能充分体现数控车床的优势。掌握在数控车床上编程和加工成形面类零件的方法，是数控车床操作工的基本工作内容。本项目主要学习由圆弧曲线回转构成的成形面类零件的加工方法。

图 4-1 典型的成形面类零件

学习目标

- 掌握圆弧插补指令及其应用。
- 掌握倒圆指令及其应用。
- 掌握成形面类零件工艺路线的拟订方法。
- 会用二维 CAD 软件辅助编排工艺和查找基点坐标。
- 掌握成形面类零件的车削方法。

 任务一 凹圆弧滚压轴的加工

任务描述

使用 FANUC 0i Mate-TD 或 SINUMERIK 828D 系统数控车床，完成图 4-2 所示凹圆弧滚压轴的加工，材料为 45 钢，毛坯为 $\phi30\text{mm}\times60\text{mm}$ 棒料，其主要表面是外圆柱面及凹圆弧面。凹圆弧滚压轴加工后的三维效果图如图 4-3 所示。

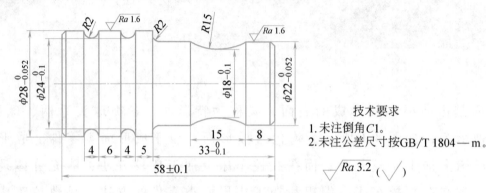

图 4-2 凹圆弧滚压轴零件图

技术要求
1. 未注倒角C1。
2. 未注公差尺寸按GB/T 1804—m。

知识目标

1. 熟悉加工凹圆弧面车刀的种类及其选用。

2. 掌握圆弧插补方向的判断方法。

3. 掌握 G02、G03 圆弧插补指令及"终点坐标+半径"格式的应用。

图 4-3 凹圆弧滚压轴三维效果图

4. 了解用二维 CAD 软件辅助编排工艺及查找编程点坐标的方法。

技能目标

1. 会制订凹圆弧面零件的加工工艺。

2. 掌握圆弧面的测量方法。

3. 掌握各种凹圆弧面的加工及尺寸控制方法。

知识准备

在数控车床上加工凹圆弧面零件时，主要应具备选择切削刀具、拟订粗车路线、选择切削用量等工艺知识及相关编程知识。

1. 加工凹圆弧表面的车刀

加工凹圆弧表面的车刀有成形车刀、菱形车刀和尖形车刀 3 种，其特点见表 4-1。

表 4-1　加工凹圆弧表面的车刀及特点

名　称	图　例	加工表面及特点
成形车刀	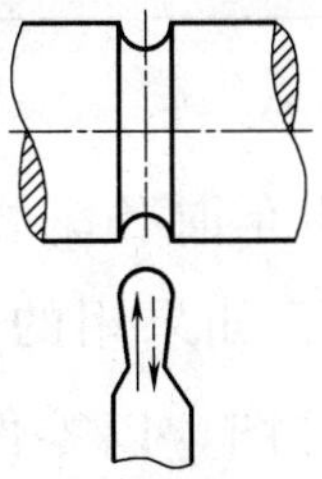	有可转位车刀和高速钢刃磨而成的整体式成形车刀两种,用于加工尺寸较小的圆弧形凹槽、半圆槽
菱形车刀	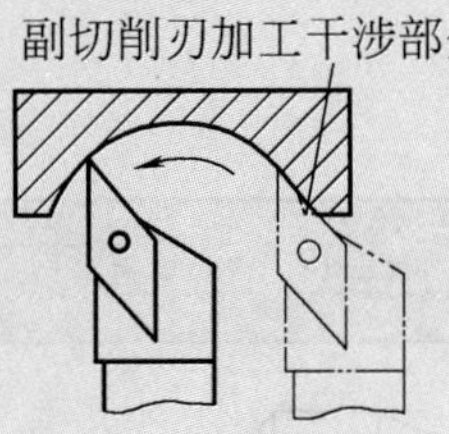 副切削刃加工干涉部分 	常用可转位车刀,刀具主偏角为 90°,加工带有台阶的圆弧面,加工中只会产生副切削刃干涉,刀具需要有足够大的副偏角
尖形车刀	 副切削刃加工干涉部分 	有可转位车刀和高速钢刃磨而成的整体式成形车刀两种,易产生主切削刃及副切削刃干涉现象,相对而言刀具副偏角较大,不易产生副切削刃干涉,用于不带台阶的成形表面的加工

2. 凹圆弧面的车削方法

精车凹圆弧面沿着轮廓面进行。粗车时，由于各部分余量不等，需采用相应的车削路径。凹圆弧粗车常采用车等径圆弧、车同心圆弧、车梯形、车三角形等切削路径，其特点见表 4-2。

表 4-2　凹圆弧粗车切削路径的特点

切削路径	图　例	特　点
车等径圆弧	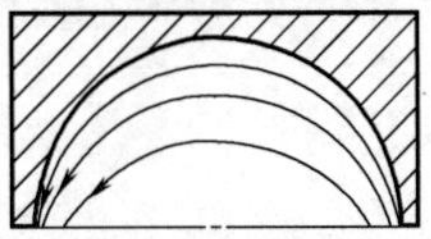	编程坐标计算简单,但切削路径长
车同心圆弧	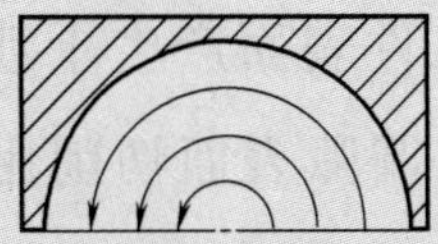	编程坐标计算简单,切削路径短,余量均匀
车梯形	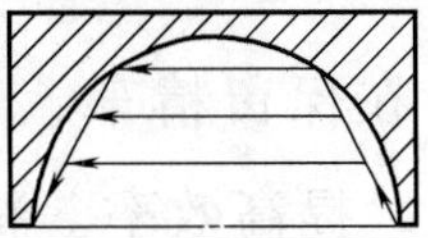	切削力分布合理,但编程坐标计算较复杂

（续）

切削路径	图　例	特　点
车三角形	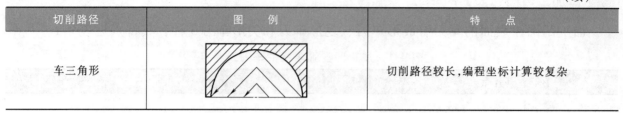	切削路径较长,编程坐标计算较复杂

3. 用二维 CAD 软件辅助编排加工路径和查找编程点坐标

采用各种车削路径粗车成形面,最困难的是计算粗车时各编程点坐标。实际生产中可结合二维 CAD 软件辅助查找编程点坐标,具体做法是:如果用的是 CAXA 电子图板软件,取绘图软件坐标原点为编程原点(工件原点)绘制零件图,以零件图为原轮廓,粗车背吃刀量为等距距离,绘制向毛坯方向的等距线作为每次粗车路径,然后单击软件中的"工具"→"查询"→"XYZ 点坐标(P)",如图 4-4 所示。

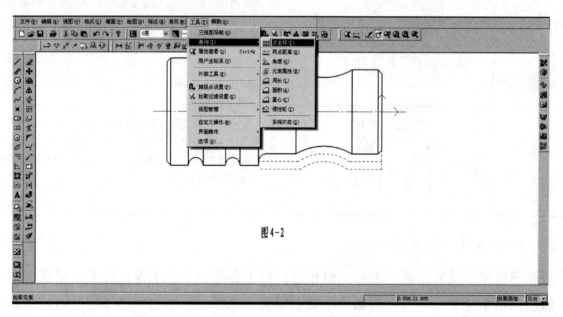

图4-2

图 4-4　用 CAXA 软件查找点坐标操作

4. 凹圆弧面测量量具的选择

凹圆弧面形状精度用半径样板测量,表面粗糙度用表面粗糙度样板比对,其他相关尺寸根据其精度高低选择游标卡尺或千分尺测量。

5. 凹圆弧面切削用量的选择

车圆弧表面时,为防止主、副切削刃与工件表面产生干涉,车刀主、副偏角一般选择较大,于是车刀刀尖角小,刀尖强度低,故车圆弧表面切削用量比车外圆要小,具体选择如下。

(1)背吃刀量 a_p　当车刀刚性足够时,在保留精车、半精车余量的前提下,应尽可能选择较大的背吃刀量,以减少走刀次数,提高效率。精车、半精车余量常取 0.1~

0.3mm。

（2）进给量 f　粗车时进给量大一些，以提高效率；精车时进给量小一些，以保证表面质量。粗车进给量取 $0.2\sim0.4mm/r$，精车进给量取 $0.08\sim0.15mm/r$。

（3）主轴转速 n　硬质合金车刀粗车时选择中速，精车时选择高速。一般粗车时主轴转速取 $400\sim700r/min$，精车时主轴转速取 $800\sim1200r/min$。

6. 编程知识

在数控车床上加工圆弧时可采用圆弧插补指令，根据图样上圆弧尺寸标注的不同，可以用不同的圆弧插补指令格式进行编程、加工。此外，加工前还需指定圆弧插补平面，数控车床上圆弧插补平面为 XZ 平面，即 G18 指定的平面。

（1）圆弧插补指令 G02、G03　圆弧插补指令是使刀具按给定的进给速度沿圆弧方向进行切削加工。发那科系统与西门子系统圆弧插补指令代码、插补方向判别的方法相同，见表4-3。

表4-3　发那科系统与西门子系统圆弧插补指令代码、插补方向判别

指令代码	G02(或 G2):顺时针圆弧插补 G03(或 G3):逆时针圆弧插补
顺、逆时针插补方向判别	判别原则:从不在圆弧插补平面的坐标轴正方向往负方向看,顺时针插补用G02,逆时针插补用G03
	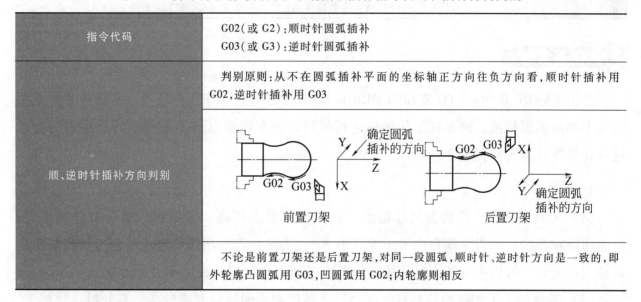 前置刀架　　　　后置刀架
	不论是前置刀架还是后置刀架,对同一段圆弧,顺时针、逆时针方向是一致的,即外轮廓凸圆弧用G03,凹圆弧用G02;内轮廓则相反

（2）圆弧插补"终点坐标+半径"指令格式　发那科系统与西门子系统圆弧插补"终点坐标+半径"指令格式、参数含义及使用说明见表4-4。

表4-4　发那科系统与西门子系统圆弧插补"终点坐标+半径"指令格式、参数含义及使用说明

数控系统	发那科系统	西门子系统
指令格式	G18 G02/G03 X(U)__ Z(W)__ R__ F__ ;	G90 G18 G02/G03 X__ Z__ CR=__ F__ ;
参数含义	X、Z:圆弧插补终点绝对坐标 U、W:圆弧插补终点相对于起点的增量坐标 R:圆弧半径,大于180°的圆弧为负值,小于或等于180°的圆弧为正值 F:进给速度	X、Z:圆弧插补终点绝对坐标 CR:圆弧半径,大于180°的圆弧为负值,小于或等于180°的圆弧为正值 F:进给速度

(续)

数控系统	发那科系统	西门子系统
示例（前置刀架）	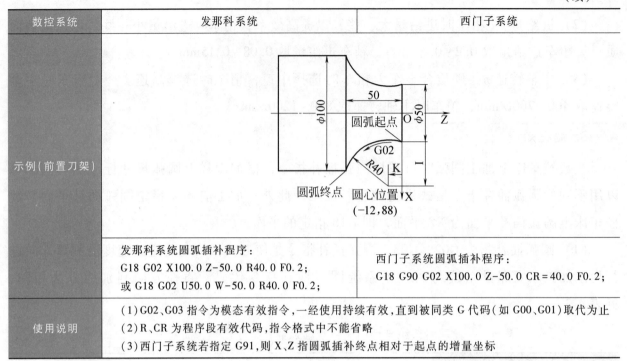	
	发那科系统圆弧插补程序： G18 G02 X100.0 Z−50.0 R40.0 F0.2； 或 G18 G02 U50.0 W−50.0 R40.0 F0.2；	西门子系统圆弧插补程序： G18 G90 G02 X100.0 Z−50.0 CR=40.0 F0.2；
使用说明	（1）G02、G03 指令为模态有效指令，一经使用持续有效，直到被同类 G 代码（如 G00、G01）取代为止 （2）R、CR 为程序段有效代码，指令格式中不能省略 （3）西门子系统若指定 G91，则 X、Z 指圆弧插补终点相对于起点的增量坐标	

任务实施

选用 FANUC 0i Mate-TD 或 SINUMERIK 828D 系统数控车床实施任务。本任务零件主要由几个凹圆弧面构成，精车按工件轮廓进行编程，粗车需根据情况采用不同分层切削方式进行，且需计算各编程点坐标。

1. 工艺分析

（1）刀具的选择　轮廓面尺寸精度、表面质量要求较高，选用粗、精车刀分别加工；轮廓面存在台阶，车刀主偏角应大于或等于90°，为防止刀具副切削刃干涉，刀具副偏角应足够大；此外，零件中有两个尺寸较小的凹圆弧面，选用圆头成形车刀进行车削。

（2）零件加工工艺路线的制订　零件尺寸精度和表面质量要求较高，需分粗、精加工。先粗车零件左端轮廓表面，再调头装夹，粗、精车零件右端轮廓表面，最后调头精车零件左端轮廓。粗车圆弧面采用同心圆弧法车削，编程点坐标采用 CAXA 电子图板查询。具体加工工艺见表4-5。

（3）量具的选择　$\phi 22_{-0.052}^{0}$ mm 及 $\phi 28_{-0.052}^{0}$ mm 尺寸精度较高，选用外径千分尺测量；$\phi 24_{-0.1}^{0}$ mm、$\phi 18_{-0.1}^{0}$ mm 及长度尺寸选用游标卡尺测量；3 个圆弧面（两处 $R2$ mm 和一处 $R15$ mm）则分别用 $R2$ mm、$R15$ mm 的半径样板测量；表面粗糙度用表面粗糙度样板比对。

（4）切削用量的选择　粗车圆弧表面时，当数控车刀强度足够时应尽可能选择较大的切削用量，背吃刀量取 2~3mm，进给量取 0.2mm/r，主轴转速取 600r/min；精车用量同车外圆。具体切削用量见表4-5。

2. 程序编制

（1）粗车 $\phi 28_{-0.052}^{0}$ mm 外圆的加工程序　工件坐标系原点选择在零件装夹后右端面中心点，外圆车刀取刀尖为刀位点。参考程序见表 4-6，发那科系统程序名为"O0041"，西门子系统程序名为"SKC0041.MPF"。

表 4-5　凹圆弧滚压轴加工工艺

工序名	定位（装夹面）	工步序号及内容	刀具及刀号	主轴转速 $n/(r/min)$	进给量 $f/(mm/r)$	背吃刀量 a_p/mm
车削	夹住毛坯外圆	粗车 $\phi 28_{-0.052}^{0}$ mm 外圆	外圆粗车刀，刀号 T01	600	0.2	2~3
	调头，夹住 $\phi 28_{-0.052}^{0}$ mm 外圆	（1）粗车零件右端轮廓	外圆粗车刀，刀号 T01	600	0.2	1~2
		（2）精车零件右端轮廓	外圆精车刀，刀号 T02	1000	0.1	0.2
	用软卡爪夹住 $\phi 22_{-0.052}^{0}$ mm 外圆	（1）精车 $\phi 28_{-0.052}^{0}$ mm 外圆	外圆精车刀，刀号 T02	1000	0.1	0.3
		（2）车圆弧槽	圆头成形车刀，刀号 T03	400	0.1	

表 4-6　粗车凹圆弧滚压轴左端轮廓参考程序

程序段号	程序内容（发那科系统）	程序内容（西门子系统）	程序说明
N10	G40 G21 G99 G18;	G40 G71 G95 G18;	参数初始化
N20	M03 S600 T0101;	M03 S600 T01;	主轴正转，转速为 600r/min，选 T01 号外圆粗车刀
N30	G00 X32.0 Z5.0 M08;	G00 X32.0 Z5.0 M08;	刀具快速移至进刀点 切削液开
N40	G90 X28.6 Z-26.0 F0.2;	X28.6;	粗车 $\phi 28_{-0.052}^{0}$ mm 外圆
N50		G01 Z-26.0 F0.2;	
N60		X32.0;	
N70	G00 X100.0 Z200.0 M09;	G00 X100.0 Z200.0 M09;	刀具退回至换刀点，切削液关
N80	M05;	M05;	主轴停
N90	M30;	M30;	程序结束

（2）粗、精车零件右端轮廓的加工程序　工件坐标系原点选择在零件装夹后右端面中心点，外圆车刀取刀尖为刀位点，粗车凹圆弧面采用同心圆法，编程坐标通过 CAXA 软件查询获得。参考程序见表 4-7，发那科系统程序名为"O0141"，西门子系统程序名为"SKC0141.MPF"。

表 4-7　粗、精车凹圆弧滚压轴右端轮廓参考程序

程序段号	程序内容（发那科系统）	程序内容（西门子系统）	程序说明
N10	G40 G21 G99 G18;	G40 G71 G95 G18;	参数初始化
N20	M03 S600 T0101;	M03 S600 T01;	主轴正转，转速为 600r/min，选 T01 号外圆粗车刀

（续）

程序段号	程序内容（发那科系统）	程序内容（西门子系统）	程序说明
N30	G00 X26.4 Z5.0 M08;	G00 X26.4 Z5.0 M08;	刀具快速移至进刀点,切削液开
N40	G01 Z-8.615 F0.2;	G01 Z-8.615 F0.2;	第一次粗车右端轮廓
N50	G02 Z-22.385 R12.8;	G02 Z-22.385 CR=12.8;	
N60	G01 Z-30.7;	G01 Z-30.7;	
N70	G02 X30.4 Z-32.7 R2.0;	G02 X30.4 Z-32.7 CR=2.0;	
N80	G01 X32.0;	G01 X32.0;	
N90	G00 Z5.0;	G00 Z5.0;	刀具退回
N100	X22.4;	X22.4;	刀具移至进刀点
N110	G01 Z-8.054 F0.2;	G01 Z-8.054 F0.2;	第二次粗车右端轮廓
N120	G02 Z-22.946 R14.8;	G02 Z-22.946 CR=14.8;	
N130	G01 Z-30.8;	G01 Z-30.8;	
N140	G02 X26.4 Z-32.8 R2.0;	G02 X26.4 Z-32.8 CR=2.0;	
N150	G01 X32.0;	G01 X32.0;	
N160	G00 X100.0 Z200.0;	G00 X100.0 Z200.0;	刀具退至换刀点
N170	T0202;	T02;	换 T02 号外圆精车刀
N180	M03 S1000 M08;	M03 S1000 M08;	精车转速为 1000r/min,切削液开
N190	G00 X0 Z5.0;	G00 X0 Z5.0;	刀具快速移至进刀点
N200	G01 G42 Z0 F0.1;	G01 G42 Z0 F0.1;	精车至工件端面且建立刀尖圆弧半径补偿
N210	X21.97,C1.0;	X21.97 CHF=1.414;	精车端面并倒角 C1
N220	Z-8.0;	Z-8.0;	精车 $\phi 22_{-0.052}^{0}$ mm 外圆
N230	G02 Z-23.0 R15.0;	G02 Z-23.0 CR=15.0;	精车 R15mm 圆弧
N240	G01 Z-30.95;	G01 Z-30.95;	精车 $\phi 22_{-0.052}^{0}$ mm 外圆
N250	G02 X25.97 Z-32.95 R2.0;	G02 X25.97 Z-32.95 CR=2.0;	精车 R2mm 圆弧
N260	G01 X32.0;	G01 X32.0;	刀具 X 方向切出
N270	G00 G40 X100.0 Z200.0 M09;	G00 G40 X100.0 Z200.0 M09;	刀具退回且取消刀尖圆弧半径补偿,切削液关
N280	M05;	M05;	主轴停
N290	M30;	M30;	程序结束

（3）精加工零件左端轮廓的加工程序　工件坐标系原点选择在装夹后零件右端面中心点,外圆车刀取刀尖为刀位点,圆弧车刀选刀头圆心为刀位点。参考程序见表4-8,发那科系统程序名为"O0241",西门子系统程序名为"SKC0241.MPF"。

表 4-8　精车凹圆弧滚压轴左端轮廓参考程序

程序段号	程序内容(发那科系统)	程序内容(西门子系统)	程序说明
N10	G40 G21 G99 G18;	G40 G71 G95 G18;	参数初始化
N20	M03 S1000 T0202;	M03 S1000 T02;	主轴正转,转速为 1000r/min,选 T02 号外圆精车刀
N30	G00 X0 Z5.0 M08;	G00 X0 Z5.0 M08;	刀具快速移至进刀点,切削液开
N40	G01 Z0 F0.1;	G01 Z0 F0.1;	精车至端面,进给量为 0.1mm/r
N50	X27.974,C1.0;	X27.974 CHF=1.414;	精车端面并倒角 C1
N60	Z-26.0;	Z-26.0;	精车 $\phi 28_{-0.052}^{0}$ mm 外圆
N70	X30.0;	X30.0;	刀具 X 方向切出
N80	G00 X100.0 Z200.0;	G00 X100.0 Z200.0;	刀具退回至换刀点
N90	M00 M05 M09;	M00 M05 M09;	程序停、主轴停、切削液关,测量
N100	M03 S400 T0303 M08;	M03 S400 T03 M08;	换 T03 号圆头成形车刀,主轴转速为 400r/min,切削液开
N110	G00 X35.0 Z-8.0;	G00 X35.0 Z-8.0;	刀具移至进刀点
N120	G01 X27.95 F0.1;	G01 X27.95 F0.1;	精车第一个 R2mm 圆弧槽
N130	G04 X3.0;	G04 F3.0;	槽底暂停 3s
N140	G01 X35.0;	G01 X35.0;	刀具 X 方向退出
N150	G00 Z-18.0;	G00 Z-18.0;	刀具 Z 方向移动
N160	G01 X27.95 F0.1;	G01 X27.95 F0.1;	精车第二个 R2mm 圆弧槽
N170	G04 X3.0;	G04 F3.0;	槽底暂停 3s
N180	G01 X35.0;	G01 X35.0;	刀具 X 方向退出
N190	G00 X100.0 Z200.0 M09;	G00 X100.0 Z200.0 M09;	刀具退回至换刀点,切削液关
N200	M05;	M05;	主轴停
N210	M30;	M30;	程序结束

3. 加工操作

(1) 加工准备

1) 开机,回参考点,建立机床坐标系,使机床对其后的操作有一个基准位置。

2) 装夹工件。本任务共有 3 次装夹,第一次夹住毛坯外圆,伸出长度为 30mm 左右,粗车 $\phi 28_{-0.052}^{0}$ mm 外圆;第二次夹住 $\phi 28_{-0.052}^{0}$ mm 外圆,粗、精车右端面、$\phi 22_{-0.052}^{0}$ mm 外圆及凹圆弧面;第三次夹住 $\phi 22_{-0.052}^{0}$ mm 外圆,精加工零件左端轮廓面及 R2mm 圆弧槽。需要重点关注的是第三次装夹,一方面不能破坏已加工面,另一方面需用软卡爪装夹并找正,否则加工余量不够。

3) 装夹刀具。将外圆粗车刀、外圆精车刀、圆头成形车刀分别装夹在 T01、T02、T03 号刀位,使刀具刀尖与工件回转中心等高,在外圆精车刀刀具号中输入刀尖圆弧半径

0.2mm 和刀具位置号 3，外圆精车刀 X、Z 方向磨损量分别设置为 0.2mm。

4）对刀操作。每次装夹工件后，分别将需要用到的车刀采用试切法对刀，并将对刀数据分别输入刀具相应长度补偿中。对刀完成后，分别进行 X、Z 方向对刀测试，检验对刀是否正确。圆头成形车刀取刀头圆心为刀位点，对刀方法如下。

① Z 方向对刀。在 MDI（MDA）方式下输入程序"M03 S400;"，使主轴正转；切换为手动（JOG）方式，将圆头成形车刀左侧面碰至工件端面，沿+X 方向退出刀具，如图 4-5 所示，然后进行面板操作，面板操作步骤与外圆车刀 Z 方向对刀相同，但需考虑刀头半径 R2mm。

② X 方向对刀。在 MDI（MDA）方式下输入程序"M03 S400;"，使主轴正转；切换为手动（JOG）方式，用圆弧切削刃碰到工件外圆面（长 2~3mm），沿+Z 方向退出刀具，如图 4-6 所示。停机，测量外圆直径，需考虑刀头半径 R2mm，然后进行面板操作，面板操作步骤与外圆车刀 X 方向对刀相同。

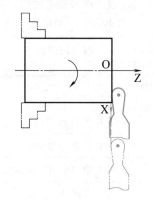

图 4-5　圆头成形车刀 Z 方向对刀

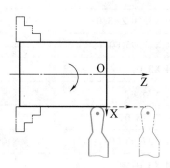

图 4-6　圆头成形车刀 X 方向对刀

5）输入程序并校验。将程序全部输入机床数控系统，分别调出各程序，设置空运行及仿真，进行程序校验并观察刀具轨迹，程序校验结束后取消空运行等设置。也可以采用数控仿真软件进行仿真校验。

（2）零件加工

1）粗车 $\phi 28_{-0.052}^{0}$ mm 外圆，加工步骤如下。

① 调出"O0041"或"SKC0041. MPF"程序，检查工件、刀具是否按要求夹紧，刀具是否已对刀。

② 选择自动加工模式，调小进给倍率，按数控启动键进行自动加工。加工中观察切削情况，逐步将进给倍率调至适当大小。

2）粗、精车零件右端轮廓面，加工步骤如下。

① 调出"O0141"或"SKC0141. MPF"程序，检查工件、刀具是否按要求夹紧，刀具是否已对刀。

② 选择自动加工模式，调小进给倍率，按数控启动键进行自动加工。加工中观察切削

情况，逐步将进给倍率调至适当大小。

③ 程序运行结束后停机测量 $\phi 22_{-0.052}^{0}$ mm 外圆尺寸及长度尺寸，调整外圆精车刀 X、Z 方向磨损量。

④ 重新打开程序，使用程序再启动（或断点搜索）功能，从 N170 段开始运行，精车外轮廓，控制尺寸。

3）精车 $\phi 28_{-0.052}^{0}$ mm 外圆及 R2mm 圆弧槽，加工步骤如下。

① 调出"O0241"或"SKC0241.MPF"程序，检查工件、刀具是否按要求夹紧，刀具是否已对刀。

② 选择自动加工模式，调小进给倍率，按数控启动键进行自动加工。加工中观察切削情况，逐步将进给倍率调至适当大小。

③ 程序运行至 N90，停机测量 $\phi 28_{-0.052}^{0}$ mm 外圆尺寸，调整机床外圆精车刀 X 方向磨损量，进行尺寸控制，尺寸控制方法同上。

④ 程序运行结束后，测量圆弧槽尺寸。

4）加工结束后及时清扫机床。

检测评分

将任务完成情况的检测与评价填入表 4-9 中。

表 4-9　凹圆弧滚压轴的加工检测评价表

序号	检测项目	检测内容及要求	配分	学生自检	学生互检	教师检测	得分
1	职业素养	文明、礼仪	5				
2		安全、纪律	10				
3		行为习惯	5				
4		工作态度	5				
5		团队合作	5				
6	制订工艺	(1)选择装夹与定位方式 (2)选择刀具 (3)选择加工路径 (4)选择合理的切削用量	5				
7	程序编制	(1)编程坐标系选择正确 (2)指令使用与程序格式正确 (3)基点坐标正确	10				
8	机床操作	(1)开机前检查、开机、回参考点 (2)工件装夹与对刀 (3)程序输入与校验	5				
9	零件加工	$\phi 28_{-0.052}^{0}$ mm	8				
10		$\phi 24_{-0.1}^{0}$ mm	3				

（续）

序号	检测项目	检测内容及要求	配分	学生自检	学生互检	教师检测	得分
11	零件加工	$\phi 22_{-0.052}^{0}$ mm	8				
12		$\phi 18_{-0.1}^{0}$ mm	3				
13		$R15$ mm	5				
14		$R2$ mm（3处）	5				
15		58mm±0.1mm	3				
16		$33_{-0.1}^{0}$ mm	3				
17		8mm、15mm、4mm、5mm、6mm 等尺寸	6				
18		$C1$	1				
19		表面粗糙度值 $Ra1.6\mu m$	3				
20		表面粗糙度值 $Ra3.2\mu m$	2				
综合评价							

任务反馈

在任务完成过程中，分析是否出现表 4-10 所列问题，了解其产生原因，提出修正措施。

表 4-10　凹圆弧滚压轴加工中出现的问题、产生原因及修正措施

问题	产生原因	修正措施
圆弧段程序报警	(1)编程尺寸计算或输入错误	
	(2)程序格式错误	
	(3)采用 CAD 软件查坐标时采取四舍五入	
圆弧形状不正确	(1)刀具副偏角过小，发生干涉	
	(2)坐标尺寸计算或输入错误	
	(3)刀具刀尖与工件旋转中心不等高	
表面粗糙度超差	(1)工艺系统刚性不足	
	(2)刀具角度不正确或刀具磨损	
	(3)切削用量选择不当	
	(4)刀具副切削刃发生干涉	

任务拓展

加工图 4-7 所示零件，材料为 45 钢，毛坯为 $\phi 30$mm×65mm 棒料。

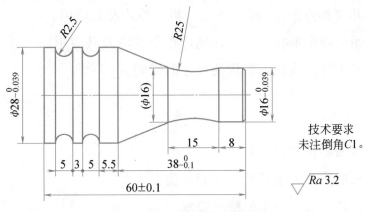

图 4-7　任务拓展训练题

任务拓展实施提示：零件有两个半圆形凹圆弧面，采用圆头成形车刀加工。R25mm 圆弧及其他外轮廓面粗加工路径仍然采用 CAD 软件辅助编排并查找基点坐标。选择刀具、确定切削用量等工艺问题与本任务相同。

任务二　球头拉杆的加工

任务描述

球头拉杆是汽车转向器中实现行驶转向作用的重要零件，如图 4-8 所示，使用 FANUC 0i Mate-TD 或 SINUMERIK 828D 系统数控车床完成其编程加工。该零件材料为 45 钢，毛坯为 $\phi 28mm \times 60mm$ 棒料，零件除由外圆面、台阶与端面组成外，还有两段凸圆弧构成的回转面。其形状较复杂，要求表面粗糙度值为 $Ra3.2\mu m$，外圆尺寸精度要求也较高。球头拉杆加工后的三维效果图如图 4-9 所示。

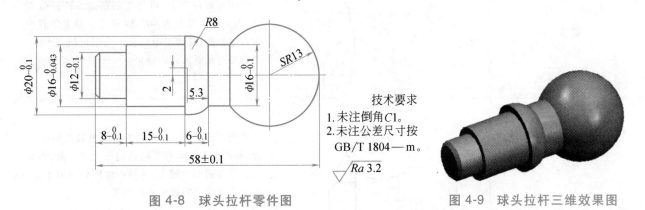

图 4-8　球头拉杆零件图　　　　　图 4-9　球头拉杆三维效果图

知识目标

1. 熟悉加工凸圆弧面车刀的种类及选用。

2. 掌握圆弧插补"终点坐标+圆心坐标"指令格式及其应用。

3. 掌握发那科系统固定形状粗车复合循环指令 G73 及其应用。

4. 了解刀尖圆弧半径对成形面形状及尺寸的影响。

技能目标

1. 会制订凸圆弧面零件加工工艺。

2. 掌握凸圆弧面的测量方法及尺寸控制方法。

3. 能加工球头拉杆并达到一定的精度要求。

知识准备

车凸圆弧面类零件与凹圆弧面类零件相似,需要考虑刀具选择、粗车路径及编程方法等。

1. 加工凸圆弧面的车刀

加工凸圆弧面的车刀有成形车刀、菱形车刀和尖形车刀 3 种,其特点及应用见表 4-11。

表 4-11　加工凸圆弧面车刀的特点及应用

名　称	图　例	特点及应用
成形车刀	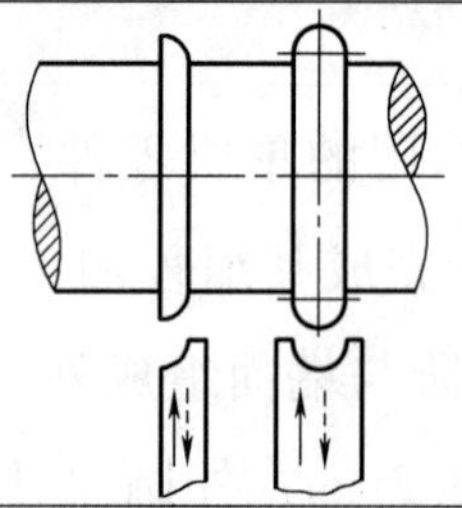	常用高速钢刀片刃磨而成,用于加工尺寸较小的凸圆弧面
菱形车刀	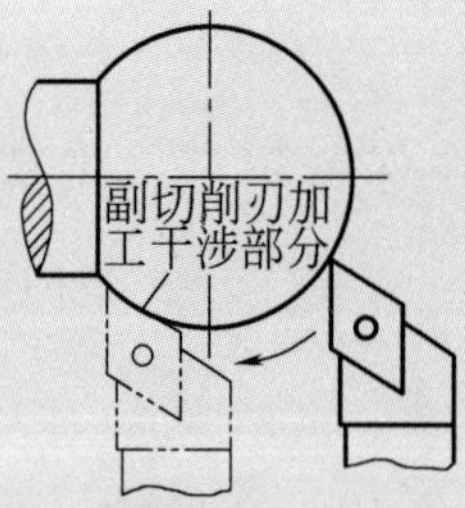	常用可转位车刀,可加工凹圆弧及凸圆弧表面;因刀具主偏角为 90°,故可用于加工带有台阶的圆弧面,且加工中只会产生副切削刃干涉,刀具要有足够大的副偏角
尖形车刀	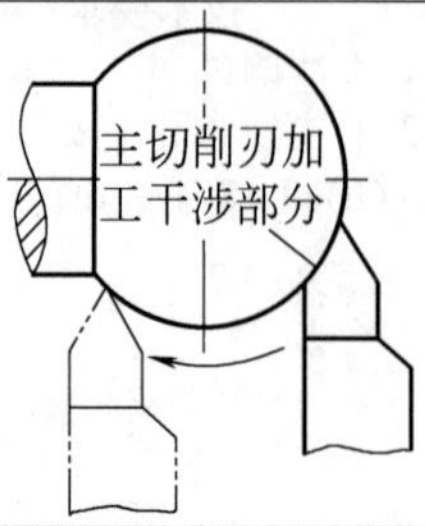	常用可转位车刀,可加工凹圆弧及凸圆弧表面,易产生主切削刃及副切削刃干涉现象,相对而言刀具副偏角较大,不易产生副切削刃干涉,用于不带台阶的成形表面加工

2. 凸圆弧面车削方法

精车凸圆弧面沿着轮廓面进行;粗车凸圆弧面时,由于各部分余量不等,需采用相应的车削路径，主要有车锥法和车球法，见表 4-12。

表 4-12　凸圆弧面粗车方法

进刀方式	图　例	特点及应用场合
车锥法	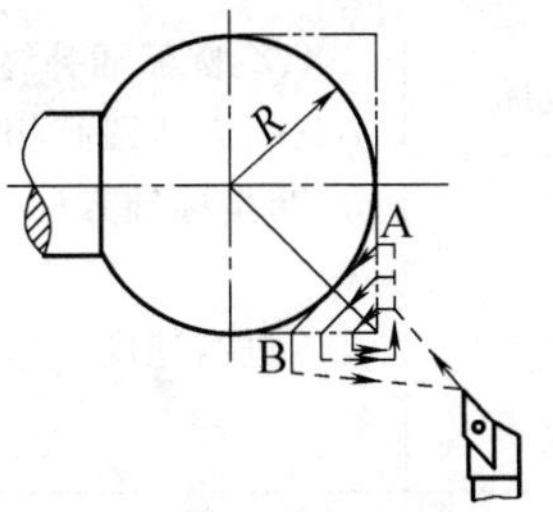	编程坐标计算简单，适用于圆心角小于 90°且不跨象限的圆弧面的加工。粗车时不能超过 AB 临界圆锥面，否则会损坏圆弧表面
车球法	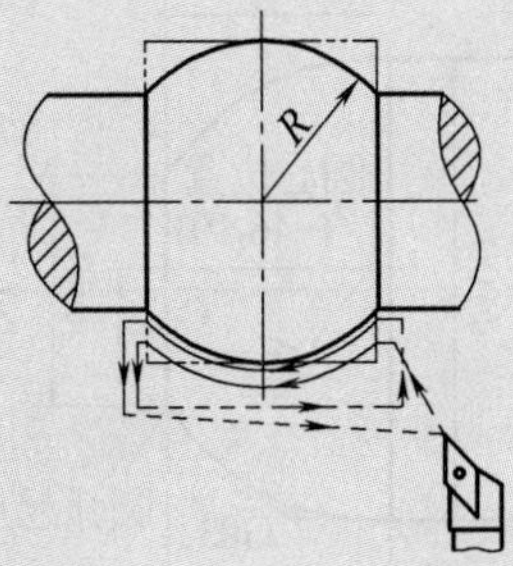	用一组同心圆或等径圆车凸圆弧余量，编程计算简单，但车刀空行程长，适用于圆心角大于 90°或跨象限的圆弧表面车削

3. 凸圆弧面测量量具的选择

对于凸圆弧面，主要检测其形状精度及表面粗糙度，形状精度用半径样板测量，表面粗糙度用表面粗糙度样板比对。

4. 车凸圆弧表面切削用量的选择

车凸圆弧面时，为防止主、副切削刃与工件表面产生干涉，车刀主、副偏角一般选择较大值，从而使车刀刀尖角小，刀尖强度降低，故车凸圆弧表面的切削用量比车外圆要小，具体选择如下。

（1）背吃刀量 a_p　当车刀刚性足够时，在保留精车、半精车余量的前提下，应尽可能选择较大的背吃刀量，以减少走刀次数，提高效率。精车、半精车单边余量常取 0.1~0.3mm。

（2）进给量 f　粗车时进给量大一些，以提高效率，精车时小一些，以保证表面质量。粗车进给量取 0.2~0.4mm/r，精车进给量取 0.08~0.15mm/r。

（3）主轴转速 n　硬质合金车刀粗车时主轴转速选择中速，精车时主轴转速选择高速。一般粗车时主轴转速取 400~700r/min，精车时取 800~1200r/min。

5. 编程知识

（1）圆弧插补"终点坐标+圆心坐标"指令格式　当某段圆弧只给定终点坐标及圆心相对于圆弧起点坐标而未指定半径时，需用"终点坐标+圆心坐标"指令格式编程，发那科系统与西门子系统指令格式相同，其格式、参数含义、使用说明见表 4-13。

表 4-13 圆弧插补"终点坐标+圆心坐标"指令格式、参数含义及使用说明

数控系统	发那科系统	西门子系统
指令格式	G18 G02/G03 X(U)__ Z(W)__ I__ K__ F__;	G90 G18 G02/G03 X__ Z__ I__ K__ F__;
参数含义	X、Z:圆弧插补终点的绝对坐标 U、W:圆弧插补终点相对于起点的增量坐标 I、K:圆弧圆心相对圆弧起点的增量坐标,有正负之分,与坐标轴方向相同为正,相反为负,且I一般为半径值 F:进给速度	X、Z:圆弧插补终点的绝对坐标 I、K:圆弧圆心相对圆弧起点的增量坐标,有正负之分,与坐标轴方向相同为正,相反为负,且I一般为半径值 F:进给速度
图例(前置刀架)	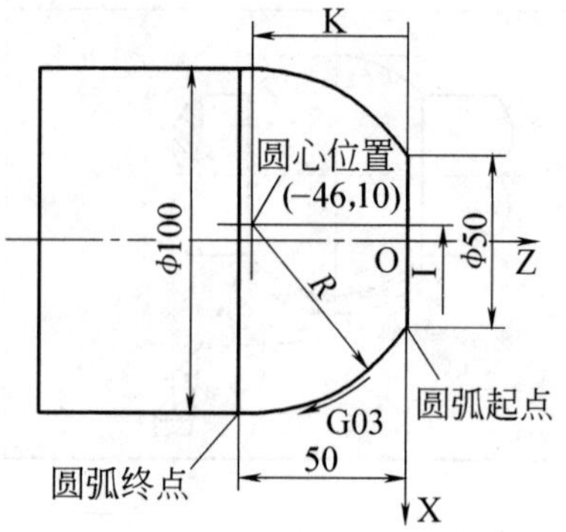	
	发那科系统程序 G18 G03 X100.0 Z-50.0 I-30.0 K-46.0 F0.2; 或 G18 G03 U50.0 W-50.0 I-30.0 K-46.0 F0.2;	西门子系统程序 G18 G90 G03 X100.0 Z-50.0 I-30.0 K-46.0 F0.2;

　　(2) 发那科系统轮廓封闭切削循环(固定形状粗车复合循环)指令 G73　对径向尺寸不呈单向递增或单向递减的轮廓,发那科系统中应调用固定形状粗车循环 G73 指令进行粗加工,调用 G70 循环指令进行精加工。固定形状粗车复合循环指令格式、参数含义等见表 4-14。

表 4-14 发那科系统固定形状粗车复合循环指令格式、参数含义等

指令格式	G73 UΔi WΔk Rd; G73 Pns Qnf UΔu WΔw F(Δf);
参数含义	Δi:X 方向总退刀量,半径值 Δk:Z 方向总退刀量 d:循环次数 ns:精加工路线的第一个程序段的段号 nf:精加工路线的最后一个程序段的段号 Δu:X 方向精加工余量,直径值,一般取 0.5mm 左右,加工内轮廓时为负值 Δw:Z 方向精加工余量,一般取 0.05~0.1mm Δf:粗车时的进给量

（续）

切削循环动作次序	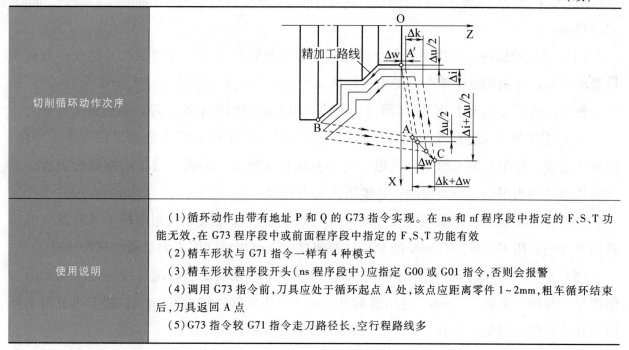
使用说明	（1）循环动作由带有地址 P 和 Q 的 G73 指令实现。在 ns 和 nf 程序段中指定的 F、S、T 功能无效，在 G73 程序段中或前面程序段中指定的 F、S、T 功能有效 （2）精车形状与 G71 指令一样有 4 种模式 （3）精车形状程序段开头（ns 程序段中）应指定 G00 或 G01 指令，否则会报警 （4）调用 G73 指令前，刀具应处于循环起点 A 处，该点应距离零件 1~2mm，粗车循环结束后，刀具返回 A 点 （5）G73 指令较 G71 指令走刀路径长，空行程路线多

（3）刀尖圆弧半径补偿指令对成形面的影响　刀尖圆弧半径的存在在加工圆弧表面时同样会产生过切削或欠切削现象，从而使圆弧尺寸或形状产生误差，如图 4-10 所示。对于精度要求高的成形表面，为消除刀尖圆弧半径的影响，编程中需要使用刀尖圆弧半径补偿功能指令。

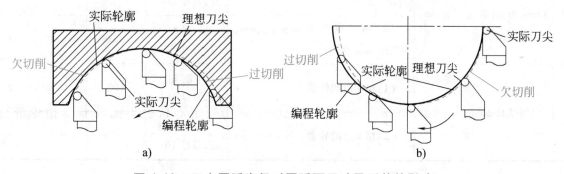

图 4-10　刀尖圆弧半径对圆弧面尺寸及形状的影响

a）刀尖圆弧半径对凹圆弧面尺寸、形状的影响　b）刀尖圆弧半径对凸圆弧面尺寸、形状的影响

任务实施

使用 FANUC 0i Mate-TD 或 SINUMERIK 828D 系统数控车床实施任务。本任务零件主要由圆柱面和凸圆弧面构成，为简化编程及计算，采用粗车复合循环指令编写粗、精车程序。其中有一段圆弧半径尺寸未知，编程时需采用"终点坐标+圆心坐标"指令格式。

1. 工艺分析

（1）球头部分的尺寸计算　已知球头部分半径为 13mm，还需计算出圆柱 $\phi 16_{-0.1}^{0}$ mm 和球面截交点 Z 方向的坐标才能进行编程,其 Z 方向到坐标原点的距离 $= 13\text{mm} + \sqrt{13^2 - 8^2}\ \text{mm} = 23.247\text{mm}$。

(2)刀具的选择 选用硬质合金焊接式车刀或可转位车刀。轮廓面尺寸精度、表面质量要求较高,分别用粗、精车刀加工;轮廓面存在台阶,车刀主偏角应大于或等于 90°。此外,轮廓面有圆心角大于 90° 的凸圆弧,为防止刀具副切削刃干涉,刀具副偏角应足够大。

(3)零件加工工艺路线的制订 本任务零件尺寸精度和表面质量要求较高,需分粗、精加工完成。按单件加工原则,先粗、精车左端轮廓表面,再粗、精车右端轮廓表面。工件总长通过调头手动车端面控制。具体工艺见表 4-15。

(4)量具的选择 外圆尺寸选用外径千分尺测量,长度尺寸选用游标卡尺测量,两圆弧面则分别选用 $R8\text{mm}$、$R13\text{mm}$ 的半径样板测量,表面粗糙度用表面粗糙度样板比对。

(5)切削用量的选择 粗车圆弧表面,当数控车刀强度足够时应尽可能选择较大的切削用量,背吃刀量取 2~3mm,进给量取 0.2mm/r,主轴转速取 600r/min,精车用量同车外圆。具体切削用量见表 4-15。

表 4-15 球头拉杆零件加工工艺

工序名	定位（装夹面）	工步序号及内容	刀具及刀号	主轴转速 n/(r/min)	进给量 f/(mm/r.)	背吃刀量 a_p/mm
车削	夹住外圆毛坯,伸出30mm,粗、精车 $\phi16_{-0.043}^{0}\text{mm}$、$\phi12_{-0.1}^{0}\text{mm}$ 外圆	（1）粗车 $\phi16_{-0.043}^{0}\text{mm}$、$\phi12_{-0.1}^{0}\text{mm}$ 外圆	外圆粗车刀,刀号 T01	600	0.2	2~3
		（2）精车端面及 $\phi16_{-0.043}^{0}\text{mm}$、$\phi12_{-0.1}^{0}\text{mm}$ 外圆	外圆精车刀,刀号 T02	1000	0.1	0.2
	调头夹住 $\phi16_{-0.043}^{0}\text{mm}$ 外圆	（1）粗车右端轮廓	外圆粗车刀,刀号 T01	600	0.2	2~3
		（2）精车右端轮廓	外圆精车刀,刀号 T02	1000	0.1	0.2

2. 程序编制

(1)粗、精车 $\phi16_{-0.043}^{0}\text{mm}$、$\phi12_{-0.1}^{0}\text{mm}$ 外圆的加工程序 编程时工件坐标系原点选择在装夹后零件右端面中心点,发那科系统采用固定形状粗车复合循环指令 G73 粗车,用 G70 循环指令精车;西门子系统采用 CYCLE952 循环粗、精车。参考程序见表 4-16,发那科系统程序名为 "O0042",西门子系统程序名为 "SKC0042.MPF"。

西门子系统精车零件左端轮廓子程序 L0421.SPF 见表 4-17。

(2)粗、精车右端成形面的加工程序 工件坐标系原点选择在装夹后零件右端面中心点,发那科系统采用固定形状粗车复合循环指令 G73 粗车,G70 循环精车;西门子系统采用 CYCLE952 循环粗、精车。参考程序见表 4-18,发那科系统程序名为 "O0142",西门子系统程序名为"SKC0142.MPF"。

表 4-16 粗、精车左端轮廓参考程序

程序段号	程序内容(发那科系统)	程序内容(西门子系统)	程序说明
N10	G40 G21 G99 G18 G80;	G40 G71 G95 G18 G90;	参数初始化
N20	M03 S600 T0101 F0.2;	M03 S600 T01 F0.2;	选择 T01 外圆粗车刀,主轴正转,转速为 600r/min,进给速度为 0.2mm/r
N30	G00 X36.0 Z5.0 M08;	G00 X36.0 Z5.0 M08;	刀具快速移动至循环起点,切削液开
N40	G73 U2.0 W2.0 R3.0;	CYCLE952("L0421",,"", 2201411,0.1……);	设置循环参数,调用循环粗加工轮廓
N50	G73 P60 Q120 U0.4 W0.1;		
N60	G00 X0;		发那科系统轮廓精加工程序段,西门子系统轮廓加工子程序见表 4-17
N70	G01 Z0;		
N80	X11.95,C1.0;		
N90	Z-7.95;		
N100	X15.979;		
N110	Z-22.95;		
N120	X30.0;		
N130	G00 X100.0 Z200.0 M09;	G00 X100.0 Z200.0 M09;	刀具返回换刀点,切削液关
N140	T0202;	T02;	换 T02 号精车刀
N150	M03 S1000 F0.1 M08;	M03 S1000 F0.1 M08;	设置精车转速和进给速度,切削液开
N160	G70 P60 Q120;	CYCLE952("L0421",,"", 2101421,……);	调用轮廓精车循环精车轮廓
N170	G00 X100.0 Z200.0 M09;	G00 X100.0 Z200.0 M09;	刀具返回换刀点,切削液关
N180	M05;	M05;	主轴停
N190	M30;	M30;	程序结束

表 4-17 西门子系统精车左端轮廓子程序 L0421.SPF

程序段号	程序内容	程序说明
N10	G01 X0 Z0;	刀具移至工件原点
N20	X11.95 CHF=1.414;	车端面,倒角
N30	Z-7.95;	车 $\phi12_{-0.1}^{0}$mm 外圆
N40	X15.979;	车台阶
N50	Z-22.95;	车 $\phi16_{-0.043}^{0}$mm 外圆
N60	X30.0;	车至毛坯外圆
N70	M17;	子程序结束

表4-18　粗、精加工右端成形面参考程序

程序段号	程序内容(发那科系统)	程序内容(西门子系统)	程序说明
N10	G40 G21 G99 G18 G80;	G40 G71 G95 G18;	参数初始化
N20	M03 S600 T0101 F0.2;	M03 S600 T01 F0.2;	选择T01外圆粗车刀,主轴正转,转速为600r/min,进给速度为0.2mm/r
N30	G00 X36.0 Z5.0 M08;	G00 X36.0 Z5.0 M08;	刀具快速移动至循环起点,切削液开
N40	G73 U2.0 W2.0 R3.0;	CYCLE952 ("L0422",,"", 2201411,0.2……);	设置循环参数,调用循环粗加工轮廓
N50	G73 P60 Q120 U0.4 W0.1;		
N60	G00 X0;		发那科系统轮廓精加工程序段,西门子系统轮廓加工子程序见表4-19
N70	G01 Z0;		
N80	G03 X15.95 Z-23.247 R13.0;		
N90	G01 Z-29.0;		
N100	G03 X19.95 Z-34.95 I-10.0 K-5.3;		
N110	G01 Z-36.0;		
N120	X32.0;		
N130	G00 X100.0 Z200.0;	G00 X100.0 Z200.0;	刀具返回换刀点
N140	T0202;	T02;	换T02号精车刀
N150	M03 S1000 F0.1 M08;	M03 S1000 F0.1 M08;	设置精车转速和进给速度
N160	G70 P60 Q120;	CYCLE952 ("L0422",,"", 2101421,0.1……);	调用轮廓精车循环精车轮廓
N170	G00 X100.0 Z200.0 M09;	G00 X100.0 Z200.0 M09;	刀具返回换刀点,切削液关
N180	M05;	M05;	主轴停
N190	M30;	M30;	程序结束

西门子系统精车零件右端轮廓子程序 L0422.SPF 见表4-19。

表4-19　西门子系统精车零件右端轮廓子程序 L0422.SPF

程序段号	程序内容	程序说明
N10	G01 X0 Z0;	刀具移至(X0,Z0)处
N20	G03 X15.95 Z-23.247 CR=13.0;	车 SR13mm 球
N30	G01 Z-29.0;	车 $\phi16_{-0.1}^{0}$mm 外圆
N40	G03 X19.95 Z-34.95 I-10.0 K-5.3;	车 R8mm 圆弧
N50	G01 Z-36.0;	车飞边
N60	X32.0;	刀具 X 方向切出
N70	M17;	子程序结束

3. 加工操作

（1）加工准备

1）开机，回参考点，建立机床坐标系，使机床对其后的操作有一个基准位置。

2）装夹工件。本任务共涉及两次工件装夹。第一次是夹住毛坯外圆，伸出长度为30mm左右，粗、精车 $\phi16_{-0.043}^{0}$ mm、$\phi12_{-0.1}^{0}$ mm外圆；第二次是夹住 $\phi16_{-0.043}^{0}$ mm外圆，粗、精车右端球面、凸圆弧面等，第二次装夹需要注意不能破坏已加工表面，且装夹后还需要找正工件。

3）装夹刀具。将外圆粗车刀、外圆精车刀分别装夹在T01、T02号刀位，使刀具刀尖与工件回转中心等高。

4）对刀操作。每次装夹工件后将外圆粗、精车刀分别进行对刀，并分别进行验证。

5）输入程序并校验。将程序全部输入机床数控系统，分别调出主程序，设置空运行及仿真，校验程序并观察刀具轨迹，程序校验结束后取消空运行等设置。也可以采用数控仿真软件进行仿真校验。

（2）零件加工

1）粗、精车 $\phi16_{-0.043}^{0}$ mm、$\phi12_{-0.1}^{0}$ mm外圆，加工步骤如下。

① 调出"O0042"或"SKC0042.MPF"程序，检查工件、刀具是否按要求夹紧，刀具是否已对刀，将外圆精车刀X向磨损量设置为0.2mm，Z向磨损量设置为0.1mm。

② 选择自动加工模式，调小进给倍率，按数控启动键进行自动加工。加工中观察切削情况，逐步将进给倍率调至适当大小。

③ 当程序运行结束后停机测量，根据测得的实际结果修调精车刀刀具磨损值。

④ 重新打开程序，从N140段运行，精车轮廓，进行尺寸控制。

⑤ 重复执行③、④步骤，直至外圆和长度尺寸达到图样要求。

2）调头夹住 $\phi16_{-0.043}^{0}$ mm外圆，粗、精车零件右端轮廓，步骤如下。

① 调出"O0142"或"SKC0142.MPF"程序，检查工件、刀具是否按要求夹紧，刀具是否已对刀，将外圆精车刀刀具X向磨损设置为0.2mm，Z向磨损量设置为0.1mm。

② 选择自动加工模式，调小进给倍率，按数控启动键进行自动加工。加工中观察切削情况，逐步将进给倍率调至适当大小。

③ 程序运行结束后，测量轮廓实际尺寸，根据实测结果修调外圆车刀磨损量。

④ 重新打开程序，从N140运行，精车外圆，进行尺寸控制。

⑤ 重复执行③、④步骤，直至尺寸达到图样要求。

3）加工结束后及时清扫机床。

检测评分

将任务完成情况的检测与评价填入表4-20中。

任务反馈

在任务完成过程中，分析是否出现表 4-21 所列问题，了解其产生原因，并提出修正措施。

表 4-20　球头拉杆的加工检测评价表

序号	检测项目	检测内容及要求	配分	学生自检	学生互检	教师检测	得分
1	职业素养	文明、礼仪	5				
2		安全、纪律	10				
3		行为习惯	5				
4		工作态度	5				
5		团队合作	5				
6	制订工艺	(1)选择装夹与定位方式 (2)选择刀具 (3)选择加工路径 (4)选择合理的切削用量	5				
7	程序编制	(1)编程坐标系选择正确 (2)指令使用与程序格式正确 (3)基点坐标正确	10				
8	机床操作	(1)开机前检查、开机、回参考点 (2)工件装夹与对刀 (3)程序输入与校验	5				
9	零件加工	$\phi20_{-0.1}^{0}\,\mathrm{mm}$	3				
10		$\phi16_{-0.043}^{0}\,\mathrm{mm}$	5				
11		$\phi12_{-0.1}^{0}\,\mathrm{mm}$	3				
12		$\phi16_{-0.1}^{0}\,\mathrm{mm}$	3				
13		$58\mathrm{mm}\pm0.1\mathrm{mm}$	5				
14		$15_{-0.1}^{0}\,\mathrm{mm}$	3				
15		$8_{-0.1}^{0}\,\mathrm{mm}$	3				
16		$6_{-0.1}^{0}\,\mathrm{mm}$	3				
17		$C1$	2				
18		$SR13\mathrm{mm}$	8				
19		$R8\mathrm{mm}$	8				
20		表面粗糙度值 $Ra3.2\mu\mathrm{m}$	4				
	综合评价						

表 4-21　球头拉杆加工出现的问题、产生原因及修正措施

问题	产生原因	修正措施
程序报警	（1）圆弧尺寸计算错误	
	（2）编程尺寸输入错误	
	（3）循环参数设置不当	
	（4）程序输入错误	
圆弧尺寸超差	（1）编程尺寸计算错误	
	（2）编程尺寸输入错误	
	（3）刀具磨损设置不当	
	（4）测量错误	
表面粗糙度超差	（1）刀具刚性较差	
	（2）刀具角度不正确或刀具磨损	
	（3）切削用量选择不当	
	（4）刀具副切削刃与圆弧表面发生干涉	

任务拓展

加工图 4-11 所示手柄。材料为 45 钢，毛坯为 $\phi25\text{mm}\times85\text{mm}$ 棒料。

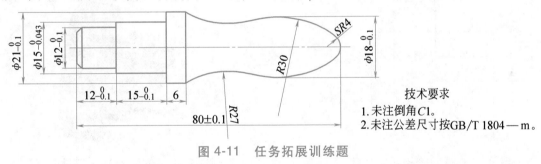

图 4-11　任务拓展训练题

任务拓展实施提示：零件是由凹凸圆弧组成的手柄，三段圆弧相切，切点坐标需通过二维 CAD 软件查找。加工时应先粗、精加工左端圆柱面，再夹住 $\phi15_{-0.043}^{0}\text{mm}$ 外圆面车右端成形面。外圆精车刀主、副偏角应选择较大一些，预防干涉。手柄直径较小，切削用量选择较小，粗车余量采用固定形状粗车复合循环指令加工。其他工艺同本任务。

任务三　球面管接头的加工

任务描述

球面管接头常用于液压系统管路连接，因其密封性好且能旋转一定角度而得到广泛应

用。图 4-12 所示为球面管接头组件之一，材料为 45 钢，毛坯为 φ65mm×45mm 棒料。零件主要加工表面为 R20mm 内球面，其他外圆、内孔精度要求不高。使用 FANUC 0i Mate-TD 或 SINUMERIK 828D 系统数控车床完成其编程加工。球面管接头加工后的三维效果图如图 4-13 所示。

知识目标

1. 掌握圆弧过渡指令及其应用。
2. 了解内圆弧面加工工艺特点。
3. 掌握内圆弧面加工程序的编制方法。

技能目标

1. 会制订内圆弧面加工工艺。
2. 会编写内圆弧面加工程序。
3. 会加工球面管接头并达到一定的精度要求。

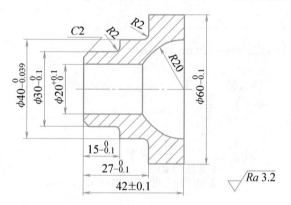

图 4-12　球面管接头零件图

图 4-13　球面管接头三维效果图

知识准备

加工球面管接头的主要问题是如何加工内圆弧面，而内圆弧面与外圆弧面的加工过程基本相同，包括刀具的选择、粗车加工路径的确定、编程等。

1. 加工内圆弧面的车刀及其选用

车内圆弧面的刀具与内孔车刀相同，通过考虑圆弧面形状来选择合适的主、副偏角，避免主、副切削刃发生干涉，如图 4-14 所示。当内圆弧无预制孔时，车刀主偏角必须大于 90°。

2. 内圆弧面粗车的方法

粗车内圆弧面时各点余量不等，需分层切削，常用的车削方法有车锥法和车球法，如

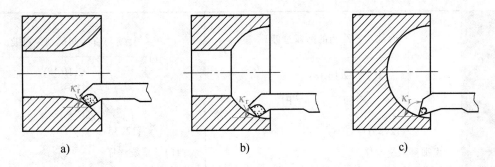

图 4-14　加工内圆弧面的车刀角度选择

a）加工内凸圆弧面的车刀　b）加工内凹圆弧面的车刀　c）加工无预制孔的内圆弧面的车刀

图 4-15 所示。

3. 内圆弧面测量用量具

测量内圆弧面半径主要采用半径样板，表面粗糙度用表面粗糙度样板比对。

4. 切削用量

车内圆弧面时的切削用量与车外圆弧面的切削用量选择基本相同。粗车时背吃刀量取 2～3mm，进给速度取 0.2～0.3mm/r，主轴转速取 500～700r/min。精车时，余量取 0.1～0.3mm，进给速度取 0.08～0.15mm/r，主轴转速取 800～1000r/min。

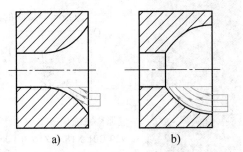

图 4-15　内圆弧面车削方法

a）车锥法　b）车球法

5. 编程知识

内圆弧面精加工沿轮廓线用圆弧插补指令编程；粗加工根据选用的粗车路径进行编程。发那科系统用粗车复合循环指令 G71 或固定形状粗车复合循环指令 G73 编程，西门子系统用 CYCLE952 轮廓循环编程。

轮廓间有圆弧过渡时，为方便编程，还可采用圆弧过渡（倒圆）指令编程，其指令格式、参数含义和使用说明见表 4-22。

表 4-22　圆弧过渡指令格式、参数含义和使用说明

数控系统	发那科系统	西门子系统
指令格式	G01 X（U）__ Z（W）__ F __ ,R __ ;	G01 X __ Z __ RND = __ F __ ;
参数含义	X、Z:拐角点绝对坐标 U、W:拐角点相对于起点的增量坐标 F:进给速度 R:拐角半径	X、Z:拐角点绝对坐标 RND:拐角半径 F:进给速度

（续）

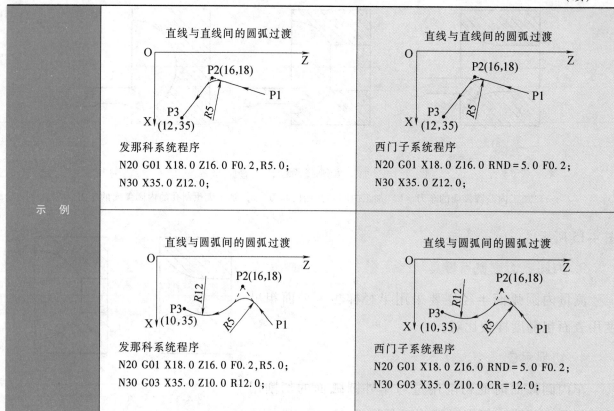

示 例

直线与直线间的圆弧过渡	直线与直线间的圆弧过渡
发那科系统程序 N20 G01 X18.0 Z16.0 F0.2,R5.0； N30 X35.0 Z12.0；	西门子系统程序 N20 G01 X18.0 Z16.0 RND=5.0 F0.2； N30 X35.0 Z12.0；
直线与圆弧间的圆弧过渡	直线与圆弧间的圆弧过渡
发那科系统程序 N20 G01 X18.0 Z16.0 F0.2,R5.0； N30 G03 X35.0 Z10.0 R12.0；	西门子系统程序 N20 G01 X18.0 Z16.0 RND=5.0 F0.2； N30 G03 X35.0 Z10.0 CR=12.0；

任务实施

　　选用 FANUC 0i Mate-TD 或 SINUMERIK 828D 系统数控车床实施任务。本任务除完成外圆表面车削外，重点是内圆弧面的编程与加工。

1. 工艺分析

　　（1）内圆弧面编程的尺寸计算　内圆弧面编程时还需计算圆弧插补终点的 Z 方向值，计算方法同上任务，$Z = \sqrt{20^2 - 10^2}$ mm = 17.32mm。

　　（2）刀具的选择　本任务需用到外圆粗、精车刀及内孔粗、精车刀，为避免发生干涉，内孔车刀主偏角需足够大。此外，车内圆弧面之前还要用到中心钻、麻花钻等刀具进行钻中心孔和钻孔。

　　（3）零件加工工艺路线的制订　零件内、外轮廓表面都分粗、精加工完成；粗加工内圆弧面时，为减少编程及计算，采用粗车复合循环指令完成。具体加工工艺过程见表4-23。

　　（4）量具的选择　本任务零件长度尺寸用游标卡尺测量；外圆尺寸用外径千分尺测量，内孔直径用内径百分表测量，内、外圆弧面用 R2mm、R20mm 半径样板测量，表面粗糙度用表面粗糙度样板比对。

　　（5）切削用量的选择　工件材料为45钢，粗、精加工外圆，粗、精加工内表面，钻中心孔，钻孔等切削用量同前面任务。具体数值见表4-23。

表 4-23　车球面管接头加工工艺

工序名	定位 (装夹面)	工步序号及内容	刀具及刀号	主轴转速 $n/(r/min)$	进给量 $f/(mm/r)$	背吃刀量 a_p/mm
车削	夹住 $\phi60^{0}_{-0.1}$ mm 毛坯外圆	(1)手动钻中心孔	A3 中心钻	1000	0.1	
		(2)手动钻孔	$\phi16$ mm 麻花钻	400	0.1	
		(3)粗车端面、$\phi40^{0}_{-0.039}$ mm 及 $\phi30^{0}_{-0.1}$ mm 外圆	外圆粗车刀,刀号 T01	600	0.2	2~3
		(4)精车端面、$\phi40^{0}_{-0.039}$ mm 及 $\phi30^{0}_{-0.1}$ mm 外圆	外圆精车刀,刀号 T02	1000	0.1	0.2
	调头夹住 $\phi40^{0}_{-0.039}$ mm 外圆	(1)粗车端面及 $\phi60^{0}_{-0.1}$ mm 外圆	外圆粗车刀,刀号 T01	600	0.2	2~3
		(2)精车端面及 $\phi60^{0}_{-0.1}$ mm 外圆	外圆精车刀,刀号 T02	1000	0.1	0.2
		(3)粗车内轮廓面	内孔粗车刀,刀号 T03	600	0.2	2
		(4)精车内轮廓面	内孔精车刀,刀号 T04	800	0.1	0.2

2. 程序编制

（1）粗、精车端面、$\phi40^{0}_{-0.039}$ mm 及 $\phi30^{0}_{-0.1}$ mm 外圆的加工程序　编程时工件坐标系原点选择在装夹后零件右端面中心点，取刀尖为刀位点，采用轮廓切削循环进行粗、精车，外圆粗车前安排手动钻中心孔和钻孔。参考程序见表 4-24，发那科系统程序名为"O0043"，西门子系统程序名为"SKC0043.MPF"。

表 4-24　球面管接头左端轮廓粗、精车参考程序

程序段号	程序内容(发那科系统)	程序内容(西门子系统)	程序说明
N10	G40 G21 G99 G18 G80;	G40 G71 G95 G18 G90;	参数初始化
N20	M03 S600 T0101 F0.2;	M03 S600 T01 F0.2;	选择 T01 外圆粗车刀,主轴正转,转速为 600r/min,进给速度为 0.2mm/r
N30	G00 X70.0 Z5.0 M08;	G00 X70.0 Z5.0 M08;	刀具快速移动至循环起点,切削液开
N40	G71 U2.0 R1.0;	CYCLE952("L0431",,"", 2201411,0.2……);	设置循环参数,调用循环粗加工轮廓
N50	G71 P60 Q120 U0.4 W0.1;		
N60	G00 X0;		
N70	G01Z0;		
N80	X29.95,C2.0;		发那科系统精车轮廓程序段,西门子系统轮廓加工子程序见表 4-25
N90	Z-14.95,R2.0;		
N100	X39.981;		
N110	Z-26.95,R2.0;		
N120	X62.0;		

（续）

程序段号	程序内容（发那科系统）	程序内容（西门子系统）	程序说明
N130	G28 U0 W0;	G74 X1=0 Z1=0;	刀具回参考点
N140	T0202;	T02;	换 T02 号外圆精车刀
N150	M03 S1000 F0.1 M08;	M03 S1000 F0.1 M08;	精车转速 1000r/min，进给速度为 0.1mm/r
N160	G00 X70.0 Z5.0;	G00 X70.0 Z5.0;	刀具移至循环起点
N170	G70 P60 Q120;	CYCLE952（"L0431",,," ", 2101421,0.1,……）;	调用精车循环精车外轮廓
N180	G00 X100.0 Z200.0 M09;	G00 X100.0 Z200.0 M09;	刀具退回至换刀点，切削液关
N190	M05;	M05;	主轴停
N200	M30;	M30;	程序结束

西门子系统精车零件左端轮廓子程序 L0431.SPF 见表 4-25。

表 4-25　西门子系统精车零件左端轮廓子程序 L0431.SPF

程序段号	程序内容	程序说明
N10	G01 Z0 X0;	刀具移至（X0,Z0）处
N20	X29.95 CHF=2.828;	车端面并倒角 C2
N30	Z-14.95 RND=2.0;	车 $\phi 30_{-0.1}^{0}$mm 外圆并倒圆 R2mm
N40	X39.981;	车阶梯面
N50	Z-26.95 RND=2.0;	车 $\phi 40_{-0.039}^{0}$mm 外圆并倒圆 R2mm
N60	X62.0;	刀具 X 方向切出
N70	M17;	子程序结束

（2）粗、精车 $\phi 60_{-0.1}^{0}$mm 外圆及内轮廓的加工程序　工件坐标系原点选择在装夹后零件右端面中心点。参考程序见表 4-26，发那科系统程序名为"O0143"，西门子系统程序名为"SKC0143.MPF"。

表 4-26　粗、精车 $\phi 60_{-0.1}^{0}$mm 外圆及内轮廓参考程序

程序段号	程序内容（发那科系统）	程序内容（西门子系统）	程序说明
N10	G40 G99 G21 G18 G80;	G40 G95 G71 G18 G90;	参数初始化
N20	M03 S600 T0101;	M03 S600 T01;	主轴正转，转速为 600r/min，选 T01 号外圆粗车刀
N30	G00 X70.0 Z5.0 M08;	G00 X70.0 Z5.0 M08;	刀具快速移至循环起点，切削液开
N40	G90 X60.4 Z-15.5 F0.2;	X60.4;	粗车 ϕ60mm 外圆
N50		G01 Z-15.5 F0.2;	
N60		X64.0;	
N70		G00Z5.0;	
N80	G00 X100.0 Z200.0 M09;	G00 X100.0 Z200.0 M09;	刀具返回换刀点，切削液关

（续）

程序段号	程序内容（发那科系统）	程序内容（西门子系统）	程序说明
N90	T0202;	T02;	换 T02 号外圆精车刀
N100	M03 S1000 M08;	M03 S1000 M08;	精车外圆，转速为 1000r/min，切削液开
N110	G00 X10.0 Z5.0;	G00 X10.0 Z5.0;	刀具移至切削起点
N120	G01 Z0 F0.1;	G01 Z0 F0.1;	车至工件端面，进给速度为 0.1mm/r
N130	X59.95;	X59.95;	精车端面
N140	Z-15.5;	Z-15.5;	精车 $\phi 60_{-0.1}^{0}$mm 外圆
N150	X64.0;		刀具切出
N160	G00 X100.0 Z200.0;	G00 X100.0 Z200.0;	刀具返回至换刀点
N170	M00 M05 M09;	M00 M05 M09;	程序停，主轴停，切削液关，测量
N180	T0303;	T03;	换内孔粗车刀
N190	M03 S600 F0.2 M08;	M03 S600 F0.2 M08;	设置车内孔转速，进给速度，切削液开
N200	G00 X5.0 Z5.0;	G00 X5.0 Z5.0;	刀具快速移动至循环起点
N210	G71 U2.0 R1.0;	CYCLE952（"L0432",，" "，2102411,0.2……）;	设置循环参数，调用循环粗加工内轮廓
N220	G71 P230 Q270 U-0.4 W0.1;		
N230	G00 X40.0;		发那科系统轮廓精加工程序段，西门子系统轮廓加工子程序见表4-27
N240	G01 Z0;		
N250	G03 X20.05 Z-17.32 R20;		
N260	G01 Z-43.0;		
N270	X15.0;		
N280	G00 X100.0 Z200.0;	G00 X100.0 Z200.0;	刀具返回换刀点
N290	T0404;	T04;	换 T04 号内孔精车刀
N300	M03 S800 F0.1;	M03 S800 F0.1;	精车转速为 800r/min，进给速度为 0.1mm/r
N310	G00 X5.0 Z5.0;	G00 X5.0 Z5.0;	刀具移至循环起点
N320	G70 P230 Q270;	CYCLE952（"L0432",，" "，2102421,0.1……）;	调用精车循环精车内轮廓
N330	G00 X100.0 Z200.0 M09;	G00 X100.0 Z200.0 M09;	刀具退回至换刀点，切削液关
N340	M05;	M05;	主轴停
N350	M30;	M30;	程序结束

西门子系统精车零件右端内轮廓子程序 L0432.SPF 见表 4-27。

3. 加工操作

（1）加工准备

1）开机，回参考点，建立机床坐标系，使机床对其后的操作有一个基准位置。

表 4-27　西门子系统精车零件右端内轮廓子程序 L0432. SPF

程序段号	程序内容	程序说明
N10	G01 X40.0;	刀具移至 X40 处
N20	Z0;	刀具切削至端面
N30	G03 X20.05 Z-17.32 CR=20;	车 R20mm 内圆弧面
N40	G01 Z-43.0;	车 $\phi20^{+0.1}_{0}$mm 内孔
N50	X15.0;	车至 X15
N60	M17;	子程序结束

2）装夹工件。本任务共有两次装夹。第一次夹住毛坯外圆，伸出长度为 32mm 左右，粗、精车左端轮廓；第二次夹住 $\phi40^{0}_{-0.039}$mm 外圆，粗、精车右端面、$\phi60^{0}_{-0.1}$mm 外圆及内轮廓面。第二次装夹时，不能破坏已加工表面且工件需要进行找正。

3）装夹刀具。将外圆粗车刀、外圆精车刀、内孔粗车刀、内孔精车刀分别装夹在 T01、T02、T03、T04 号刀位，使刀具刀尖与工件回转中心等高，将中心钻、麻花钻分别装夹在尾座套筒中，钻头中心与工件回转中心重合。

4）对刀操作。每次装夹工件后，分别将需要用到的车刀采用试切法对刀，并将对刀数据分别输入到刀具相应长度补偿中，对刀完成后，分别进行 X、Z 方向对刀测试，检验对刀是否正确。

5）输入程序并校验。将程序全部输入机床数控系统，分别调出各程序，设置空运行及仿真，校验程序并观察刀具轨迹，程序校验结束后取消空运行等设置。也可以采用数控仿真软件进行仿真校验。

（2）零件加工

1）粗、精车端面、$\phi40^{0}_{-0.039}$mm 及 $\phi30^{0}_{-0.1}$mm 外圆，加工步骤如下。

① 检查工件、刀具是否按要求夹紧，刀具是否已对刀，将外圆精车刀 X、Z 方向磨损量分别输入 0.2mm、0.1mm。

② 对刀时车平端面，安排手动钻中心孔和手动钻孔。

③ 调出"O0043"或"SKC0043. MPF"程序，选择自动加工模式，调小进给倍率，按数控启动键进行自动加工。加工中观察切削情况，逐步将进给倍率调至适当大小。

④ 程序运行结束后，测量外圆尺寸并修调外圆精车刀刀具磨损量，进行尺寸控制。

2）粗、精车 $\phi60^{0}_{-0.1}$mm 外圆及内轮廓，加工步骤如下。

① 调出"O0143"或"SKC0143. MPF"程序，检查工件、刀具是否按要求夹紧，刀具是否已对刀，将外圆精车刀及内孔精车刀设置一定的刀具磨损量，内孔精车刀设置刀尖圆弧半径 0.2mm 和刀具位置号 2。

② 选择自动加工模式，调小进给倍率，按数控启动键进行自动加工。加工中观察切削情况，逐步将进给倍率调至适当大小。

③ 程序运行至 N170 停机，测量 $\phi 60_{-0.1}^{0}$ mm 外圆尺寸，调整机床外圆精车刀 X 方向磨损量，进行尺寸控制。

④ 外圆尺寸符合要求后，运行车内轮廓程序。

⑤ 程序结束后测量内孔及内圆弧面尺寸，修调内孔精车刀刀具磨损量，进行尺寸控制，控制方法同上。

3）加工结束后及时清扫机床。

 检测评分

将任务完成情况的检测与评价填入表 4-28 中。

表 4-28　球面管接头的加工检测评价表

序号	检测项目	检测内容及要求	配分	学生自检	学生互检	教师检测	得分
1	职业素养	文明、礼仪	5				
2		安全、纪律	10				
3		行为习惯	5				
4		工作态度	5				
5		团队合作	5				
6	制订工艺	(1)选择装夹与定位方式 (2)选择刀具 (3)选择加工路径 (4)选择合理的切削用量	5				
7	程序编制	(1)编程坐标系选择正确 (2)指令使用与程序格式正确 (3)基点坐标正确	10				
8	机床操作	(1)开机前检查、开机、回参考点 (2)工件装夹与对刀 (3)程序输入与校验	5				
9	零件加工	$\phi 60_{-0.1}^{0}$ mm	5				
10		$\phi 40_{-0.039}^{0}$ mm	5				
11		$\phi 30_{-0.1}^{0}$ mm	5				
12		$\phi 20_{0}^{+0.1}$ mm	5				
13		42mm±0.1mm	5				
14		$27_{-0.1}^{0}$ mm	3				
15		$15_{-0.1}^{0}$ mm	3				
16		R20mm	8				
17		R2mm	5				
18		C2	2				
19		表面粗糙度值 Ra3.2μm	4				
	综合评价						

任务反馈

在任务完成过程中，分析是否出现表4-29所列问题，了解其产生原因，并提出修正措施。

表 4-29　球面管接头加工出现的问题、产生原因及修正措施

问题	产生原因	修正措施
程序报警	(1)编程尺寸计算错误	
	(2)程序输入错误	
	(3)循环参数设置不正确	
	(4)编程格式错误	
直径或长度尺寸不正确	(1)编程尺寸计算或输入错误	
	(2)对刀不准确	
	(3)测量错误	
表面粗糙度超差	(1)刀杆刚性不足,产生振动	
	(2)刀具角度不正确或刀具磨损	
	(3)切削用量选择不当	
	(4)刀杆与内孔表面发生干涉	

任务拓展

加工图 4-16 所示零件。材料为 45 钢，毛坯为 φ65mm×45mm 棒料。

任务拓展实施提示：零件内外圆柱面、内圆弧面表面质量要求均较高，应将粗、精车分开进行。内孔车刀应选择主偏角大于或等于90°的车刀。内孔直径较小，切削用量应选择较小值，粗车余量采用分层切削或用毛坯切削循环加工。其他工艺同本任务。

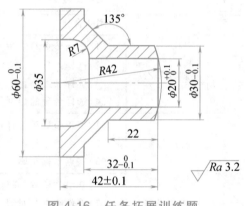

图 4-16　任务拓展训练题

项目小结

本项目通过凹圆弧滚压轴的加工、球头拉杆的加工及球面管接头的加工任务实施，对各类由圆弧曲线回转而成的成形面类零件加工刀具的选择、粗精加工工艺的编排、测量工具的确定、切削用量的选择及编程指令和编程方法进行了系统学习，基本掌握了中等复杂成形面类零件的编程与加工方法，为达到中级工水平奠定了基础。

拓展学习

"墨子号"量子
科学实验卫星

"墨子号"量子科学实验卫星是由我国自主研制的世界上首颗空间量子科学实验卫星，是利用量子纠缠效应进行信息传递的一种新型通信方式，使我国在世界上首次实现卫星和地面之间的量子通信，构建天地一体化的量子保密通

信与科学实验体系，也使我国在量子通信技术实用化整体水平上保持和扩大了国际领先地位。"墨子号"卫星之名取自于我国科学家先贤，体现了我们的文化自信。

思考与练习

1. 在数控车床上加工时，粗车凹圆弧面的车削路径有哪些？各有何特点？

2. 在 CAXA 电子图板软件中如何查找编程点坐标？

3. 卧式数控车床圆弧插补的平面选择指令是什么？

4. 如何判别圆弧插补方向？

5. 在数控车床上加工时，粗车凸圆弧面的车削路径有哪些？各有何特点？

6. 发那科系统 G73 与 G71 指令相比有何区别？

7. 如何选择车外圆弧面的车刀？

8. 使用 G73 指令的注意事项有哪些？

9. 在数控车床上加工时，内圆弧面粗车余量如何去除？

10. 发那科系统与西门子系统圆弧过渡指令有何异同？

11. 编写图 4-17 所示凹圆弧零件的数控加工程序并练习加工，材料为 45 钢，毛坯尺寸为 $\phi35\text{mm}\times60\text{mm}$。

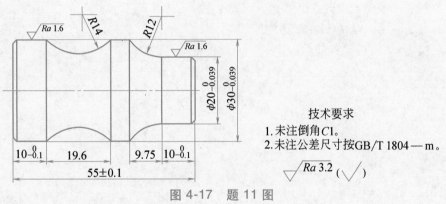

图 4-17　题 11 图

12. 编写图 4-18 所示球头手柄的数控加工程序并练习加工，材料为 45 钢，毛坯尺寸

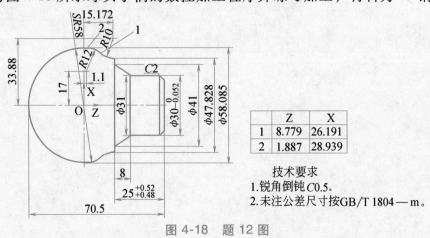

	Z	X
1	8.779	26.191
2	1.887	28.939

技术要求
1. 锐角倒钝 C0.5。
2. 未注公差尺寸按 GB/T 1804—m。

图 4-18　题 12 图

为 $\phi60mm\times75mm$。

13. 编写图 4-19 所示内圆弧面零件的数控加工程序并练习加工，材料为 45 钢，毛坯尺寸为 $\phi35mm\times30mm$。

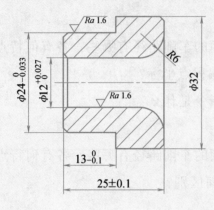

技术要求
1. 未注倒角 $C1$。
2. 未注公差尺寸按GB/T 1804—m。

$\sqrt{Ra\ 3.2}$ ($\sqrt{}$)

图 4-19　题 13 图

项目五　螺纹类零件加工

对于油气管件、轴、盘套类零件，为便于连接、固定、传动，需加工螺纹表面，如图 5-1 所示螺杆、螺纹法兰盘、管螺纹接头等。常见的螺纹种类有三角形螺纹、梯形螺纹、锯齿形螺纹、矩形螺纹等。这些位于回转表面上的螺纹大都是在车床上加工的。会在数控车床上加工各种螺纹是数控车床操作工的基本工作内容，螺纹加工也是数控车床的优势之一。本项目以普通圆柱、圆锥螺纹类零件为例介绍常见螺纹的数控加工方法。

图 5-1　典型螺纹零件

学习目标

- 掌握普通螺纹加工参数的计算方法。
- 掌握常用螺纹切削指令及其应用。
- 掌握普通外螺纹的编程与加工方法。
- 掌握普通内螺纹的编程与加工方法。
- 掌握圆锥螺纹的编程与加工方法。

任务一　　圆柱螺塞的加工

任务描述

图 5-2 所示的圆柱螺塞由普通螺纹、螺纹退刀槽、外圆面等表面构成，使用 FANUC 0i Mate-TD 或 SINUMERIK 828D 系统数控车床完成该零件加工。材料为 45 钢，毛坯为直径 ϕ20mm 的棒料。零件上的 M12×1 圆柱外螺纹为细牙普通螺纹，螺距为 1mm。圆柱螺塞加工后的三维效果图如图 5-3 所示。

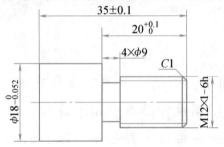

技术要求
1. 锐边倒角 C0.3。
2. 未注公差尺寸按GB/T 1804—m。
$\sqrt{}$ Ra 3.2

图 5-2　圆柱螺塞零件图

图 5-3　圆柱螺塞三维效果图

知识目标

1. 会计算普通外螺纹参数。
2. 会制订普通外螺纹的加工工艺。
3. 掌握螺纹切削指令及其应用。

技能目标

1. 会正确安装普通外螺纹车刀，会进行外螺纹车刀的对刀。
2. 会测量普通外螺纹。
3. 会加工普通外螺纹并达到一定的精度要求。

知识准备

圆柱螺塞加工的最主要问题是普通螺纹表面的加工，其精度为 6 级，表面粗糙度值为 $Ra3.2\mu m$，加工中需学习螺纹参数的计算、螺纹车刀的选择、进刀方式、切削用量的选择等工艺知识和螺纹加工指令等编程知识。

1. 普通螺纹的主要参数及计算

（1）普通螺纹的主要参数名称及计算公式见表 5-1

表 5-1　普通螺纹的主要参数名称及计算公式

参数名称	代号	计算公式
牙型角	α	$60°$
螺距	P	由公称直径确定
大径	$d(D)$	外（内）螺纹公称直径
中径	$d_2(D_2)$	$d_2 = d - 0.6495P$
牙型高度	h_1	$h_1 = 0.5413P$
小径	$d_1(D_1)$	$d_1 = d - 2h_1 = d - 1.083P$
图示	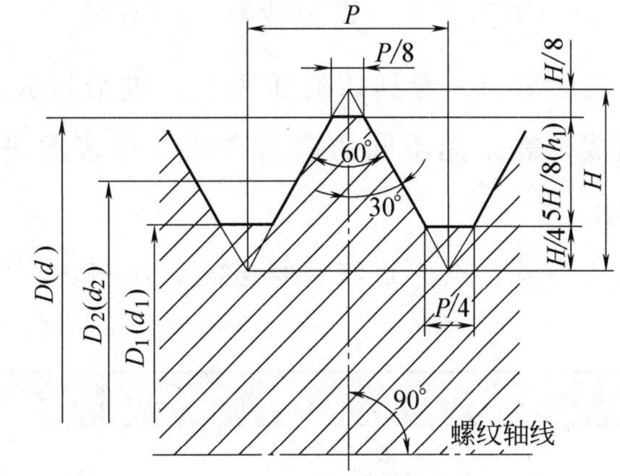	

（2）普通外螺纹实际加工、编程相关尺寸的计算　普通外螺纹实际加工和编程中涉及的尺寸有外螺纹圆柱直径、螺纹牙深、外螺纹小径等，加工中因刀尖圆弧半径、挤压等因素影响，与其理论计算公式略有差别，一般参照经验公式计算，见表 5-2。

表 5-2　普通外螺纹实际加工、编程相关尺寸计算公式

参数名称	代号	计算公式	原因及用途
外螺纹圆柱直径	$d_{圆}$	$d_{圆} = d - 0.1P$	受刀具挤压影响，外径尺寸会胀大，故车外螺纹前圆柱直径应比螺纹大径小 0.2~0.4mm，作为车外螺纹前圆柱加工、编程依据
螺纹牙深	$h_{1实}$	$h_{1实} = 0.65P$	关系到车螺纹时进刀次数、每次背吃刀量分配等
外螺纹小径	$d_{1实}$	$d_{1实} = d - 2h_{1实} = d - 1.3P$	编程时计算外螺纹牙底坐标

2. 外螺纹车刀

普通外螺纹车刀刀尖角等于螺纹牙型角 60°，结构形式有整体式、焊接式、可转位 3 种，其结构形式及使用说明见表 5-3。

表 5-3　普通外螺纹车刀的结构形式及使用说明

种类	图例	使用说明
整体式螺纹车刀		由高速钢刀杆刃磨而成，刃口较锋利，常用于低速车螺纹或精车螺纹

（续）

种类	图例	使用说明
焊接式螺纹车刀		由硬质合金刀片焊接在刀杆上制成,价格较低,常用于高速车螺纹
可转位螺纹车刀		由专门厂家生产,价格较高,不需要重磨,生产率高,是数控机床上常用的车螺纹刀具,刀片型号根据螺纹螺距选择

3. 普通螺纹车削的进刀方式及进刀次数

螺纹车刀属于成形车刀,刀具切削面积大,进给量大,切削过程中切削力大,加工螺纹不能一次加工而成,需采用不同的进刀方式,分多次进刀切削。欲提高螺纹表面质量,可增加几次光整加工。

（1）车螺纹进刀方式　有直进法、斜进法、左右切削法,其特点及应用见表5-4。

表5-4　车螺纹进刀方式的特点及应用

进刀方式	图示	特点及应用
直进法		切削力大,易扎刀,切削用量低,牙型精度高 适用于加工 $P<3$mm 的普通螺纹及精加工 $P\geqslant3$mm 的螺纹
斜进法		切削力小,不易扎刀,切削用量大,牙型精度低,表面粗糙度值大 适用于粗加工 $P\geqslant3$mm 的螺纹
左右切削法		切削力小,不易扎刀,切削用量大,牙型精度低,表面粗糙度值小 适用于 $P\geqslant3$mm 的螺纹的粗、精加工

（2）进刀次数及背吃刀量的分配　采用直进法进刀,刀具越接近螺纹牙根,切削面积越大;为避免因切削力过大而损坏刀具,每次进刀的深度应越来越小,如图5-4所示。

车削常见螺距的螺纹时进刀次数及背吃刀量的分配见表5-5。

（3）螺纹切削空刀导入量和退出量　由于数控

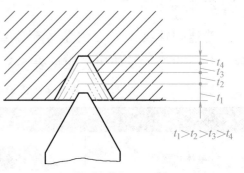

$t_1>t_2>t_3>t_4$

图5-4　车螺纹背吃刀量的分配

表 5-5　常见螺距的螺纹切削进刀次数及背吃刀量

螺纹种类		米制螺纹						
螺距/mm		1	1.5	2	2.5	3	3.5	4
牙深（半径值）/mm		0.65	0.975	1.3	1.625	1.95	2.275	2.6
切削深度（直径值）/mm		1.3	1.95	2.6	3.25	3.9	4.55	5.2
进刀次数及每次背吃刀量（直径值）/mm	1	0.7	0.8	0.8	1.0	1.2	1.5	1.5
	2	0.4	0.5	0.6	0.7	0.7	0.7	0.8
	3	0.2	0.5	0.6	0.6	0.6	0.6	0.6
	4		0.15	0.4	0.4	0.4	0.6	0.6
	5			0.2	0.4	0.4	0.4	0.4
	6				0.15	0.4	0.4	0.4
	7					0.2	0.2	0.4
	8						0.15	0.3
	9							0.2

注：螺距为 1.25mm、1.75mm 螺纹及其他非标准螺距螺纹参照此表分配进刀次数及背吃刀量。

机床伺服系统滞后，主轴加速和减速过程中，会在螺纹切削起点和终点产生不正确的导程，因此在进刀和退刀时要留有一定的空刀导入量和空刀退出量，即螺纹切削行程要大于实际螺纹长度，如图 5-5 所示。空刀导入量 δ_1 取 2~5mm；空刀退出量应小于螺纹退刀槽宽度，一般取 $\delta_2 = 0.5\delta_1$。

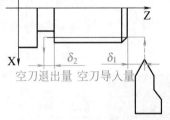

图 5-5　螺纹加工空刀导入量和空刀退出量

4. 主轴转速

车螺纹时切削速度太低，易产生鳞刺；速度太高，挤压变形严重。因此，一般使用高速钢螺纹车刀时，主轴转速为 100~150r/min，使用硬质合金焊接式螺纹车刀、可转位螺纹车刀时，主轴转速为 300~400r/min。

5. 测量外螺纹的量具

普通螺纹检测项目有螺纹顶径、螺距、螺纹中径、综合测量 4 项。螺纹顶径常用游标卡尺测量，螺距用钢直尺或螺纹样板测量，外螺纹中径用外螺纹千分尺或三针法测量，综合测量用螺纹环规测量。常见测量普通外螺纹的量具见表 5-6。

表 5-6　常见测量普通外螺纹的量具

量具种类	图例	使用说明
螺纹样板		测量各种螺纹螺距,将螺纹样板压在螺纹上,吻合的即是被测螺纹的螺距

（续）

量具种类	图例	使用说明
螺纹千分尺	数显螺纹千分尺 普通螺纹千分尺	有两种和螺纹牙型相同的测头，一种呈圆锥，另一种呈凹槽，有一系列测头供不同的牙型和螺距选择；用于测量螺纹中径，读数方法同外径千分尺
螺纹环规		又称为螺纹通止规，根据螺纹规格和精度选用，代号 T 为通规，Z 为止规；通规能通过，止规通不过为合格

外螺纹加工
G32

6. 编程知识

在数控车床上车螺纹有螺纹切削指令和螺纹切削复合循环指令，发那科系统中还有螺纹切削单一循环指令。本任务主要学习螺纹切削指令和发那科系统螺纹切削单一循环指令。

（1）发那科系统与西门子系统圆柱螺纹切削指令 指令格式及参数含义见表5-7。

表 5-7 发那科系统与西门子系统圆柱螺纹切削指令格式及参数含义

数控系统	发那科系统	西门子系统
指令格式	G32 Z(W)__F__Q__;	G33 Z__K__SP=__;
参数含义	Z：圆柱螺纹终点绝对坐标 W：圆柱螺纹终点相对于起点的增量坐标 F：螺纹导程 Q：螺纹起始角，为不带小数点的非模态量（不指定时值为0；若车单线螺纹，可为任意值；若车3线螺纹，车第1根螺旋线值为0，车第2根螺旋线值为120000，车第3根螺旋线值为240000）	Z：圆柱螺纹终点绝对坐标（G90有效） K：螺纹导程 SP：螺纹起始点角度偏移量（车单线螺纹，可为任意值；若车3线螺纹，车第1根螺旋线值为0，车第2根螺旋线值为120，车第3根螺旋线值为240）
使用说明	（1）螺纹切削起点与终点 X 坐标一致，即车圆柱螺纹时 X 坐标不变 （2）螺纹切削中进给速度倍率无效 （3）螺纹切削中，主轴倍率无效，被固定在100% （4）螺纹切削中，进给暂停功能无效 （5）左旋或右旋螺纹由主轴旋转方向确定	
示例	切削螺纹导程4mm，δ_1=3mm，δ_2=1.5mm，背吃刀量 a_p=1mm，（直径编程） 20　70　δ_2　δ_1　$\phi40$　Z　切削起点　30　X	

（续）

示例	发那科系统绝对坐标编程 N30 G00 X38.0 Z93.0; N40 G32 Z18.5 F4.0; N50 G00 X100.0; 发那科系统增量坐标编程 N30 G00 U−62.0; N40 G32 W−74.5 F4.0; N50 G00 U62.0;	西门子系统绝对坐标编程 N30 G00 X38.0 Z93.0; N40 G33 Z18.5 K4.0; N50 G00 X100.0;

（2）发那科系统圆柱螺纹单一切削循环指令 G92　指令格式及参数含义见表 5-8。

外螺纹加工
G92

表 5-8　发那科系统圆柱螺纹单一切削循环指令格式及参数含义

类别	内容
指令格式	G92 X(U)__ Z(W)__ F__ Q__;
参数含义	X、Z:圆柱螺纹终点绝对坐标 U、W:圆柱螺纹终点相对于循环起点的增量坐标 F:螺纹导程 Q:螺纹起始角(车多线螺纹用)
使用说明	用 G90、G92、G94 以外的 01 组的指令代码取消固定循环方式,其他说明同 G32
切削循环路径	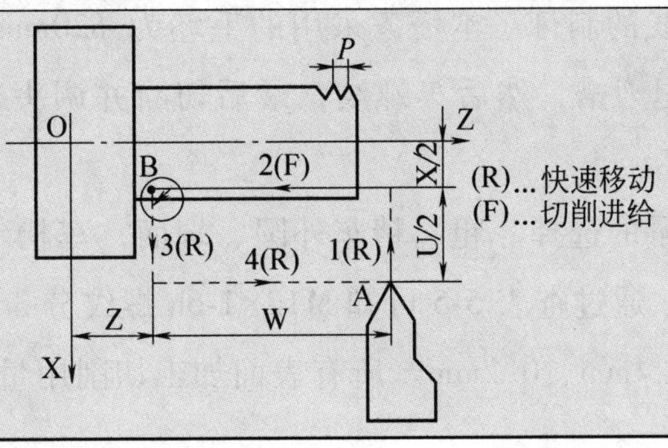 (R)...快速移动　(F)...切削进给

任务实施

选用 FANUC 0i Mate-TD 或 SINUMERIK 828D 系统数控车床实施任务。本任务中外圆、端面加工同前面任务内容,重点是 M12×1-6h 普通外螺纹的加工工艺制订及编程加工。

1. 工艺分析

（1）螺纹加工及编程的实际参数计算　M12×1-6h 普通外螺纹的实际参数计算结果见表 5-9。

（2）刀具的选择　加工 M12×1-6h 普通外螺纹选用硬质合金焊接式外螺纹车刀,采用直进法分层切削;车外螺纹前还需用到的外圆粗车刀、精车刀、车槽刀按前面任务选择,具体见表 5-10。

表 5-9　加工 M12×1-6h 普通外螺纹的实际参数计算结果

螺纹代号	螺纹牙深	螺纹小径	车螺纹前圆柱直径
M12×1-6h	$h_{1实} = 0.65P$ $= 0.65×1mm$ $= 0.65mm$	$d_{1实} = d - 2h_{1实} = d - 1.3P$ $= 12mm - 1.3×1mm$ $= 10.7mm$	$d_圆 = d - 0.1P$ $= 12mm - 0.1mm$ $= 11.9mm$

表 5-10　圆柱螺塞零件加工工艺

工序名	定位 (装夹面)	工步序号及内容	刀具及刀号	主轴转速 $n/(r/min)$	进给量 $f/(mm/r)$	背吃刀量 a_p/mm
车削	夹住毛坯外圆	(1)粗车端面、外圆	外圆粗车刀,刀号 T01	600	0.2	2~4
		(2)精车端面、外圆	外圆精车刀,刀号 T02	1000	0.1	0.2
		(3)车 4mm×φ9mm 槽	车槽刀,刀号 T03	400	0.08	4
		(4)粗、精车 M12×1 螺纹	外螺纹车刀,刀号 T04	350	1	0.1~0.4
		(5)切断工件	车槽刀,刀号 T03	400	0.08	4
	调头,夹住 $\phi 18_{-0.052}^{0}mm$ 外圆	车端面,控制总长	外圆粗车刀,刀号 T01	600	0.2	2~4

（3）量具的选择　外圆直径用千分尺测量，长度及退刀槽尺寸用游标卡尺测量，螺纹用螺纹环规测量，表面粗糙度用表面粗糙度样板比对。

（4）工艺路线的制订　本任务采用的毛坯为 φ20mm 棒料，加工时夹住毛坯外圆，粗、精车外圆及螺纹退刀槽，然后车螺纹，最后切断并调头装夹，车左端面控制总长。具体车削步骤见表 5-10。

（5）切削用量的选择　粗、精车外圆、端面，车槽等切削用量同前面任务；车螺纹转速选择 350r/min，通过查表 5-5 可知 M12×1-6h 螺纹分 3 次进给，每次背吃刀量分别为（直径值）0.7mm、0.4mm、0.2mm。所有表面加工切削用量见表 5-10。

2. 程序编制

夹住毛坯外圆，编制加工零件右端面、外圆、槽及 M12×1-6h 螺纹的加工程序。工件坐标系原点选择在零件右端面中心点，螺纹采用 G32 或 G33 指令编程加工，螺纹车刀刀尖作为刀位点，空刀导入量取 3mm，空刀退出量取 1.5mm，每次进给时螺纹起点及终点坐标见表 5-11。参考程序见表 5-12，发那科系统程序名为 "O0051"，西门子系统程序名为 "SKC0051. MPF"。

表 5-11　螺纹起点及终点坐标

进刀次数	螺纹起点坐标(Z,X)	螺纹终点坐标(Z,X)
第一次进给	(3,11.3)	(-17.5,11.3)
第二次进给	(3,10.9)	(-17.5,10.9)
第三次进给	(3,10.7)	(-17.5,10.7)

表 5-12　车圆柱螺塞右端轮廓参考程序

程序段号	程序内容（发那科系统）	程序内容（西门子系统）	程序说明
N10	G40 G99 G80 G21；	G40 G95 G71 G18；	设置初始状态
N20	M03 S600 M08；	M03 S600 M08；	设置主轴转速,切削液开
N30	T0101；	T01；	调用外圆粗车刀
N40	G00 X22.0 Z5.0；	G00 X22.0 Z5.0；	刀具移动至循环起点
N50	G71 U2 R1；	CYCLE952（"L0511",,"", 2201411,0.2……）；	调用轮廓循环指令粗车零件右端轮廓
N60	G71 P70 Q130 U0.4 W0.1；		
N70	G00 X0 Z5.0；		
N80	G01 Z0；		
N90	X11.9 ,C1.0；		发那科系统精车轮廓程序段,西门子系统轮廓加工子程序见表5-13
N100	Z-20.05；		
N110	X17.974,C0.3；		
N120	Z-40.0；		
N130	X22.0；		
N140	G00 X100.0 Z200.0；	G00 X100.0 Z200.0；	刀具退出
N150	T0202；	T02；	调用外圆精车刀
N160	M03 S1000 F0.1 M08；	M03 S1000 F0.1 M08；	设置精车用量
N170	G70 P70 Q130；	CYCLE952（"L0511",,"", 2101421,0.1,……）；	调用循环精车轮廓
N180	G00 X100.0 Z200.0 M09；	G00 X100.0 Z200.0 M09；	刀具退回至换刀点,切削液关
N190	M00 M05；	M00 M05；	程序停、主轴停、测量
N200	T0303；	T03；	换车槽刀
N210	M03 S400 M08；	M03 S400 M08；	设置车槽用量,切削液开
N220	G00 X22.0 Z-20.05；	G00 X22.0 Z-20.05；	刀具移至螺纹退刀槽处
N230	G01 X9.0 F0.08；	G01 X9.0 F0.08；	车螺纹退刀槽
N240	G04 X2.0；	G04 F2.0；	槽底暂停2s
N250	G01 X22.0 F0.2；	G01 X22.0 F0.2；	刀具沿X方向退出
N260	G00 X100.0 Z200.0 M09；	G00 X100.0 Z200.0 M09；	刀具退回至换刀点,切削液关
N270	M00 M05；	M00 M05；	程序停、主轴停、测量
N280	T0404；	T04；	换外螺纹车刀
N290	M03 S350 M08；	M03 S350 M08；	车螺纹,主轴转速为350r/min,切削液开
N300	G00 X11.3 Z3.0；	G00 X11.3 Z3.0；	车刀移至进刀点
N310	G32 Z-17.5 F1.0；	G33 Z-17.5 K1.0；	第一次进给车螺纹
N320	G00 X22.0；	G00 X22.0；	刀具沿X方向退出
N330	Z3.0；	Z3.0；	刀具沿Z方向退回
N340	X10.9；	X10.9；	刀具沿X方向进刀

（续）

程序段号	程序内容（发那科系统）	程序内容（西门子系统）	程序说明
N350	G32 Z-17.5 F1.0；	G33 Z-17.5 K1.0；	第二次进给车螺纹
N360	G00 X22.0；	G00 X22.0；	刀具沿 X 方向退出
N370	Z3.0；	Z3.0；	刀具沿 Z 方向退回
N380	X10.7；	X10.7；	刀具沿 X 方向进刀
N390	G32 Z-17.5 F1.0；	G33 Z-17.5 K1.0；	第三次进给车螺纹
N400	G00 X22.0；	G00 X22.0；	刀具沿 X 方向退出
N410	X100.0 Z200.0 M09；	X100.0 Z200.0 M09；	刀具退回至换刀点，切削液关
N420	M00 M05；	M00 M05；	程序停、主轴停、测量
N430	T0303；	T03；	换车槽刀
N440	M03 S400 M08；	M03 S400 M08；	设置切断转速，切削液开
N450	G00 X26.0 Z-39.0；	G00 X26.0 Z-39.0；	刀具移至切断处
N460	G01 X0 F0.08；	G01 X0 F0.08；	切断工件
N470	X22 F0.2；	X22 F0.2；	刀具沿 X 方向退出
N480	G00 X100.0 Z200.0 M09；	G00 X100.0 Z200.0 M09；	刀具退回，切削液关
N490	M05；	M05；	主轴停
N500	M30；	M30；	程序结束

西门子系统精车零件轮廓子程序 L0511.SPF 见表 5-13。

表 5-13　西门子系统精车零件轮廓子程序 L0511.SPF

程序段号	程序内容	程序说明
N10	G01 X0 Z0；	精车至原点
N20	X11.9 CHF=1.414；	精车端面并倒角
N30	Z-20.05；	精车螺纹底圆
N40	X17.974 CHF=0.42；	精车台阶面并倒钝
N50	Z-40.0；	精车 $\phi18_{-0.052}^{0}$ mm 外圆，留切断余量
N60	X22.0；	刀具沿 X 方向切出
N70	M17；	子程序结束

调头夹住 $\phi18_{-0.052}^{0}$ mm 外圆，手动车左端面，控制总长，不需编程。

3. 加工操作

（1）加工准备

1）开机，回参考点，建立机床坐标系，使机床对其后的操作有一个基准位置。

2）装夹工件。第一次夹住毛坯外圆，伸出长度为 45mm 左右；第二次调头用软卡爪夹住 $\phi18_{-0.052}^{0}$ mm 外圆并找正。

3）装夹刀具。本任务用到了外圆粗车刀、外圆精车刀、车槽刀、外螺纹车刀等，分别将刀具装夹在 T01、T02、T03、T04 号刀位中，所有刀具刀尖与工件回转中心等高。外螺纹车刀刀头要严格垂直于工件轴线，保证车出的螺纹牙型不歪斜；车槽刀与工件轴线垂直，防止车槽刀折断。

4）对刀操作。外圆车刀、车槽刀采用试切法对刀。外螺纹车刀放在外圆车刀之后对刀，保证端面已车平，对刀时选刀尖为刀位点，对刀步骤如下。

① Z 方向对刀。在手动（JOG）方式下，移动外螺纹车刀使刀尖与工件右端面平齐，可目测或借助钢直尺操作，如图 5-6 所示，然后将刀具长度补偿值输入到相应的刀具号中。

② X 方向对刀。在 MDI（MDA）方式下输入程序"M03 S400；"，使主轴正转；切换为手动（JOG）方式，用外螺纹车刀试车一段外圆，然后沿 Z 方向退出，如图 5-7 所示。停机，测量外圆直径，将其值输入到相应的刀具号中。

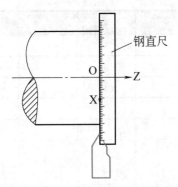

图 5-6　外螺纹车刀 Z 方向
对刀操作示意图

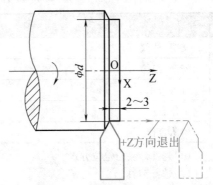

图 5-7　外螺纹车刀 X 方向
对刀操作示意图

螺纹车刀对刀

刀具对刀完成后，分别进行 X、Z 方向对刀验证，检验对刀是否正确。

5）输入程序并校验。将"O0051"或"SKC0051.MPF"程序输入机床数控系统，调出程序，设置空运行及仿真，校验程序并观察刀具轨迹，程序校验结束后取消空运行等设置。

（2）零件加工

1）加工零件右端轮廓，步骤如下。

① 调出"O0051"或"SKC0051.MPF"程序，检查工件、刀具是否按要求夹紧，刀具是否已对刀，将外圆精车刀和外螺纹车刀设置 0.2mm 磨损量，用于尺寸控制。

② 选择自动加工模式，调小进给倍率，按数控启动键进行自动加工。加工中观察切削情况，逐步将进给倍率调至适当大小。

③ 程序运行至 N190 段，测量外圆直径并修调刀具磨损，进行外圆尺寸控制，外圆尺寸符合要求后运行车槽程序。

④ 程序运行至 N270 段，测量退刀槽尺寸并进行尺寸控制，尺寸符合要求后运行车螺纹程序。

⑤ 程序运行至 N420 段，测量螺纹尺寸并进行尺寸控制。控制方法是根据测量结果，

逐步调小外螺纹车刀磨损量。使用程序再启动功能，运行 N280 段后的程序重新车螺纹，如此反复，直至螺纹尺寸符合要求。

⑥ 螺纹尺寸符合要求后，运行切断工件程序将工件切断。

2）加工零件左端轮廓。用软卡爪夹住 $\phi18_{-0.052}^{0}$mm 外圆并找正，手动车端面，控制总长。

3）加工结束后及时清扫机床。

检测评分

将任务完成情况的检测与评价填入表 5-14 中。

表 5-14 圆柱螺塞的加工检测评价表

序号	检测项目	检测内容及要求	配分	学生自检	学生互检	教师检测	得分
1	职业素养	文明、礼仪	5				
2		安全、纪律	10				
3		行为习惯	5				
4		工作态度	5				
5		团队合作	5				
6	制订工艺	(1)选择装夹与定位方式 (2)选择刀具 (3)选择加工路径 (4)选择合理的切削用量	5				
7	程序编制	(1)编程坐标系选择正确 (2)指令使用与程序格式正确 (3)基点坐标正确	10				
8	机床操作	(1)开机前检查、开机、回参考点 (2)工件装夹与对刀 (3)程序输入与校验	5				
9	零件加工	$\phi18_{-0.052}^{0}$mm	10				
10		35mm±0.1mm	5				
11		$20_{0}^{+0.1}$mm	10				
12		4mm×ϕ9mm	5				
13		M12×1-6h	15				
14		C1	2				
15		表面粗糙度值 Ra3.2μm	3				
	综合评价						

任务反馈

在任务完成过程中，分析是否出现表 5-15 所列问题，了解其产生原因，并提出修正措施。

表 5-15　圆柱螺塞加工出现的问题、产生原因及修正措施

问题	产生原因	修正措施
螺纹牙型不正确	(1)刀尖角刃磨不正确或刀片选择错误	
	(2)刀具安装不正确	
	(3)刀具磨损后挤压产生	
螺纹螺距不正确	(1)编程参数设置错误	
	(2)未设置空刀导入量和空刀退出量	
	(3)测量错误	
螺纹通规通不过或止规通过	(1)通规通不过,说明螺纹直径偏大	
	(2)止规通过,说明螺纹直径偏小	
	(3)测量错误	
螺纹牙侧表面粗糙度超差	(1)切削速度选择不当,产生积屑瘤	
	(2)切入深度大	
	(3)工艺系统刚性不足,引起振动	
	(4)刀具磨损	

任务拓展一

用发那科系统圆柱螺纹单一切削循环指令 G92 编写图 5-2 所示零件的加工程序并进行加工。

任务拓展二

加工图 5-8 所示零件。材料为 45 钢，毛坯为 $\phi25$mm 棒料。

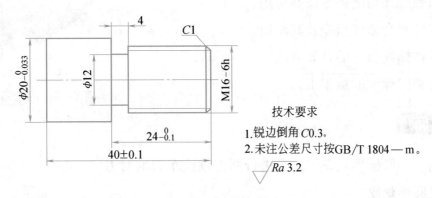

图 5-8　螺纹轴零件图

任务拓展实施提示：零件螺纹为 M16-6h，是粗牙普通螺纹，查表得螺距为 2mm，背吃刀量为 2.6mm（直径值），需分 5 次进刀，可采用圆柱螺纹切削指令 G32 或 G33 编程加工，发那科系统也可采用圆柱螺纹单一切削循环指令 G92 编程加工。其他工艺同本任务。

任务二 圆锥螺塞的加工

任务描述

图 5-9 所示的圆锥螺塞常用于密封装置，主要由圆锥螺纹表面构成，牙型角为 60°，使用 FANUC 0i Mate-TD 或 SINUMERIK 828D 系统数控车床完成该零件加工。材料为 45 钢，毛坯为 $\phi 25$mm 棒料，圆锥外螺纹螺距为 1.5mm，表面粗糙度值为 $Ra3.2\mu$m。圆锥螺塞加工后的三维效果图如图 5-10 所示。

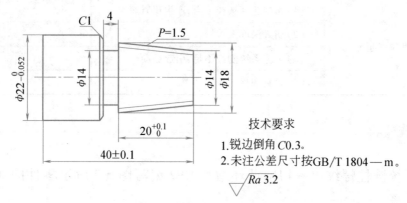

技术要求
1. 锐边倒角 C0.3。
2. 未注公差尺寸按 GB/T 1804—m。

$\sqrt{Ra\ 3.2}$

图 5-9　圆锥螺塞零件图

知识目标

1. 掌握圆锥螺纹切削指令及其应用。
2. 掌握螺纹复合循环指令及其应用。
3. 了解圆锥螺纹尺寸的计算方法。
4. 会制订圆锥螺纹的加工工艺。

图 5-10　圆锥螺塞三维效果图

技能目标

1. 会正确安装圆锥螺纹车刀，会进行圆锥螺纹车刀的对刀。
2. 会测量圆锥螺纹。
3. 会加工圆锥螺纹并达到一定的精度要求。

知识准备

圆锥螺纹常用于各种密封零件，如各种管接头、液压元件接头等，其中应用最广泛的是管螺纹。标准圆锥管螺纹的锥度为 1∶16，牙型角有 55°、60° 两种，是普通车床上加工困难的表面之一。在数控车床上其加工方法与加工圆柱外螺纹类似，也是数控车床的加工优势之一，主要涉及螺纹车刀的选择、进刀方式的确定、切削用量的选择等加工工艺及编程知识。

1. 圆锥螺纹的实际加工、编程参数及其计算

圆锥螺纹实际加工和编程中涉及的尺寸有内、外圆锥螺纹加工前圆锥孔和圆锥大小端直径、螺纹牙深、内外螺纹起始点底径、内外螺纹终点底径、实际加工螺纹长度等，其中内、外螺纹加工前底圆锥孔和底圆锥大小端直径、螺纹牙深等参数与普通螺纹计算公式相同。实际加工圆锥螺纹长度时，也需要考虑空刀导入量 δ_1 和空刀退出量 δ_2。

（1）圆锥内、外螺纹起始点、终点牙顶直径计算 使用 G32 或 G33 指令加工圆锥螺纹，应给定内、外螺纹起始点、终点牙顶直径才能编程。但由于车圆锥螺纹时同样需留空刀导入量和空刀退出量，故编程时给定的螺纹起始点、终点牙顶直径应包括空刀导入量和空刀退出量在内的点，即起始点 2、终点 2' 的直径，如图 5-11 所示。

若已知圆锥外螺纹 OA（小端半径）、O'A' 点（大端半径），圆锥长度 L，设 2 点半径为 x，2' 点半径为 y，则 x、y 的计算方法为

$$\frac{OA-x}{O'A'-x}=\frac{\delta_1}{L+\delta_1}$$

$$\frac{O'A'-OA}{y-OA}=\frac{L}{L+\delta_2}$$

圆锥内螺纹中 2、2' 点尺寸采用类似方法计算。

（2）圆锥内、外螺纹起始点、终点牙底直径计算 发那科系统使用螺纹切削单一循环指令 G92、螺纹复合循环指令加工圆锥内、外螺纹时，需给定螺纹起始点、终点牙底直径，由于需设置空刀导入量和空刀退出量，编程时确定螺纹起始点、终点牙底直径应是包括空刀导入量和空刀退出量在内的螺纹起始点 1、终点 1' 的直径，如图 5-11 所示。1、1' 点尺寸

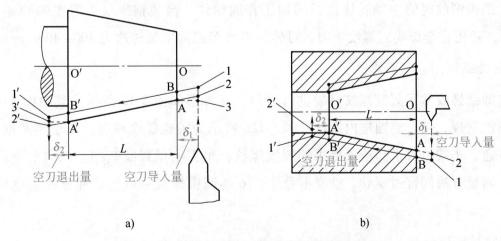

a)   b)

图 5-11 圆锥螺纹实际切削路径

a）圆锥外螺纹切削路径 b）圆锥内螺纹切削路径

计算方法同上。

（3）其他计算方法　若已知圆锥半角 $a/2$，圆锥螺纹顶/底径也可通过以下公式计算

$$t_1 = \delta_1 \tan\frac{\alpha}{2} \text{ 或 } t_2 = \delta_2 \tan\frac{\alpha}{2} \tag{5-1}$$

式中　δ_1——空刀导入量（mm）；

　　　δ_2——空刀退出量（mm）；

　　$\alpha/2$——圆锥半角（°）；

　　　t_1——圆锥小端与考虑空刀导入量时的小端半径差（mm），即图5-11a中2、3点的距离；

　　　t_2——圆锥大端与考虑空刀退出量时的大端半径差绝对值（mm），即图5-11a中2′、3′点的距离。

对于精度不高的圆锥螺纹，也可采用圆锥大、小端的牙顶或牙底直径作为编程尺寸，而在加工中通过设置刀具磨损量来控制圆锥实际尺寸。

2. 圆锥螺纹车刀的选择

圆锥螺纹车刀同普通螺纹车刀一样，有整体式、焊接式、可转位几种，车刀刀尖角等于螺纹牙型角，为60°或55°。

3. 进刀方式及进刀次数

加工圆锥螺纹的进刀方式同样也有直进法、斜进法和左右切削法。一般圆锥螺纹螺距较小，采用直进法加工，加工中也需分多次切削，其进刀次数和每次背吃刀量可参照表5-5选择。若圆锥螺纹采用每英寸牙数表示，则需将每英寸牙数换算成螺距值（$P=25.4/n$，P为螺距，n为每英寸牙数）。

4. 主轴转速

加工圆锥螺纹时的主轴转速选择同加工普通螺纹，高速钢螺纹车刀主轴转速为100~150r/min，硬质合金焊接式螺纹车刀、可转位螺纹车刀的主轴转速为300~400r/min。

5. 圆锥螺纹测量用量具

标准圆锥螺纹常用圆锥螺纹量规进行检测，其外形如图5-12所示。其中图5-12a所示为圆锥螺纹塞规，用于测圆锥内螺纹；图5-12b所示为圆锥螺纹环规，用于测圆锥外螺纹。两者都有通、止端。对于高精度要求的圆锥螺纹，也需测量螺纹基准平面内的顶径、中径等尺寸，测量方法同普通螺纹。锥度不是1：16的圆锥螺纹一般用游标万能角度尺测量其锥角。

6. 编程知识

发那科系统数控车床可以用G32指令、G92指令及G76螺纹加工复合循环指令加工圆

图 5-12　圆锥螺纹量规

a）圆锥螺纹塞规　b）圆锥螺纹环规

锥内、外螺纹，西门子系统可以用 G33、CYCLE99 指令加工圆锥螺纹。

（1）发那科系统与西门子系统圆锥螺纹切削指令　指令格式及参数含义见表 5-16。

表 5-16　发那科系统与西门子系统圆锥螺纹切削指令格式及参数含义

数控系统	发那科系统	西门子系统
指令格式	G32 X(U)＿ Z(W)＿ F＿ Q＿；	G33 X ＿ Z ＿ K ＿ SP =＿；圆锥半角 $\alpha/2 \leqslant 45°$ G33 X ＿ Z ＿ I ＿ SP =＿；圆锥半角 $\alpha/2 > 45°$
切削路径		
参数含义	X、Z:圆锥螺纹终点绝对坐标 U、W:圆锥螺纹终点相对于起点的增量坐标 F:螺纹导程(图中 L) Q:螺纹起始角,用于车多线螺纹	X、Z:圆锥螺纹终点绝对坐标 K:Z 轴方向的螺纹导程 I:X 轴方向的螺纹导程 SP:起始点偏移,用于车多线螺纹
使用说明	(1)车圆锥螺纹前,刀具应处于起点位置,若起点与终点 X 坐标相同则为圆柱螺纹 (2)当圆锥半角 $\alpha/2 \leqslant 45°$ 时,F 指 Z 方向导程;$\alpha/2 \geqslant 45°$,F 指 X 方向导程 (3)螺纹切削中进给速度倍率、主轴倍率、进给暂停功能同圆柱螺纹加工指令	(1)车圆锥螺纹前,刀具应处于起点位置,若起点与终点 X 坐标相同则为圆柱螺纹 (2)螺纹切削中进给速度倍率、主轴倍率、进给暂停功能同圆柱螺纹加工指令
示例		

（续）

数控系统	发那科系统	西门子系统
示例	切削螺纹导程 Z 方向 3.5mm，δ_1 = 2mm，δ_2 = 1mm，X 方向背吃刀量为 1mm，发那科系统绝对坐标、直径编程 N30 G00 X12.0 Z69.0； N40 G32 X41.0 Z29.0 F3.5； N50 G00 X50.0； N60 Z69.0； N70 X10.0； （第 2 次再切削 1mm） N80 G32 X39.0 Z29.0 F3.5； N90 G00 X50.0； N100 Z69.0；	切削螺纹螺距 Z 方向 3.5mm，δ_1 = 2mm，δ_2 = 1mm，X 方向背吃刀量为 1mm，西门子系统绝对坐标、直径编程 N30 G00 G90 X12.0 Z69.0； N40 G33 X41.0 Z29.0 K3.5； N50 G00 X50.0； N60 Z69.0； N70 X10.0； （第 2 次再切削 1mm） N80 G33 X39.0 Z29.0 K3.5； N90 G00 X50.0； N100 Z69.0；

（2）发那科系统圆锥螺纹单一切削循环指令 G92　指令格式及参数含义见表 5-17。

表 5-17　圆锥螺纹单一切削循环 G92 指令格式及参数含义

类别	内容
指令格式	G92 X(U)＿ Z(W)＿ R＿ F＿ Q＿ ；
切削循环路径	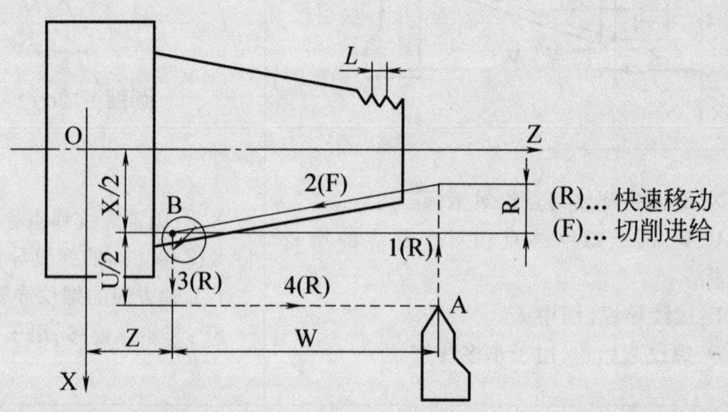
参数含义	X、Z：圆锥螺纹终点绝对坐标 U、W：圆锥螺纹终点相对于循环起点的增量坐标 R：锥度量，大小端半径差，外螺纹左大右小，R 为负，反之为正；内螺纹左小右大，R 为正，反之为负；R 为 0 则为圆柱螺纹 F：螺纹导程（图中 L） Q：螺纹切削起始角
使用说明	用 G90、G92、G94 以外的 01 组的指令代码可取消固定循环方式，其他注意事项同 G32

（3）发那科系统螺纹切削复合循环指令 G76　指令格式及参数含义见表 5-18。

表 5-18　发那科系统螺纹切削复合循环 G76 指令格式及参数含义

类别	内容
指令格式	G76 P(m)(r)(α) Q(Δd_{min}) R(d)； G76　X(U)＿ Z(W)＿ R(i)　P(k)　Q(Δd)　F(L)；

(续)

类别	内容
切削循环路径	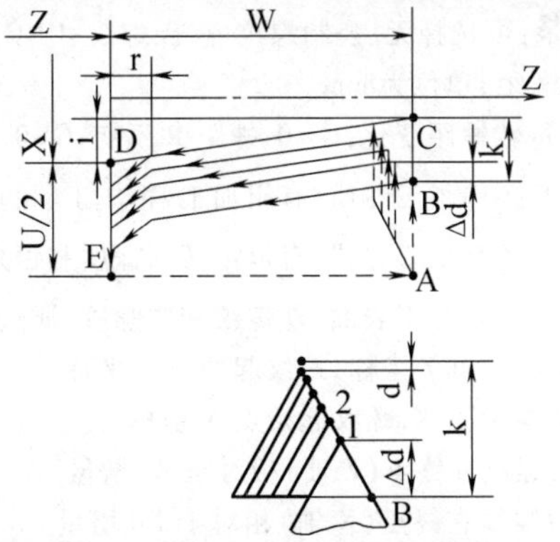
参数含义	m:精车重复次数,从 01~99,用两位数表示,该参数为模态量 r:螺纹尾端倒角量,该值大小可设置为(0.0~9.9)L,系数为 0.1 的整数倍,用 00~99 两位整数表示,该参数为模态量;其中 L 为导程 α:刀尖角,可以从 80°、60°、55°、30°、29°、0° 6 个角度中选择,用两位整数表示,该参数为模态量 Δd_{min}:最小车削深度,用半径值指定,单位为 μm 或 mm(由参数 No. 5141 设定),模态量 d:精车余量,用半径值指定,单位为 μm 或 mm(由参数 No. 5141 设定),模态量 X、Z:纵向切削终点(图中 D 点)的绝对坐标 U、W:至纵向切削终点(图中 D 点)的移动量 i:螺纹起点与终点半径差。当 i=0 时,为圆柱螺纹,并可省略 k:螺纹高度,用半径值指定,单位为 μm Δd:为第一次切削深度,用半径值指定,单位为 μm L:螺纹的导程,单位为 mm
使用说明	(1)G76 指令车螺纹采用斜进法,常用于车削大螺距螺纹及无退刀槽的螺纹 (2)调用循环前,刀具应处于循环起点位置;外螺纹起点位置应大于螺纹大径,内螺纹应小于螺纹顶径,Z 方向保证有空刀导入量 (3)循环中 k、Δd、Δd_{min} 不支持小数点输入,i、d 允许小数点输入

(4)西门子系统螺纹切削循环指令(CYCLE99) 单击系统操作面板下方的 车削软键,再单击面板右侧的 螺纹 软键,出现车削各种螺纹界面,单击面板右侧软键,可选择纵向螺纹、圆锥螺纹、端面螺纹及螺纹链加工,然后上、下移动光标,可输入车削螺纹参数。其指令格式、螺纹参数界面、参数含义及使用说明见表 5-19。

表 5-19 西门子系统螺纹切削循环指令格式、螺纹参数界面、参数含义及使用说明

类别	内容
螺纹切削循环指令格式	CYCLE99(Z0,X0,Z1,X1,LW,LR,H1,DP(aP),D1(ND),U,NN,VR,N,,,);
螺纹参数界面	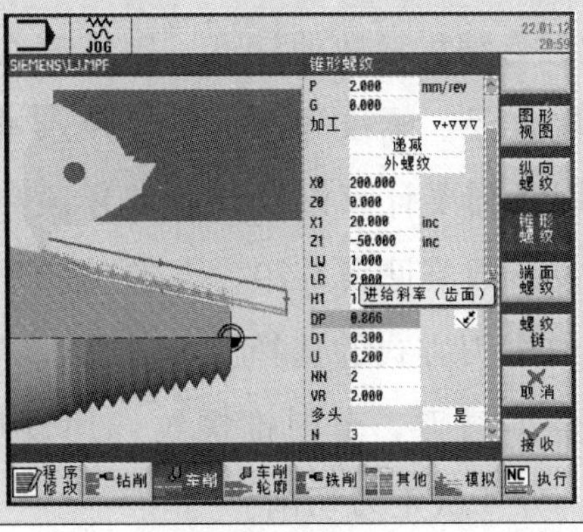

（续）

类别	内容
参数含义	**表格**：可选择无、公制螺纹、惠氏螺纹、UNC 螺纹，通过 $\boxed{\text{SELECT}}$ 键切换 P：螺距，单位为 mm G：每转螺距变化，G=0，螺距 P 不变；G>0，每转螺距增加 G；G<0，每转螺距减少 G 加工：（1）加工性质，有粗加工、精加工、粗加工+精加工 3 种，通过 $\boxed{\text{SELECT}}$ 键切换 　　　（2）切入方式，有恒定切入深度和恒定切削层面积两种，通过 $\boxed{\text{SELECT}}$ 键切换 　　　（3）加工表面，外螺纹和内螺纹，通过 $\boxed{\text{SELECT}}$ 键切换 Z0：参考点 Z 坐标，螺纹起始点 Z 坐标 X0：参考点 X，螺纹起始点 X 坐标 Z1：螺纹在终点（Z 轴）相对于 Z0 增量 X1：螺纹在终点（X 轴）相对于 X0 增量 LW：空刀导入量 LR：空刀退出量 H1：螺纹深度 DP（或 aP）：DP 是沿牙侧面进给，DP>0，沿后侧面进给；DP<0，沿前侧面进给。aP 是以一定角度进给，aP>0，沿后侧面进给；aP<0，沿前侧面进给；aP=0，直进法 $\boxed{\text{⚒}}$：沿一个侧面进给（斜进法）或沿不同侧面交替进给（左右切削法），用 $\boxed{\text{SELECT}}$ 键切换 D1（或 ND）：首次进刀深度（或粗加工次数），用 $\boxed{\text{SELECT}}$ 键切换 U：精加工余量 NN：空切数量（仅限于精加工或粗加工+精加工方式） VR：退刀量 多头：有"不"和"是"，用 $\boxed{\text{SELECT}}$ 键切换 a0（或 N）：起始点偏移（或螺纹线数）
使用说明	（1）使用该循环的前提条件是主轴带有行程测量系统，且处于转速控制环节 （2）可以在任意位置调用该循环，只需保证刀具到螺纹起点+空刀导入量不发生碰撞 （3）该循环可以加工圆柱螺纹、圆锥螺纹、端面螺纹和固定螺距螺纹、变螺距螺纹等螺纹

🔧 任务实施

选用 FANUC 0i Mate-TD 或 SINUMERIK 828D 系统数控车床实施任务。本任务零件由外圆面、端面、槽及圆锥外螺纹构成，外圆面、端面、槽加工同前面任务内容，本任务重点是加工圆锥外螺纹及控制精度。

1. 工艺分析

（1）圆锥螺纹加工与编程参数的计算　圆锥螺纹加工与编程中需计算的参数有加工圆锥螺纹前底圆锥大小端直径、螺纹牙深、空刀导入量、空刀退出量，采用不同的螺纹切削指令或切削循环编程时还需要计算螺纹起始点牙顶和牙底直径、螺纹终点牙顶和牙底直径等。本任务计算的相关参数值见表 5-20。

（2）车刀及车螺纹进刀方式的选择　车外圆、端面选用硬质合金外圆粗、精车刀，螺纹退刀槽选用硬质合金车槽刀。车圆锥螺纹选用硬质合金焊接式螺纹车刀，螺纹螺距为 1.5mm，采用直进法，分 4 次走刀切削。

表 5-20　切削与编程参数值

参数名称	计算公式及数值
圆锥半角 $\alpha/2$	$\tan(\alpha/2) = (D-d)/(2L) = (18mm-14mm)/40mm = 1/10, \alpha/2 = 5°43'$
底圆锥大端直径	$D_圆 = D-0.1P = 18mm-0.15mm = 17.85mm$
底圆锥小端直径	$d_圆 = d-0.1P = 14mm-0.15mm = 13.85mm$
螺纹牙深	$h_{1实} = 0.65P = 0.65×1.5mm = 0.975mm$
空刀导入量 δ_1	4mm
空刀退出量 δ_2	2mm
圆锥螺纹起始点牙顶直径 $2x$	$(7-x)/(9-x) = 4mm/(20mm+4mm)$ $x = 6.6mm, 2x = 2×6.6mm = 13.2mm$
圆锥螺纹终点牙顶直径 $2y$	$(9-7)/(y-7) = 20mm/(20mm+2mm)$ $y = 9.2mm, 2y = 2×9.2mm = 18.4mm$
圆锥螺纹起始点牙底直径为 $2x-2h_{1实}$	$13.2mm-1.95mm = 11.25mm$
圆锥螺纹终点牙底直径为 $2y-2h_{1实}$	$18.4mm-1.95mm = 16.45mm$

（3）车削圆锥螺塞工艺路线的确定　夹住毛坯外圆，粗、精车工件右端外圆面、端面、车槽，然后加工圆锥外螺纹、切断，调头夹住 $\phi22_{-0.052}^{0}$mm 外圆，车工件左端面。具体车削步骤见表 5-21。

（4）测量量具的选择　外圆用千分尺测量；长度尺寸、退刀槽及圆锥螺纹大小端直径用游标卡尺测量；螺纹锥度为 1/5，属非标准圆锥螺纹，选用游标万能角度尺测量其圆锥角。

（5）切削用量的选择　粗、精车外圆，车槽切削用量同前面任务；车螺纹时主轴转速选择 350r/min，圆锥螺纹采用螺纹复合循环指令加工，分 4 次走刀，精加工螺纹余量取 0.1mm。所有表面加工切削用量见表 5-21。

表 5-21　圆锥螺塞加工工艺

工序名	定位 （装夹面）	工步序号及内容	刀具及刀号	主轴转速 $n/(r/min)$	进给量 $f/(mm/r)$	背吃刀量 a_p/mm
车削	夹住毛坯外圆，伸出 50mm	（1）粗车端面、外圆	外圆粗车刀，刀号 T01	600	0.2	2~4
		（2）精车端面、外圆	外圆精车刀，刀号 T02	1000	0.1	0.2
		（3）车 4mm×$\phi14$mm 槽	车槽刀，刀号 T03	400	0.08	4
		（4）粗、精车圆锥外螺纹	外螺纹车刀，刀号 T04	350	1.5	0.1~0.4
		（5）手动切断工件	车槽刀，刀号 T03	400	0.08	4
	调头夹住 $\phi22_{-0.052}^{0}$mm 外圆	（1）粗车端面	外圆粗车刀，刀号 T01	600	0.2	2~4
		（2）精车端面控制总长	外圆精车刀，刀号 T02	1000	0.1	0.3

2. 程序编制

（1）编制加工零件右端面、外圆面、槽及圆锥螺纹的加工程序　工件坐标系原点选择在零件右端面中心点，发那科系统可用 G32、G92、G76 等指令编程车圆锥外螺纹，西门子系统可用 G33、CYCLE99 指令编程加工。此处以 G76 循环及 CYCLE99 循环编程为参考，参考程序见表 5-22。发那科系统程序名为"O0052"，西门子系统程序名为"SKC0052.MPF"。

表 5-22　车零件右端轮廓参考程序

程序段号	程序内容（发那科系统）	程序内容（西门子系统）	程序说明
N10	G40 G99 G21 G80 G18;	G40 G95 G71 G90 G18;	设置初始状态
N20	M03 S600 M08;	M03 S600 M08;	设置主轴转速，切削液开
N30	T0101;	T01;	调用外圆粗车刀
N40	G00 X30.0 Z5.0;	G00 X30.0 Z5.0;	刀具移动至循环起点
N50	G71 U2 R1;	CYCLE952（"L0521",,""，	调用循环粗车右端轮廓
N60	G71 P70 Q140 U0.4 W0.1;	2101411,0.2……）;	
N70	G00 X0 Z5.0;		
N80	G01 Z0;		
N90	X13.85;		
N100	X17.85 Z-20.05;		发那科系统精车轮廓程序段，西门子系统轮廓加工子程序见表 5-23
N110	Z-24.05;		
N120	X21.974,C1.0;		
N130	Z-45.0;		
N140	X26.0;		
N150	G00 X100.0 Z200.0 M09;	G00 X100.0 Z200.0 M09;	刀具退回，切削液关
N160	T0202;	T02;	换外圆精车刀
N170	M03 S1000 F0.1 M08;	M03 S1000 F0.1 M08;	设置精车用量，切削液开
N180	G70 P70 Q140;	CYCLE952（"L0521",,""，2101421,0.1,……）;	调用循环精车右端轮廓
N190	G00 X100.0 Z200.0 M09;	G00 X100.0 Z200.0 M09;	刀具退回至换刀点，切削液关
N200	M00 M05;	M00 M05;	主轴停，程序停，测量
N210	T0303;	T03;	换车槽刀
N220	M03 S400 M08;	M03 S400 M08;	设置车槽转速，切削液开
N230	G00 X26.0 Z-24.05;	G00 X26.0 Z-24.05;	刀具移至螺纹退刀槽处
N240	G01 X14.0 F0.08;	G01 X14.0 F0.08;	车螺纹退刀槽
N250	G04 X2.0;	G04 F2.0;	槽底暂停2s
N260	G01 X26.0 F0.2;	G01 X26.0 F0.2;	刀具沿 X 方向退出
N270	G00 X100.0 Z200.0 M09;	G00 X100.0 Z200.0 M09;	刀具退回至换刀点，切削液关
N280	T0404;	T04;	换外螺纹车刀
N290	M03 S350 M08;	M03 S350 M08;	车螺纹转速为 350r/min，切削液开

（续）

程序段号	程序内容（发那科系统）	程序内容（西门子系统）	程序说明
N300	G00 X20.0 Z3.0；	G00 X20.0 Z3.0；	车刀移至进刀点
N310	G76 P021160 Q100 R100；	CYCLE99（0,14,-20.05,4,2,0.975,0.05,0.866,0,……）；	设置螺纹参数,调用螺纹切削复合循环
N320	G76 X16.05 Z-20.0 R-2.0 P975 Q400 F1.5；		
N330	X100.0 Z200.0 M09；	X100.0 Z200.0 M09；	刀具退回至换刀点,切削液关
N340	M05；	M05；	主轴停
N350	M30；	M30；	程序结束

西门子系统精车零件轮廓子程序 L0521.SPF 见表 5-23。

表 5-23　西门子系统精车零件轮廓子程序 L0521.SPF

程序段号	程序内容	程序说明
N10	G01 X0 Z0；	精车至端面
N20	X13.85；	精车端面
N30	X17.85 Z-20.05；	精车圆锥螺纹底圆锥
N40	Z-24.05；	精车至台阶面
N50	X21.974 CHF=1.414；	精车台阶并倒角
N60	Z-45.0；	精车 $\phi22_{-0.052}^{0}$ mm 外圆,留切断余量
N70	X26.0；	刀具沿 X 方向退出
N80	M17；	子程序结束

（2）调头夹住 $\phi22_{-0.052}^{0}$ mm 外圆,车左端面控制总长,无须编程

3. 加工操作

（1）加工准备

1）开机,回参考点。建立机床坐标系,使机床对其后的操作有一个基准位置。

2）装夹工件。第一次夹住毛坯外圆,伸出长度为 50mm 左右;第二次调头用软卡爪夹住 $\phi22_{-0.052}^{0}$ mm 外圆,伸出长度为 6mm 左右并找正。

3）装夹刀具。将外圆粗车刀、外圆精车刀、4mm 宽外槽车刀、外螺纹车刀,分别装夹在 T01、T02、T03、T04 号刀位中;所有刀具刀尖与工件回转中心等高,圆锥螺纹车刀刀头应严格垂直于工件轴线,以保证车出的螺纹牙型不歪斜。

4）对刀操作。外圆车刀、车槽刀、外螺纹车刀全部采用试切法对刀,对刀步骤同前面任务。

5）输入程序并校验。将"O0052"或"SKC0052.MPF"程序输入机床数控系统,调

出程序，设置空运行及仿真，校验程序并观察刀具轨迹，程序校验结束后取消空运行等设置。

（2）零件加工

1）加工零件右端轮廓，步骤如下。

① 调出"O0052"或"SKC0052.MPF"程序，检查工件、刀具是否按要求夹紧，刀具是否已对刀，将外圆精车刀及外螺纹车刀设置一定磨损量，用于尺寸控制。

② 选择自动加工模式，调小进给倍率，按数控启动键进行自动加工。加工中观察切削情况，逐步将进给倍率调至适当大小。

③ 程序运行至 N200 段，停机测量外圆直径并修调刀具磨损量，进行外圆尺寸控制。

④ 外圆尺寸符合要求后运行车槽程序。

⑤ 程序运行结束后，测量螺纹尺寸并修调外螺纹车刀磨损量，重新打开程序，从 N280 段开始运行，进行螺纹尺寸控制，至尺寸符合要求为止。

⑥ 手动切断工件，保证长度为 41mm 左右。

2）加工零件左端轮廓。用软卡爪夹住 $\phi 22_{-0.052}^{0}$ mm 外圆，加工左端面并控制总长。

3）加工结束后及时清扫机床。

检测评分

将任务完成情况的检测与评价填入表 5-24 中。

表 5-24　圆锥螺塞的加工检测评价表

序号	检测项目	检测内容及要求	配分	学生自检	学生互检	教师检测	得分
1	职业素养	文明、礼仪	5				
2		安全、纪律	10				
3		行为习惯	5				
4		工作态度	5				
5		团队合作	5				
6	制订工艺	(1)选择装夹与定位方式 (2)选择刀具 (3)选择加工路径 (4)选择合理的切削用量	5				
7	程序编制	(1)编程坐标系选择正确 (2)指令使用与程序格式正确 (3)基点坐标正确	10				
8	机床操作	(1)开机前检查、开机、回参考点 (2)工件装夹与对刀 (3)程序输入与校验	5				

（续）

序号	检测项目	检测内容及要求	配分	学生自检	学生互检	教师检测	得分
9	零件加工	$\phi22_{-0.052}^{0}$ mm	10				
10		$\phi18$ mm	5				
11		$\phi14$ mm	5				
12		1.5mm（螺距）	6				
13		40mm±0.1mm	5				
14		$20_{0}^{+0.1}$ mm	6				
15		4mm×$\phi14$mm	5				
16		C1	2				
17		$Ra3.2\mu$m	6				
综合评价							

任务反馈

在任务完成过程中，分析是否出现表 5-25 所列问题，了解其产生原因，并提出修正措施。

表 5-25　圆锥螺塞加工出现的问题、产生原因及修正措施

问题	产生原因	修正措施
螺纹螺距不正确	(1)编程参数设置错误	
	(2)空刀导入量和空刀退出量设置不合理	
	(3)测量错误	
圆锥表面螺纹深度不一致	(1)大、小端直径计算及编程参数错误	
	(2)车螺纹前圆锥尺寸错误	
	(3)刀具磨损	
	(4)工艺系统刚性不足	
螺纹牙歪斜	(1)刀具安装不正确	
	(2)刀具磨损后挤压所至	
螺纹牙侧表面粗糙度超差	(1)切削速度选择不当,产生积屑瘤	
	(2)切入深度大	
	(3)工艺系统刚性不足,引起振动	
	(4)刀具磨损	

任务拓展一

用圆锥螺纹切削指令 G32 或 G33 编写图 5-9 所示圆锥螺塞的加工程序并进行加工，编程中用到的螺纹参数见表 5-20。

任务拓展二

加工图 5-13 所示 55°密封管螺纹零件，其螺纹属圆锥外螺纹，螺纹代号为 $R_2 1$，其他尺寸如图。材料为 45 钢，毛坯为 $\phi 45mm \times 45mm$ 棒料

任务拓展实施提示：通过查表，$R_2 1$ 圆锥管螺纹大端直径为 $\phi 34mm$，小端直径为 $\phi 32.6mm$，圆锥长度为 22.4mm，每英寸牙数为 11 牙，牙型角为 55°，锥度为 1：16。加工前须先将每英寸牙数换算成螺距，即 $P = 25.4mm/n = 25.4mm/11 = 2.309mm$。螺纹车刀刀尖角选 55°，其他工

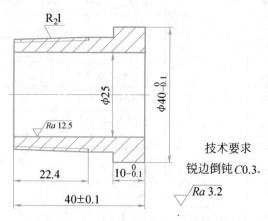

图 5-13　55°密封管螺纹零件图

艺参数选择同圆锥螺塞的加工，编程指令可用螺纹切削指令或螺纹切削循环指令。

任务三　圆螺母的加工

任务描述

如图 5-14 所示，圆螺母的外圆及长度尺寸精度要求较低；内螺纹为 M20×2-6H，表面粗糙度值为 $Ra3.2\mu m$，尺寸精度和表面质量要求均较高。使用 FANUC 0i Mate-TD 或 SINU-MERIK 828D 系统数控车床完成圆螺母加工，材料为 45 钢，毛坯为 $\phi 36mm$ 棒料。圆螺母加工后的三维效果图如图 5-15 所示。

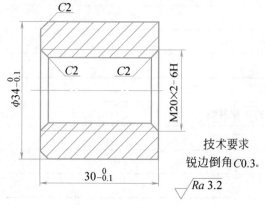

图 5-14　圆螺母零件图

图 5-15　圆螺母三维效果图

知识目标

1. 了解内螺纹加工与编程的参数计算方法。

2. 掌握内螺纹加工工艺的制订方法。

3. 掌握内螺纹加工的编程方法。

技能目标

1. 会进行内螺纹车刀的安装及对刀。

2. 会测量内螺纹尺寸。

3. 会车内螺纹并能达到一定的精度要求。

知识准备

内螺纹与外螺纹相配合，起连接、密封及传动作用，是机械零件中常见的零件表面，会在数控车床上加工内螺纹是数控操作工的基本技能之一。加工中主要涉及编程实际参数计算、进刀方式的确定、内螺纹车刀的选择、切削速度的选择等工艺知识及编程知识。

1. 普通内螺纹的加工与编程参数计算

进行普通内螺纹编程和加工时，需根据螺纹标注进行相应尺寸计算，主要参数及尺寸计算见表 5-26。

表 5-26　普通内螺纹编程与加工的参数计算

参数名称	代号	计算公式	原因及用途
内螺纹底孔直径	$D_孔$	塑性材料取 $D_孔 = D - P$ 脆性材料取 $D_孔 = D - 1.05P$	车内螺纹时因挤压作用，使内螺纹小径变小，故车内螺纹前底孔直径应比螺纹小径大一些，并作为车内螺纹前的底孔加工、编程依据
螺纹牙深	$h_{1实}$	$h_{1实} = 0.65P$	关系到车螺纹时进刀次数、每次背吃刀量分配、内螺纹小径尺寸的计算等
内螺纹小径	$D_{1实}$	$D_{1实} = D - 2h_{1实} = D - 1.3P$	编程时计算内螺纹牙顶坐标

2. 内螺纹车刀

内螺纹车刀有整体式、焊接式、可转位 3 种，其结构形式及使用说明见表 5-27。

表 5-27　内螺纹车刀的结构形式及使用说明

种类	图例	使用说明
整体式内螺纹车刀		由高速钢刀杆刃磨而成，刃口较锋利，常用于低速车螺纹或精车螺纹
焊接式内螺纹车刀		由硬质合金刀片焊接在刀杆上制成，价格较低，常用于高速车螺纹
可转位内螺纹车刀		由专门厂家生产，价格较高，不需要重磨，生产率高，是数控机床上常用的车螺纹刀具，刀片型号根据螺纹规格及螺距选择

3. 普通内螺纹车削的进刀方式及背吃刀量

车削普通内螺纹时的进刀方式也有直进法、斜进法、左右切削法，螺距较小时一般采用直进法切削，背吃刀量和走刀次数参照表5-5选取。

4. 车内螺纹的主轴转速

车内螺纹的切削速度同车外螺纹，使用高速钢螺纹车刀时的主轴转速为 100～150r/min，使用硬质合金焊接式螺纹车刀、可转位螺纹车刀时的主轴转速为 300～400r/min。

5. 测量内螺纹的量具

内螺纹的螺距用螺纹样板测量，中径用内螺纹千分尺测量，综合测量用螺纹塞规。常见的测量内螺纹的量具见表5-28。

表 5-28　常见的测量内螺纹的量具

量具种类	图例	使用说明
内螺纹千分尺	测头	有两种和螺纹牙型相同的测头，一种呈圆锥形，一种呈凹槽形，有一系列测头供不同的牙型和螺距选择；用于测量螺纹中径，读数方法与外径千分尺相似
螺纹塞规		又称为螺纹通止规，根据螺纹规格和精度选用，代号T端为通规，Z端为止规，当通规能通过，止规通不过为合格

6. 编程知识

内螺纹编程指令同外螺纹。发那科系统可用 G32、G92、G76 等指令；西门子系统可用 G33 指令或 CYCLE99 循环。编程的关键是使用各指令时参数、螺纹循环指令的循环起点位置及终点坐标等如何确定。

任务实施

选用 FANUC 0i Mate-TD 或 SINUMERIK 828D 系统数控车床实施任务。本任务重点是加工普通内螺纹及控制精度。加工内螺纹前还需钻孔和加工内螺纹底孔。

1. 工艺分析

（1）普通内螺纹的编程参数计算　M20×2-6H 普通内螺纹的编程参数计算结果见表5-29。

表 5-29　普通内螺纹编程参数计算结果

螺纹代号	螺纹牙深	螺纹小径	车内螺纹前底孔直径
M20×2-6H 内螺纹	$h_{1实} = 0.65P$ $= 0.65×2mm = 1.3mm$	$D_{1实} = D - 2h_{1实} = D - 1.3P$ $= 20mm - 1.3×2mm = 17.4mm$	$D_孔 = D - P$ $= 20mm - 2mm = 18mm$

（2）刀具的选择　车外圆选用硬质合金焊接式车刀，车 M20×2-6H 内螺纹选用硬质合金焊接式内螺纹车刀，车内螺纹前还需选用 A3 中心钻、$\phi16\text{mm}$ 麻花钻及硬质合金焊接式内孔车刀进行螺纹底孔预加工。其中，内孔车刀及内螺纹车刀需注意尺寸选择，防止切削时发生干涉。

（3）量具的选择　外圆直径、长度用游标卡尺测量，内螺纹用螺纹塞规测量，表面粗糙度用表面粗糙度样板比对。

（4）工艺路线的制订　本任务采用的毛坯为直径 $\phi36\text{mm}$ 棒料，加工时夹住毛坯外圆，粗、精车端面及外圆、钻中心孔、钻 $\phi16\text{mm}$ 孔，然后切断；调头夹住 $\phi34_{-0.1}^{0}\text{mm}$ 外圆，车端面控制总长、车螺纹底孔，最后粗、精车内螺纹。具体车削步骤见表 5-30。

（5）切削用量的选择　车外圆、端面切削用量同前面任务；车螺纹时转速选择 350r/min。通过查表 5-5 可知 M20×2-6H 螺纹分 5 次进给，每次背吃刀量分别为（直径值）0.8mm、0.6mm、0.6mm、0.4mm、0.2mm。所有表面加工切削用量见表 5-30。

表 5-30　圆螺母加工工艺

工序名	定位 （装夹面）	工步序号及内容	刀具及刀号	主轴转速 $n/(\text{r/min})$	进给量 $f/(\text{mm/r})$	背吃刀量 a_p/mm
车削	夹住毛坯外圆，伸出长度为 40mm	（1）粗车端面、外圆	外圆车刀，刀号 T01	600	0.2	2~4
		（2）精车端面、外圆	外圆车刀，刀号 T01	1000	0.1	0.2
		（3）手动钻中心孔	A3 中心钻	1000	0.1	
		（4）手动钻 $\phi16\text{mm}$ 孔	$\phi16\text{mm}$ 麻花钻	400	0.1	
		（5）手动切断	车槽刀，刀号 T04	400	0.1	4
	调头，夹住 $\phi34_{-0.1}^{0}\text{mm}$ 外圆	（1）车端面，控制总长	外圆车刀，刀号 T01	1000	0.2	2~4
		（2）车螺纹底孔	内孔车刀，刀号 T02	600	0.1	0.2
		（3）粗、精车螺纹	内螺纹车刀，刀号 T03	350	2	0.1~0.4

2. 程序编制

（1）夹住毛坯外圆，车端面、$\phi34_{-0.1}^{0}\text{mm}$ 外圆的加工程序　工件坐标系原点选择在装夹后零件右端面中心点，手动钻中心孔、钻孔、手动切断无须编程。参考程序见表 5-31，发那科系统程序名为"O0053"，西门子系统程序名为"SKC0053.MPF"。

表 5-31　车端面、$\phi34_{-0.1}^{0}\text{mm}$ 外圆参考程序

程序段号	程序内容（发那科系统）	程序内容（西门子系统）	程序说明
N10	G40 G99 G80 G21；	G40 G95 G90 G71；	设置初始状态
N20	M03 S600 M08；	M03 S600 M08；	设置主轴转速，切削液开
N30	T0101；	T01；	调用外圆车刀
N40	G00 X40.0 Z5.0；	G00 X40.0 Z5.0；	刀具移至切削起点

（续）

程序段号	程序内容（发那科系统）	程序内容（西门子系统）	程序说明
N50	G90 X34.4 Z-36.0 F0.2;	X34.4;	粗车 $\phi34_{-0.1}^{0}$mm 外圆
N60		G01 Z-36.0 F0.2;	
N70		X40.0;	
N80		G00 Z5.0;	
N90	M03 S1000;	M03 S1000;	设置精车转速
N100	G00 X0 Z5.0;	G00 X0 Z5.0;	刀具移至进刀点
N110	G01 Z0 F0.1;	G01 Z0 F0.1;	精车至端面
N120	X33.95,C2.0;	X33.95 CHF=2.828;	精车端面并倒角 C2
N130	Z-36.0;	Z-36.0;	精车 $\phi34_{-0.1}^{0}$mm 外圆
N140	X36.0;	X36.0;	刀具 X 方向退出
N150	G00 X100.0 Z200.0　M09	G00 X100.0 Z200.0　M09;	刀具退回至换刀点,切削液关
N160	M05;	M05;	主轴停
N170	M30;	M30;	程序结束

（2）车螺纹底孔及内螺纹的加工程序　工件坐标系原点选择在装夹后右端面中心点。此处内螺纹采用 G92 循环指令编程,分 5 次进刀,每次走刀需根据切入深度计算出 G92 循环指令的切削终点坐标,分别为（-37.0, 18.2）、（-37.0, 18.8）、（-37.0, 19.4）、（-37.0, 19.8）、（-37.0, 20）;西门子系统调用螺纹加工子程序编程。参考程序见表 5-32,发那科系统程序名为"O0153",西门子系统程序名为"SKC0153. MPF"。

表 5-32　车螺纹底孔及粗、精车内螺纹参考程序

程序段号	程序内容（发那科系统）	程序内容（西门子系统）	程序说明
N10	G40 G99 G80 G21;	G40 G95 G90 G71;	设置初状态
N20	M03 S1000 M08;	M03 S1000 M08;	设置主轴转速,切削液开
N30	T0101;	T01;	调用外圆车刀
N40	G00 X14.0 Z5.0;	G00 X14.0 Z5.0;	刀具移至切削起点
N50	G01 Z0 F0.1;	G01 Z0 F0.1;	刀具车至端面
N60	X36.0;	X36.0;	精车端面
N70	G00 X100.0 Z200.0;	G00 X100.0 Z200.0;	刀具返回换刀点
N80	T0202;	T02;	换内孔车刀
N90	M03 S600;	M03 S600;	设置车内孔转速
N100	X22.0 Z5.0;	G00 X22.0 Z5.0;	刀具移切削起点
N110	G01 Z0 F0.1;	G01 Z0 F0.1;	车至端面
N120	G01 X18.0 Z-2.0;	X18.0 Z-2.0;	孔口倒角 C2
N130	Z-32.0;	G01 Z-32.0;	车螺纹底孔
N140	X16.0;	X16.0;	刀具 X 方向切出
N150	G00 Z5.0;	G00 Z5.0;	刀具 Z 方向退回

（续）

程序段号	程序内容（发那科系统）	程序内容（西门子系统）	程序说明
N160	G00 X100.0 Z200.0 M09;	G00 X100.0 Z200.0 M09;	刀具返回换刀点,切削液关
N170	M00 M05;	M00 M05;	停机测量
N180	T0303;	T03;	换内螺纹车刀
N190	M03 S350 M08;	M03 S350 M08;	设置车螺纹转速,切削液开
N200	G00 X15.0 Z5.0;	G00 X15.0 Z5.0;	刀具移至切削起点
N210	G92 X18.2 Z-37.0 F2.0;	X18.2;	第一次车内螺纹
N220		L0532;	
N230	G92 X18.8 Z-37.0 F2.0;	G00 X18.8;	第二次车内螺纹
N240		L0532;	
N250	G92 X19.4 Z-37.0 F2.0;	G00 X19.4;	第三次车内螺纹
N260		L0532;	
N270	G92 X19.8 Z-37.0 F2.0;	G00 X19.8;	第四次车内螺纹
N280		L0532;	
N290	G92 X20.0 Z-37.0 F2.0;	G00 X20.0;	第五次车内螺纹
N300		L0532;	
N310	G00 X100.0 Z200.0;	G00 X100.0 Z200.0;	刀具返回换刀点
N320	M05 M09;	M05 M09;	主轴停,切削液关
N330	M30;	M30;	程序结束

西门子系统车螺纹子程序 L0532.SPF 见表 5-33。

表 5-33　西门子系统车螺纹子程序 L0532.SPF

程序段号	程序内容	程序说明
N10	G33 Z-37.0 K2.0;	车螺纹
N20	G00 X15.0;	刀具 X 方向退回
N30	Z5.0;	刀具 Z 方向退回
N40	M17;	子程序结束

3. 加工操作

（1）加工准备

1）开机，回参考点，建立机床坐标系，使机床对其后的操作有一个基准位置。

2）装夹工件。本任务需两次装夹。第一次夹住毛坯外圆，伸出长度为 40mm 左右；第二次用软卡爪夹住 $\phi 34_{-0.1}^{\ 0}$mm 外圆，需进行找正。

3）装夹刀具。将用到的外圆车刀、内孔车刀、内螺纹车刀分别装夹在 T01、T02、T03 号刀位中，将中心钻和 ϕ16mm 麻花钻分别装夹在尾座套筒中。内螺纹车刀刀头要严格垂直于工件轴线，以保证螺纹牙型不歪斜。

4）对刀操作。外圆车刀、内孔车刀采用试切法对刀。内螺纹车刀取刀尖为刀位点，对刀步骤如下。

① Z方向对刀。在手动（JOG）方式下，移动内螺纹车刀使刀尖与工件右端面平齐，可目测或借助钢直尺操作，如图5-16a所示。然后将长度补偿值输入到相应的刀具号中。

② X方向对刀。在MDI（MDA）方式下输入程序"M03 S300;"，使主轴正转；切换为手动（JOG）方式，用内螺纹车刀试切内孔长2~3mm，然后沿+Z方向退出，如图5-16b所示。停机，测量内孔直径，将其值输入到相应的刀具号中。

刀具对刀完成后，分别进行X、Z方向对刀验证，检验对刀是否正确。

内螺纹车刀对刀

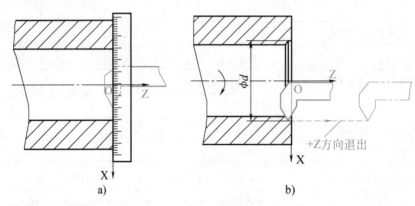

a)   b)

图5-16　内螺纹车刀对刀示意图

a）Z轴对刀示意图　b）X轴对刀示意图

5）输入程序并校验。将程序全部输入机床数控系统，分别调出主程序，设置空运行及仿真，校验程序并观察刀具轨迹，程序校验结束后取消空运行等设置。

（2）零件加工

1）粗、精车端面，$\phi 34_{-0.1}^{0}$mm外圆，步骤如下。

① 调出"O0053"或"SKC0053.MPF"程序，检查工件、刀具是否按要求夹紧，刀具是否已对刀。

② 选择自动加工模式，调小进给倍率，按数控启动键进行自动加工。加工中观察切削情况，逐步将进给倍率调至适当大小。

③ 程序结束后停机，测量外圆直径并进行尺寸控制。

④ 外圆尺寸符合要求后，手动钻中心孔、钻孔、手动倒角C2并切断工件。

2）调头，夹住$\phi 34_{-0.1}^{0}$mm外圆，车螺纹底孔及内螺纹，加工步骤如下。

内螺纹车削

① 调出"O0153"或"SKC0153.MPF"程序，检查工件、刀具是否按要求夹紧，刀具是否已对刀，将内孔车刀和内螺纹车刀设置一定的磨损量，用于尺寸控制。

② 选择自动加工模式，调小进给倍率，按数控启动键进行自动加工。加工

中观察切削情况，逐步将进给倍率调至适当大小。

③ 程序运行结束后，测量内螺纹尺寸并修调刀具磨损量，重新打开程序，运行 N180 段以后的程序，重新精车内螺纹。

④ 重复以上操作，直至内螺纹尺寸符合要求为止。

加工中采用软卡爪装夹，且应注意控制夹紧力大小，避免破坏已加工表面。

3）加工结束后及时清扫机床。

检测评分

将任务完成情况的检测与评价填入表 5-34 中。

表 5-34　圆螺母的加工检测评价表

序号	检测项目	检测内容及要求	配分	学生自检	学生互检	教师检测	得分
1	职业素养	文明、礼仪	5				
2		安全、纪律	10				
3		行为习惯	5				
4		工作态度	5				
5		团队合作	5				
6	制订工艺	(1)选择装夹与定位方式 (2)选择刀具 (3)选择加工路径 (4)选择合理的切削用量	5				
7	程序编制	(1)编程坐标系选择正确 (2)指令使用与程序格式正确 (3)基点坐标正确	10				
8	机床操作	(1)开机前检查、开机、回参考点 (2)工件装夹与对刀 (3)程序输入与校验	5				
9	零件加工	$\phi 34_{-0.1}^{0}$ mm	10				
10		$30_{-0.1}^{0}$ mm	4				
11		M20×2-6H	20				
12		$C2$	6				
13		表面粗糙度值 $Ra3.2\mu m$	10				
综合评价							

任务反馈

在任务完成过程中，分析是否出现表 5-35 所列问题，了解其产生原因，提出修正措施。

加工的优势之一。本项目通过圆柱螺塞、圆锥螺塞及圆螺母等常见螺纹类零件编程与加工的任务实施，学习了数控车床上普通内外螺纹和圆锥内外螺纹的尺寸计算方法、刀具选择、进刀方式、切削用量的确定及编程方法，通过加工操作训练，掌握了各种螺纹精度控制方法及要领；最后通过拓展训练，提高了对各种螺纹加工的熟练程度，为达到中级工标准奠定了基础。

拓展学习

中国空间站

　　中国空间站又称天宫号空间站，包括"天和号"核心舱、"梦天号"实验舱、"问天号"实验舱、"神舟号"载人飞船和"天舟号"货运飞船五个模块。建设和运营空间站是衡量一个国家经济、科技和综合国力的重要标志。中国空间站的建造运营将为人类开展深空探索储备技术、积累经验，是中国为人类探索宇宙奥秘、和平利用外太空、推动构建人类命运共同体做出的积极贡献。

思考与练习

1. 车普通外螺纹前，如何确定螺纹底圆柱直径？为什么？

2. 车削普通螺纹有哪几种进刀方法？各有何特点？

3. 简述普通外螺纹车刀的对刀步骤。

4. 车削螺纹为何要设置空刀导入量和空刀退出量？其值如何确定？

5. 用 G32 或 G33 指令加工圆柱螺纹与圆锥螺纹的指令格式有何不同？

6. 用 G92 指令加工圆柱螺纹与圆锥螺纹的指令格式有何不同？

7. 圆锥螺纹起始点直径、螺纹终点直径如何计算？

8. 车普通内螺纹前，如何计算内螺纹底孔直径尺寸？为什么？

9. 编写图 5-18 所示螺纹轴的数控加工程序并练习加工，材料为 45 钢，毛坯尺寸为 $\phi 30\text{mm} \times 40\text{mm}$。

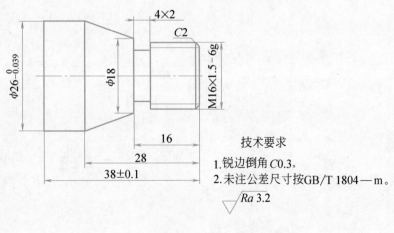

技术要求
1. 锐边倒角 C0.3。
2. 未注公差尺寸按 GB/T 1804—m。
$\sqrt{Ra\ 3.2}$

图 5-18　题 9 图

10. 编写图 5-19 所示圆锥螺纹轴的数控加工程序并练习加工，材料为 45 钢，毛坯尺寸为 $\phi25mm \times 45mm$。

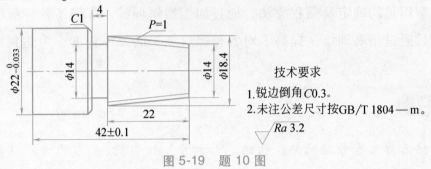

技术要求

1. 锐边倒角 C0.3。
2. 未注公差尺寸按GB/T 1804—m。

$\sqrt{Ra\ 3.2}$

图 5-19　题 10 图

11. 编写图 5-20 所示圆锥螺纹管接头的数控加工程序并练习加工，材料为 45 钢，毛坯尺寸为 $\phi35mm \times 70mm$。

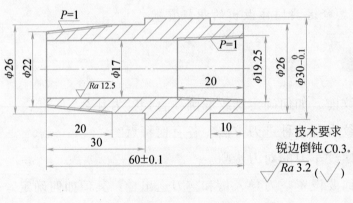

技术要求

锐边倒钝 C0.3。

$\sqrt{Ra\ 3.2}\ (\sqrt{\ })$

图 5-20　题 11 图

项目六　零件综合加工和CAD/CAM加工

　　机械零件通常由多种表面构成，编程和加工时需综合考虑轴类、盘套类、槽类、螺纹类零件的编程与工艺特点，并反复进行加工练习，才能达到数控车中级工要求。此外，随着科技的进步，自动对刀、CAD/CAM（计算机辅助设计与计算机辅助制造）越来越普及，会进行车削类零件自动对刀、计算机（自动）编程、程序传输与加工是数控车削加工重要的技术推广内容。本项目通过法兰盘、螺纹管接头、圆头电动机轴的加工实施，熟悉中等复杂零件车削的工艺制订、程序编写与零件加工方法，了解计算机（自动）编程、程序传输与加工过程，达到数控车中级工要求。

 **学习目标**

- 能识读中等复杂车削类零件图。
- 会制订中等复杂车削类零件加工工艺。
- 会编写中等复杂车削类零件加工程序。
- 会加工中等复杂车削类零件并达到一定的精度要求。
- 了解车削类零件的 CAD/CAM 加工流程。
- 了解自动对刀的种类及自动对刀方法。

任务一　法兰盘的加工

任务描述

　　如图 6-1 所示，法兰盘是连接各管道和阀门的一种重要零件，由外圆、内孔、螺纹等多个表面构成，且各表面精度要求均较高。使用 FANUC 0i Mate-TD 或 SINUMERIK 828D 系统数控车床完成该零件加工，材料为 45 钢，毛坯为 $\phi80mm\times30mm$ 棒料。法兰盘零件加工后三维的效果图如图 6-2 所示。

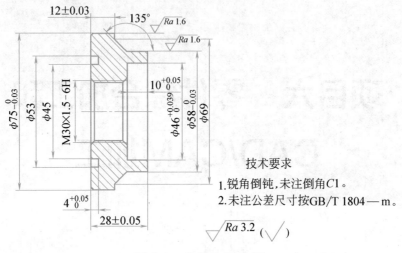

图 6-1　法兰盘零件图

知识目标

1. 能识读法兰盘零件图。
2. 会制订法兰盘加工工艺。
3. 掌握端面槽切削指令及其应用。

技能目标

1. 会正确安装端面槽车刀，会进行端面槽车刀的对刀。
2. 会测量端面槽的相关尺寸。
3. 会加工法兰盘零件并达到一定的精度要求。

图 6-2　法兰盘三维效果图

知识准备

　　法兰盘属于盘套类零件，有内外圆柱面、外圆锥面、内螺纹、端面槽等多个表面，且精度要求均较高，加工中应按前面任务内容综合考虑各表面的加工方法、参数计算、切削用量的选择等工艺和编程指令，此处主要学习端面槽的加工工艺和编程方法。

　　1. 端面槽的类型

　　端面槽位于回转类零件端面，用于密封或连接，有直槽、梯形槽、T 形槽和燕尾槽等，如图 6-3 所示。本任务以端面直槽和梯形槽为主介绍其加工工艺及编程方法。

　　2. 端面槽车刀及进刀方式

　　端面槽车刀有整体式、焊接式和可转位 3 种，数控车床上常用可转位端面槽车刀，如

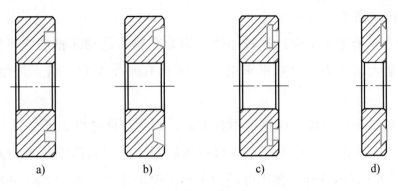

图 6-3　端面槽

a）直槽　b）梯形槽　c）T形槽　d）燕尾槽

图 6-4 所示。

　　宽度较小的窄槽一般采用直进法切削，如图 6-5 所示。为避免刀具外侧刀面与工件表面干涉，外侧刀面应磨成圆弧形，且圆弧半径小于被车端面槽外侧圆弧半径。车槽时将车槽刀移近至进刀点，采用直进法切削，直槽较深时也可分次进给切削，以便于排屑。槽较宽时，应分次纵向进给粗车，再沿槽底横向切削以光整槽底。

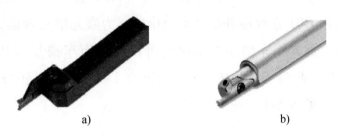

图 6-4　可转位端面槽车刀

a）方柄端面槽车刀　b）圆柄端面槽车刀

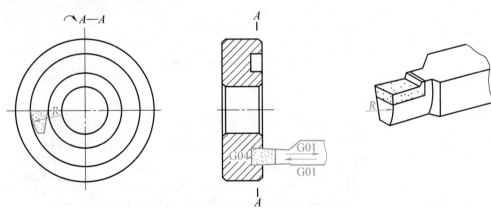

图 6-5　端面槽车刀尺寸及进刀方式

　　切削端面梯形槽时先切削直槽，再分别切削槽两侧面，如图 6-6 所示。

3. 端面槽的切削用量

　　端面槽切削用量的选择主要考虑尺寸精度、刀具性能、工艺系统刚性等因素，因车槽刀窄而长，刀具强度低，故切削用量相对较小。

　　（1）背吃刀量　当槽宽 $b<5mm$ 时，端面槽车刀刀头宽度等于槽宽，背吃刀量为刀头宽度；车宽槽时，分几次进

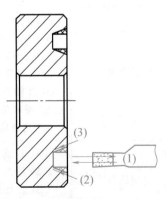

图 6-6　端面梯形槽的切削方式

行粗加工，然后再精加工。

（2）进给量　车槽进给量应选择较小值，因为车槽刀越切入槽底，排屑越困难，切屑易堵在槽内，会增大切削力。一般粗车进给量为 0.1mm/r 左右，精车进给量为 0.08mm/r 左右。

（3）切削速度　车槽时的切削速度不宜太低，因为切削速度太低会增大切削力。此外，切削速度的选择还应考虑刀具性质、工件材料等因素。使用高速钢车槽刀及焊接式车槽刀时的主轴转速为 200~300r/min，使用可转位车槽刀时的主轴转速为 300~400r/min。

4. 编程知识

车端面槽采用直进法加工，编程时使用 G00 快速定位指令使刀具快速移至进刀点，然后用 G01 直线插补指令车至槽底。为修光槽底表面，用 G04 指令暂停，车槽完毕后退出刀具。此外，车削端面槽时还可以用端面车槽复合切削循环指令编程，如发那科系统指令 G74，西门子系统指令 CYCLE930（参见项目二任务三）。发那科系统 G74 指令格式及参数含义见表 6-1。

表 6-1　发那科系统 G74 指令格式及参数含义

类别	内容
指令格式	G74 R(e)； G74 X(U)＿ Z(W)＿ P(Δi) Q(Δk) R(Δd) F(f)；
切削循环路径	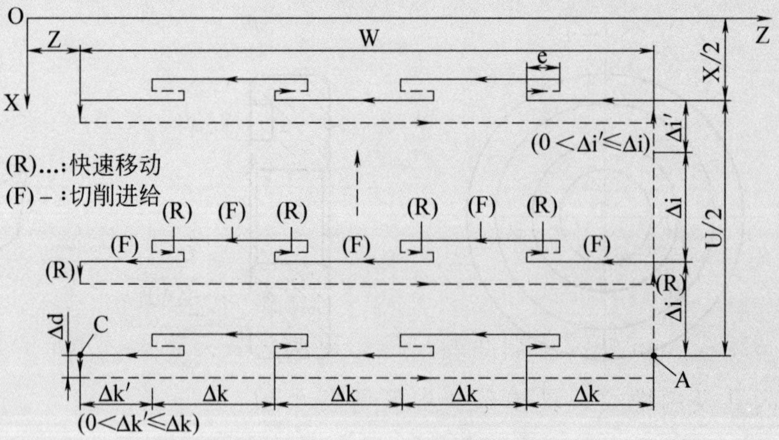 (R)…:快速移动 (F) – :切削进给
参数含义	e:返回量 X、Z:槽底终点绝对坐标 U、W:槽底终点相对于循环起点的增量坐标 Δi:X 轴方向的移动量，无符号，半径值，输入单位为 μm Δk:Z 轴方向的切深量，无符号，输入单位为 μm Δd:槽底位置 X 方向的退刀量，无要求时可省略 f:进给速度
使用说明	1. X(U) 或 Z(W) 指定，而 Δi 或 Δk 未指定或值为零将发生报警 2. Δk 值大于 Z 轴的移动量(W) 或 Δk 值为负将发生报警 3. Δi 值大于 U/2 或设置为负将发生报警，Δi 值大于槽宽将切出多个端面槽 4. 退刀量大于进刀量将发生报警

任务实施

选用 FANUC 0i Mate-TD 或 SINUMERIK 828D 系统数控车床实施任务。本任务零件含有多个精度要求较高的重要表面，如外圆、端面、内孔、内螺纹、端面槽等，任务实施时结合前面任务各表面加工特点综合考虑该法兰盘的工艺制订、编程和加工方法。

1. 工艺分析

（1）编程参数的计算 外圆锥面需计算圆锥长度尺寸才能编程，计算方法：$C = 2\tan(\alpha/2) = 2\times\tan45° = 2$，$L = (D-d)/C = (69-58)\,\text{mm}/2 = 5.5\text{mm}$。

M30×1.5-6H 螺纹编程参数计算结果见表6-2。

表6-2 加工普通圆柱内螺纹编程参数计算结果

螺纹代号	螺纹牙深	螺纹小径	车内螺纹前底孔直径
M30×1.5-6H	$h_{1实} = 0.65P$ $= 0.65\times1.5\text{mm} = 0.975\text{mm}$	$D_{1实} = D-2h_{1实} = D-1.3P$ $= 30\text{mm}-1.3\times1.5\text{mm} = 28.05\text{mm}$	$D_{孔} = D-P$ $= 30\text{mm}-1.5\text{mm} = 28.5\text{mm}$

（2）刀具的选择 外圆、内孔表面尺寸精度和表面质量要求均较高，应分别选用粗、精车刀进行加工；M30×1.5-6H 内螺纹可选用硬质合金焊接式螺纹车刀车削，端面槽选用刀头宽度为4mm的端面槽车刀采用直进法切削；车内孔及内螺纹前还需用到中心钻和麻花钻等刀具，具体见表6-3。

（3）量具的选择 外圆直径用外径千分尺测量，内孔直径用内径百分表测量，长度及槽宽用游标卡尺测量，深度尺寸用深度千分尺测量，内螺纹用螺纹塞规测量，表面粗糙度用表面粗糙度样板比对。

（4）零件加工工艺路线的制订 本任务需采用粗、精车分开原则安排工艺，先粗车零件右端面、外圆、圆锥，钻孔及粗车内孔和螺纹底孔，然后调头装夹，粗、精车左端面、倒角及 $\phi75^{\ 0}_{-0.03}$mm 外圆、端面槽，最后再调头装夹 $\phi75^{\ 0}_{-0.03}$mm 外圆，精车右端端面、外圆、圆锥、内孔及内螺纹。具体车削步骤见表6-3。

（5）切削用量的选择 粗、精车外圆、端面、内孔、内螺纹等的切削用量同前面任务；车端面槽时的主轴转速取 400r/min，进给速度取 0.08mm/r；通过查表5-5可知 M30×1.5-6H 螺纹分4次进给，每次背吃刀量分别为（直径值）0.8mm、0.5mm、0.5mm、0.15mm。所有表面加工切削用量见表6-3。

2. 程序编制

（1）粗车法兰盘右端面、外轮廓、钻孔及粗车内孔和螺纹底孔的加工程序 工件坐标系原点选择在零件右端面中心点，轮廓余量较大，用粗车复合循环车削。参考程序见表6-4，发那科程序名为"O0061"，西门子系统程序名为"SKC0061.MPF"。

表6-3 法兰盘零件加工工艺

工序名	定位 (装夹面)	工步序号及内容	刀具及刀号	主轴转速 $n/(r/min)$	进给量 $f/(mm/r)$	背吃刀量 a_p/mm
车削	夹住毛坯外圆	(1)粗车右端面、外轮廓	外圆粗车刀,刀号T01	600	0.2	2~4
		(2)手动钻中心孔	A3中心钻	1000	0.1	
		(3)手动钻 $\phi26mm$ 孔	$\phi26mm$ 麻花钻	300	0.1	
		(4)粗车内孔及螺纹底孔	内孔粗车刀,刀号T04	600	0.1	2~4
	调头,夹住 $\phi58_{-0.03}^{0}mm$ 外圆	(1)粗车左端面、倒角及 $\phi75_{-0.03}^{0}mm$ 外圆	外圆粗车刀,刀号T01	600	0.2	2~4
		(2)精车左端面、倒角及 $\phi75_{-0.03}^{0}mm$ 外圆	外圆精车刀,刀号T02	1000	0.1	0.3
		(3)粗、精车端面槽	车槽刀,刀号T03	400	0.08	4
		(4)手动内孔倒角 $C1$	45°车刀,刀号T07	600	0.1	
	调头,夹住 $\phi75_{-0.03}^{0}mm$ 外圆	(1)精车右端面、外轮廓	外圆精车刀,刀号T02	1000	0.1	0.3
		(2)精车内孔及螺纹底孔	内孔精车刀,刀号T05	1000	0.1	0.3
		(3)粗、精车 M30×1.5-6H 螺纹	内螺纹车刀,刀号T06	350	1.5	0.1~0.4

表6-4 粗车法兰盘右端轮廓参考程序

程序段号	程序内容(发那科系统)	程序内容(西门子系统)	程序说明
N10	G40 G99 G80 G21;	G40 G95 G90 G71;	设置初始状态
N20	M03 S600 M08;	M03 S600 M08;	设置主轴转速,切削液开
N30	T0101;	T01;	调用外圆车刀
N40	G00 X85.0 Z5.0 F0.2;	G00 X85.0 Z5.0 F0.2;	刀具移动至循环起点
N50	G71 U1.5 R0.5;	CYCLE952("L0611",,"", 2101411,0.2……);	调用粗车复合循环指令粗车外轮廓
N60	G71 P70 Q120 U0.6 W0.2;		
N70	G01 X0;		
N80	Z0;		
N90	X57.985;		发那科系统轮廓粗车程序段,西门子系统轮廓加工子程序见表6-5
N100	Z-10.5;		
N110	X69.0 Z-16.0;		
N120	X82.0;		
N130	G00 X100.0 Z200.0;	G00 X100.0 Z200.0;	刀具退回至换刀点
N140	M03 S1000;	M03 S1000;	设置钻中心孔转速
N150	M00;	M00;	程序停,手动钻中心孔
N160	M03 S300;	M03 S300;	设置钻孔转速
N170	M00;	M00;	程序停,手动钻孔
N180	T0404;	T04;	换内孔粗车刀

（续）

程序段号	程序内容（发那科系统）	程序内容（西门子系统）	程序说明
N190	M03 S600 M08；	M03 S600 M08；	设置车孔转速，切削液开
N200	G00 X20 Z5.0；	G00 X20 Z5.0；	刀具移至循环起点
N210	G71 U1.5 R0.5；	CYCLE952（"L0612",,"", 2101421,0.1,……）；	调用粗车复合循环指令粗车内轮廓
N220	G71 P230 Q270 U−0.6 W0.2；		
N230	G01 X46.02 Z0；		发那科系统轮廓粗车程序段，西门子系统轮廓加工子程序见表6-6
N240	Z−10.025；		
N250	X28.5,C1；		
N260	Z−30.0；		
N270	X25.0；		
N280	G00 X100.0 Z200.0；	G00 X100.0 Z200.0；	刀具退回
N290	M05 M09；	M05 M09；	主轴停，切削液关
N300	M30；	M30；	程序结束

西门子系统粗车法兰盘右端外轮廓子程序 L0611.SPF 见表 6-5。

表 6-5 西门子系统粗车法兰盘右端外轮廓子程序 L0611.SPF

程序段号	程序内容	程序说明
N10	G01 X0；	刀具移至切削起点
N20	Z0；	车至端面
N30	X57.985；	车端面
N40	Z−10.5；	车 $\phi58_{-0.03}^{0}$ mm 外圆
N50	X69.0 Z−16.0；	车圆锥
N60	X82.0；	刀具沿 X 方向切出
N70	M17；	子程序结束

西门子系统粗车法兰盘右端内轮廓子程序 L0612.SPF 见表 6-6。

表 6-6 西门子系统粗车法兰盘右端内轮廓子程序 L0612.SPF

程序段号	程序内容	程序说明
N10	G01 X46.02 Z0；	刀具移至切削起点
N20	Z−10.025；	车 $\phi46_{0}^{+0.039}$ mm 内孔
N30	X28.5 CHF=1.414；	车台阶面并倒角
N40	Z−30.0；	车螺纹底孔
N50	X25.0；	刀具沿 X 方向切出
N60	M17；	子程序结束

（2）调头夹住 $\phi 58_{-0.03}^{0}$ mm 外圆，粗、精车左端面、倒角、$\phi 75_{-0.03}^{0}$ mm 外圆及端面槽的加工程序　工件坐标系原点选择在零件装夹后右端面中心点，端面槽车刀选内侧刀尖为刀位点。参考程序见表6-7，发那科系统程序名为"O0161"，西门子系统程序名为"SKC0161.MPF"。

表6-7　粗、精车法兰盘左端轮廓参考程序

程序段号	程序内容（发那科系统）	程序内容（西门子系统）	程序说明
N10	G40 G99 G80 G21；	G40 G95 G90 G71；	设置初始状态
N20	M03 S600 M08；	M03 S600 M08；	设置主轴转速，切削液开
N30	T0101；	T01；	调用外圆粗车刀
N40	G00 X85.0 Z5.0 F0.2；	G00 X85.0 Z5.0；	刀具移动至切削起点
N50	G90 X75.6 Z-15；	X75.6；	粗车 $\phi 75_{-0.03}^{0}$ mm 外圆
N60		G01 Z-15 F0.2；	
N70		X85.0；	
N80		G00 Z5.0；	
N90	G00 X100.0 Z200.0；	G00 X100.0 Z200.0；	刀具返回至换刀点
N100	T0202；	T02；	换外圆精车刀
N110	M03 S1000 F0.1；	M03 S1000 F0.1；	设置精车切削用量
N120	G00 X0 Z5.0；	G00 X0 Z5.0；	刀具移至切削起点
N130	G01 Z0；	G01 Z0；	车至端面
N140	X74.985，C1.0；	X74.985 CHF=1.414；	车端面并倒角
N150	Z-15.0；	Z-15.0；	精车 $\phi 75_{-0.03}^{0}$ mm 外圆
N160	G00 X100.0 Z200.0 M09；	G00 X100.0 Z200.0 M09；	刀具返回至换刀点，切削液关
N170	M00 M05；	M00 M05；	程序停，主轴停，测量，进行尺寸控制
N180	T0303；	T03；	换端面槽车刀
N190	M03 S400 F0.08 M08；	M03 S400 F0.08 M08；	设置车槽切削用量，切削液开
N200	G00 X45.0 Z5.0；	G00 X45.0 Z5.0；	刀具移至切削起点
N210	G01 Z-4.0；	G01 Z-4.0；	刀具Z方向进给车端面槽
N220	G04 X2.0；	G04 F2.0；	槽底暂停2s
N230	G01 Z5.0；	G01 Z5.0；	刀具Z方向退出
N240	G00 X100.0 Z200.0 M09；	G00 X100.0 Z200.0 M09；	刀具返回换刀点，切削液关
N250	M05；	M05；	主轴停
N260	M30；	M30；	程序结束

（3）精车法兰盘右端面、外轮廓、内孔及内螺纹的加工程序　工件坐标系原点选择在零件装夹后右端面中心点，内螺纹用螺纹切削复合循环指令。参考程序见表6-8，发那科系统程序名为"O0261"，西门子系统程序名为"SKC0261.MPF"。

表 6-8　精车法兰盘右端轮廓参考程序

程序段号	程序内容(发那科系统)	程序内容(西门子系统)	程序说明
N10	G40 G99 G80 G21;	G40 G95 G90 G71;	设置初始状态
N20	M03 S1000 M08;	M03 S1000 M08;	设置主轴转速,切削液开
N30	T0202;	T02;	调用外圆精车刀
N40	G00 G42 X40.0 Z5.0 F0.1;	G00 G42 X40.0 Z5.0 F0.1;	刀具移至切削起点
N50	G01 Z0;	G01 Z0;	精车至端面
N60	X57.985;	X57.985;	精车端面
N70	Z-10.5;	Z-10.5;	精车 $\phi 58_{-0.03}^{0}$ mm 外圆
N80	X69.0 Z-16.0;	X69.0 Z-16.0;	精车圆锥
N90	X80.0;	X80.0;	精车台阶面
N100	G00 G40 X100.0 Z200.0 M09;	G00 G40 X100.0 Z200.0 M09;	刀具返回换刀点,切削液关
N110	M00 M05;	M00 M05;	程序停,主轴停,测量,控制外圆尺寸
N120	T0505;	T05;	换内孔精车刀
N130	M03 S1000 M08 F0.1;	M03 S1000 M08 F0.1;	设置精车内孔切削用量,切削液开
N140	G00 X46.02 Z5.0;	G00 X46.02 Z5.0;	刀具移至切削起点
N150	G01 Z-10.025;	G01 Z-10.025;	精车 $\phi 46_{0}^{+0.039}$ mm 内孔
N160	X28.5,C1.0;	X28.5 CHF=1.414;	精车台阶面并倒角
N170	Z-30.0;	Z-30.0;	精车螺纹底孔
N180	X25.0;	X25.0;	刀具沿 X 方向切出
N190	G00 Z5.0;	G00 Z5.0;	刀具沿 Z 方向退出
N200	G00 X100.0 Z200.0 M09;	G00 X100.0 Z200.0 M09;	刀具返回至换刀点,切削液关
N210	M00 M05;	M00 M05;	程序停,主轴停,测量
N220	T0606;	T06;	换内螺纹车刀
N230	M03 S350 M08;	M03 S350 M08;	设置车螺纹转速,切削液开
N240	G00 X20.0 Z5.0;	G00 X20.0 Z5.0;	刀具移至循环起点
N250	G76 P021160 Q100 R50;	CYCLE99 (0, 30, – 28,, 4, 2,	设置螺纹循环参数,调用螺纹切削复
N260	G76 X30.0 Z-30.0 R0 P975 Q400 F1.5;	0.975,0.1······);	合循环
N270	G00 X100.0 Z200.0 M09;	G00 X100.0 Z200.0 M09;	刀具返回至换刀点,切削液关
N280	M05;	M05;	主轴停
N290	M30;	M30;	程序结束

3. 加工操作

（1）加工准备

1）开机，回参考点，建立机床坐标系，使机床对其后的操作有一个基准位置。

2）装夹工件。本次任务共有 3 次装夹。第一次夹住毛坯外圆，伸出长度为 20mm 左右；第二次调头夹住 $\phi 58_{-0.03}^{0}$ mm 外圆，第三次调头夹住 $\phi 75_{-0.03}^{0}$ mm 外圆。需重点关注的是第三次装夹，因为 $\phi75_{-0.03}^{0}$ mm 外圆已精车，装夹后需找正且不能破坏已加工表面。

3）装夹刀具。本任务要用到外圆粗车刀、外圆精车刀、4mm 宽端面槽车刀、内孔粗车刀、内孔精车刀、内螺纹车刀、45°车刀等，分别将刀具装夹在 T01、T02、T03、T04、T05、T06、T07 号刀位中，所有刀具刀尖与工件回转中心等高。其中，内螺纹车刀刀头要严格垂直于工件轴线，保证车出的螺纹牙型不歪斜；端面槽车刀刀头应与工件轴线平行，防止端面槽车刀折断；中心钻和 $\phi26$mm 麻花钻分别装入尾座套筒中并保证其中心与工件回转中心同轴。本任务用到的刀具数量较多，若数控车床刀位数不够，则每次装夹工件后安装需要用到的刀具，且保证程序中该刀具刀位号与实际刀位号一致。

4）对刀操作。外圆车刀、内孔车刀、内螺纹车刀等采用试切法对刀。端面槽车刀对刀时选外侧或内侧刀尖为刀位点（此处选内侧刀尖），对刀步骤如下。

① Z 方向对刀。起动主轴正转，在手动（JOG）方式下将端面槽车刀切削刃碰至工件端面，沿+X 方向退出刀具，如图 6-7a 所示。然后进行面板操作，面板操作步骤与外圆车刀 Z 方向对刀相同。

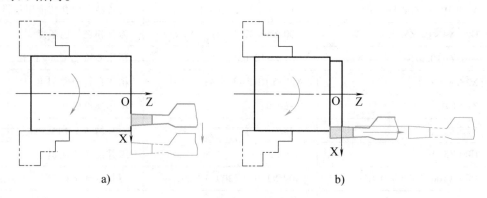

图 6-7　端面槽车刀对刀操作示意图

a）端面槽车刀 Z 轴对刀示意图　b）端面槽车刀 X 轴对刀示意图

② X 方向对刀。起动主轴正转，在手动（JOG）方式下用端面槽车刀内侧刀尖试切工件外圆面，沿+Z 方向退出刀具，如图 6-7b 所示。停机，测量外圆直径，然后进行面板操作，面板操作步骤与外圆车刀 X 方向对刀相同。

刀具对刀完成后，分别进行 X、Z 方向对刀验证，检验对刀是否正确。

5）输入程序并校验。将程序全部输入机床数控系统，分别调出各（主）程序，设置空运行及仿真，校验程序并观察刀具轨迹，程序校验结束后取消空运行等设置。

（2）零件加工

1）粗车法兰盘右端面、外轮廓、钻孔及粗车内孔，步骤如下。

① 调出"O0061"或"SKC0061.MPF"程序，检查工件、刀具是否按要求夹紧，刀具是否已对刀。

② 选择自动加工模式，调小进给倍率，按数控启动键进行自动加工。加工中观察切削情况，逐步将进给倍率调至适当大小。

③ 程序运行至 N150 段，手动钻中心孔，中心孔钻好后，按数控启动键运行下面程序。

④ 程序运行至 N170 段，手动钻 $\phi26mm$ 孔，孔钻好后，按数控启动键运行粗车内孔程序。

2）粗、精车法兰盘左端面、倒角、$\phi75_{-0.03}^{0}$mm 外圆及端面槽，步骤如下。

① 调出"O0161"或"SKC0161.MPF"程序，检查工件、刀具是否按要求夹紧，刀具是否已对刀，将外圆精车刀设置一定的刀具磨损量，用于外圆尺寸控制。

② 选择自动加工模式，调小进给倍率，按数控启动键进行自动加工。加工中观察切削情况，逐步将进给倍率调至适当大小。

③ 程序运行至 N170 段，停机，测量外圆尺寸，修调外圆精车刀刀具磨损量，进行尺寸控制。

④ 外圆尺寸符合要求后运行车端面槽程序车端面槽。

⑤ 用 45°车刀进行孔口倒角，尺寸与螺纹底孔相匹配。

3）精车法兰盘右端面、外圆、内孔及内螺纹，步骤如下。

① 调出"O0261"或"SKC0261.MPF"程序，检查工件、刀具是否按要求夹紧，刀具是否已对刀，将外圆精车刀、内孔精车刀及内螺纹车刀均设置一定的刀具磨损量，用于尺寸控制。

② 选择自动加工模式，调小进给倍率，按数控启动键进行自动加工。加工中观察切削情况，逐步将进给倍率调至适当大小。

③ 程序运行至 N110 段，停机，测量外圆尺寸，修调外圆精车刀刀具磨损量，进行尺寸控制。

④ 程序运行至 N210 段，停机，测量内孔尺寸，修调内孔精车刀刀具磨损量，进行尺寸控制。

⑤ 程序结束后，测量螺纹尺寸并修调内螺纹车刀磨损量，进行螺纹尺寸控制，控制方法同前面任务。

4）加工结束后及时清扫机床。

 检测评分

将任务完成情况的检测与评价填入表 6-9 中。

表 6-9 法兰盘的加工检测评价表

序号	检测项目	检测内容及要求	配分	学生自检	学生互检	教师检测	得分
1	职业素养	文明、礼仪	5				
2		安全、纪律	10				
3		行为习惯	5				
4		工作态度	5				
5		团队合作	5				

（续）

序号	检测项目	检测内容及要求	配分	学生自检	学生互检	教师检测	得分
6	制订工艺	(1)选择装夹与定位方式 (2)选择刀具 (3)选择加工路径 (4)选择合理的切削用量	5				
7	程序编制	(1)编程坐标系选择正确 (2)指令使用与程序格式正确 (3)基点坐标正确	10				
8	机床操作	(1)开机前检查、开机、回参考点 (2)工件装夹与对刀 (3)程序输入与校验	5				
9	零件加工	$\phi 75_{-0.03}^{0}$ mm	5				
10		$\phi 58_{-0.03}^{0}$ mm	5				
11		$\phi 46_{0}^{+0.039}$ mm	5				
12		$\phi 69$ mm	1				
13		$\phi 53$ mm	1				
14		$\phi 45$ mm	1				
15		28mm±0.05mm	3				
16		12mm±0.03mm	3				
17		$10_{0}^{+0.05}$ mm	3				
18		$4_{0}^{+0.05}$ mm	5				
19		135°	3				
20		M30×1.5-6H	8				
21		$C1$	1				
22		表面粗糙度值 $Ra1.6\mu m$	4				
23		表面粗糙度值 $Ra3.2\mu m$	2				
综合评价							

任务反馈

在任务完成过程中，分析是否出现表 6-10 所列问题，了解其产生原因，提出修正措施。

表 6-10　法兰盘加工出现的问题、产生原因及修正措施

问题	产生原因	修正措施
外圆、内孔直径不正确	(1)精车刀未设置刀具磨损量	
	(2)尺寸控制错误	
	(3)测量错误	

（续）

问题	产生原因	修正措施
长度尺寸不正确	(1)编程参数设置错误	
	(2)调头装夹工件未找正	
	(3)长度尺寸控制错误	
	(4)测量错误	
螺纹尺寸不正确	(1)刀具角度有误差	
	(2)编程参数错误	
	(3)测量不正确	
	(4)刀具磨损	
螺纹牙侧表面粗糙度超差	(1)切削速度选择不当,产生积屑瘤	
	(2)切入深度大	
	(3)工艺系统刚性不足,引起振动	
	(4)刀具磨损	

任务拓展一

用端面车槽复合循环指令 G74 或 CYCLE930 编写图 6-1 所示零件的加工程序并进行加工。

任务拓展二

加工图 6-8 所示零件。材料为 45 钢，毛坯为 $\phi70mm\times30mm$ 棒料。

任务拓展实施提示：本任务由外圆、内孔、圆弧、圆锥内螺纹、梯形端面槽等多个表面构成，且大多表面精度要求较高，需分粗、精加工完成，加工工艺同前面任务内容；端面梯形槽较宽，可采用端面车槽复合循环指令编程加工。

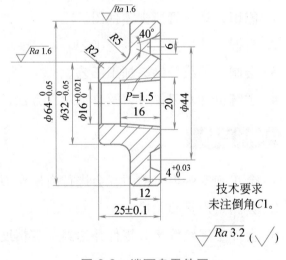

图 6-8　端面盘零件图

任务二　螺纹管接头的加工

任务描述

如图 6-9 所示，螺纹管接头主要由外圆、内孔、圆锥、内外槽及内外螺纹面构成，主要表面尺寸精度和表面质量要求均较高，使用 FANUC 0i Mate-TD 或 SINUMERIK 828D 系统数控车床完成该零件加工，材料为 45 钢，毛坯为 $\phi65\text{mm}\times55\text{mm}$ 棒料。其中内、外螺纹螺距均为 2mm，精度均为 6 级，螺纹退刀槽宽度均为 4mm，表面粗糙度值为 $Ra3.2\mu\text{m}$。螺纹管接头加工后的三维效果图如图 6-10 所示。

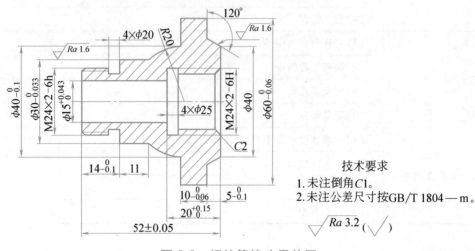

图 6-9　螺纹管接头零件图

 **知识目标**

1. 能识读螺纹管接头零件图。
2. 掌握内孔槽加工指令与工艺。
3. 会制订螺纹管接头加工工艺。
4. 了解机外对刀仪对刀及自动对刀方法。

 **技能目标**

图 6-10　螺纹管接头三维效果图

1. 会正确安装内车槽刀，会进行内槽车刀的对刀。
2. 会测量内槽相关尺寸。
3. 会加工螺纹管接头零件并达到一定精度要求。

 **知识准备**

螺纹管接头属于盘套类零件，有外圆柱面、外圆锥面、内孔面、内外螺纹面及内外槽等多个表面，且大部分表面精度要求较高，加工中应综合考虑各表面的加工方法、参数计算、切削用量的选择等工艺和编程指令。本任务中，主要学习内孔槽加工工艺和编程方法。

1. 内孔槽类型

内孔槽位于内孔表面，用于磨削时砂轮越程、车螺纹退刀、密封、冷却润滑等，常见类型有直槽、圆弧形槽、梯形槽等，如图6-11所示。

2. 内槽车刀及进刀方式

内槽车刀有整体式、焊接式和可转位3种，其中焊接式和可转位内槽车刀如图6-12所示。

内孔槽车削的进刀方式主要根据槽的宽度及精度选择，具体见表6-11。

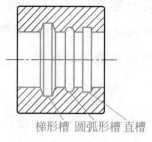

图6-11 内孔槽

a) b)

图6-12 内槽车刀

a）焊接式内槽车刀 b）可转位内槽车刀

表6-11 内孔槽车削的进刀方式

内孔槽类型	进刀图示	说明
窄槽及精度较低的内槽	①G00 ②G01 ③G04 ④G01 ⑤G00 内槽车刀	窄槽及精度较低的槽，用与槽形状相同的内槽车刀采用直进法进刀，包括尺寸较小的圆弧形槽和梯形槽
宽槽及精度较高的宽直槽	内槽车刀 内槽车刀 粗车 精车	宽内槽及精度较高的内槽，先分次进刀粗车，再沿着侧面及槽底精车
梯形槽	内槽车刀	尺寸较大的内梯形槽，分3次进刀，先车直槽，再车槽两侧边

3. 内孔槽的切削用量

车内孔槽的切削用量与车外槽的切削用量相同，当槽宽 $b < 5\text{mm}$ 时，用刀头宽度等于槽宽的内槽车刀切削，背吃刀量为刀头宽度；车宽槽时，用刀头宽度为2~4mm的车槽刀分几

次进行粗加工,然后进行精加工。粗车进给速度为 0.1mm/r 左右,精车进给速度为 0.08mm/r 左右。用高速钢车槽刀切削时,主轴转速为 150~250r/min,用焊接式车槽刀和可转位车槽刀切削时,主轴转速为 300~400r/min。

4. 编程知识

车内孔槽采用直进法进刀,编程时使用 G00 指令快速定位,G01 指令切削加工,G04 指令暂停以修光槽底。车宽槽可用车槽复合循环指令编程加工。

5. 机外对刀仪对刀

数控车床上试切法对刀应用较广,但由于其操作复杂,故占用机床时间长、效率低。随着科技进步和先进设备的研发生产,先进对刀方法逐步被推广应用,主要有机外对刀仪对刀和自动对刀。

机外对刀仪对刀本质是测出假想刀尖点到刀具台基准之间 X、Z 方向的距离,即刀具 X、Z 方向长度,将其输入到机床刀具长度补偿中,以便刀具装上机床即可以使用。图 6-13 所示为一种比较典型的数控车床机外对刀仪。

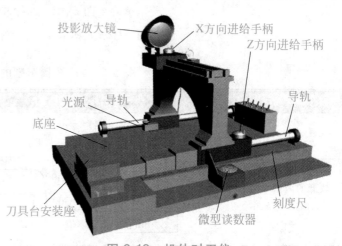

图 6-13 机外对刀仪

机外对刀仪对刀方法:将刀具同刀座一起紧固在对刀刀具台上,对刀刀具台安装在刀具台安装座上,摇动 X 方向或 Z 方向进给手柄,使移动部件载着投影放大镜沿着两个方向移动,直至假想刀尖点与放大镜中十字线交点重合为止,如图 6-14 所示,这时通过 X、Z 方向微型读数器分别读出 X、Z 方向的长度值,就是这把刀具的对刀长度。

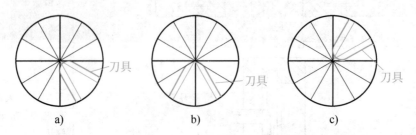

图 6-14 前置刀架刀尖在放大镜中的对刀投影

a)外圆刀尖 b)对称刀尖 c)内径刀尖

6. 自动对刀

自动对刀又称为刀具检测功能,能够极其准确地检测刀具坐标,还能在加工过程中自动检测刀具的磨损或破损并报警或进行补偿,从而缩短刀具调节与设置时间,大大提高生产率，是数控加工技术发展的方向之一。

　　自动对刀的原理是利用数控系统自动精确地测量出刀具两个坐标方向的长度，自动修正刀具补偿值，然后直接开始加工零件。自动对刀主要通过各种自动对刀仪实现，自动对刀仪有接触式和非接触式两大类。

　　（1）接触式自动对刀仪　接触式自动对刀仪的核心部件由一个高精度开关（测头），一个高硬度、高耐磨的硬质合金四面体探针（对刀探针）和一个信号传输接口器组成，四面体探针用于与刀具接触。如图6-15和图6-16所示，刀尖随刀架向已设定了位置的接触式传感器缓缓行进并与之接触，随之触动高精度开关（测头）并发出电信号，数控系统立即记下该瞬间的坐标值，接着将此值与设定值比较，并自动修正刀具补偿值。

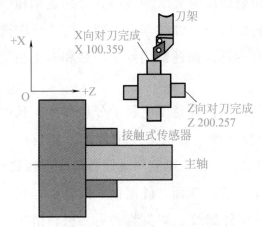

图6-15　接触式自动对刀仪对刀示意图

图6-16　接触式自动对刀仪实物图

　　（2）非接触式自动对刀仪　非接触式自动对刀仪又称为镭射对刀仪或激光对刀仪，其工作原理是采用穿过机床加工区域的激光束来对刀具进行检测和调整。系统激光发射器和接收器安装在机床床身上或床身的两侧，这样激光束能穿过机床加工区域，照射到接收器上。当刀具穿过激光束时，照射到接收器上的激光束亮度将发生变化，从而产生一个触发信号，通过这个触发信号

图6-17　激光对刀仪对刀实物图

锁存机床当时的位置，由此获得刀具的几何尺寸（长度和直径），如图6-17所示。

　　激光对刀仪提供了快速、精确、灵活的刀具尺寸控制手段，使加工过程自动化程度大大提高，但因其设备复杂、造价较高，主要用于高速加工中心。

　　任务实施

　　螺纹管接头由外圆、端面、槽、圆锥及内外螺纹等表面构成，且主要表面尺寸精度和表面质量要求较高，应重点关注。

1. 工艺分析

（1）编程参数的计算　对于外圆锥面，需计算圆锥大端直径才能编程，计算方法：$C = 2\tan(\alpha/2) = 2 \times \tan30° = 1.155$，$D = d + LC = 40mm + 5mm \times 1.155 = 45.775mm$。

M24×2-6H/6h 内、外螺纹的编程参数计算结果见表6-12。

表6-12　内、外螺纹的编程参数计算结果

螺纹代号	螺纹牙深	螺纹小径	外螺纹底圆柱直径	内螺纹底孔直径
M24×2-6H/6h	$h_{1实} = 0.65P$ $= 0.65 \times 2mm = 1.3mm$	$(d_{1实})D_{1实} = D - 2h_{1实} = D - 1.3P$ $= 24mm - 1.3 \times 2mm = 21.4mm$	$d_圆 = d - 0.1P =$ $24mm - 0.2mm = 23.8mm$	$D_孔 = D - P$ $= 24mm - 2mm = 22mm$

（2）刀具的选择　外圆、内孔表面尺寸精度和表面质量要求均较高，分别选用粗、精车刀进行加工；M24×2-6H/6h 内、外螺纹可选可转位内、外螺纹车刀车削；内、外槽选用刀头宽度为4mm的可转位内、外槽车刀；车内孔及内螺纹前还需用到中心钻和麻花钻等刀具，具体见表6-13。

（3）量具的选择　外圆直径用外径千分尺测量，内孔直径用内径千分尺测量，长度及槽宽用游标卡尺测量，圆弧表面用 $R20mm$ 半径样板测量，圆锥角度用游标万能角度尺测量，内螺纹用螺纹塞规测量，外螺纹用螺纹环规测量，表面粗糙度用表面粗糙度样板比对。

（4）零件加工工艺路线的制订　本任务先粗车零件左端面、外圆面、圆弧面，然后钻孔，再精车左端面、外圆及圆弧面，然后车外槽，车外螺纹。调头装夹后，粗、精车右端面、圆锥及 $\phi60^{~0}_{-0.006}mm$ 外圆，粗、精车内孔、内槽，最后粗、精车内螺纹。也可以先粗车左、右端内外轮廓，再分别精车左、右端内外轮廓。具体车削步骤见表6-13。

（5）切削用量的选择　粗、精车外圆、端面、内孔、内螺纹等切削用量同前面任务，车内槽时主轴转速取 400r/min，进给速度取 0.08mm/r；通过查表5-5可知，M24×2 螺纹分5次进给，每次背吃刀量分别为（直径值）0.8mm、0.6mm、0.6mm、0.4mm、0.2mm。所有表面加工切削用量见表6-13。

表6-13　螺纹管接头零件加工工艺

工序名	定位（装夹面）	工步序号及内容	刀具及刀号	主轴转速 $n/(r/min)$	进给量 $f/(mm/r)$	背吃刀量 a_p/mm
车削	夹住毛坯外圆	（1）粗车左端面、外轮廓	外圆粗车刀，刀号 T01	600	0.2	2~4
		（2）手动钻中心孔	A3 中心钻	1000	0.1	
		（3）手动钻 $\phi12mm$ 孔	$\phi12mm$ 麻花钻	500	0.1	
		（4）精车左端面及外轮廓	外圆精车刀，刀号 T02	1000	0.1	0.2~0.4
		（5）车螺纹退刀槽	外槽车刀，刀号 T03	400	0.1	4
		（6）粗、精车 M24×2-6h 螺纹	外螺纹车刀，刀号 T04	350	2	0.1~0.4

（续）

工序名	定位 (装夹面)	工步序号及内容	刀具及刀号	主轴转速 $n/$ (r/min)	进给量 $f/$ (mm/r)	背吃刀量 $a_p/$mm
车削	调头,夹住 $\phi30^{\ 0}_{-0.033}$mm 外圆	（1）粗车右端面、圆锥及 $\phi60^{\ 0}_{-0.06}$mm外圆	外圆粗车刀,刀号 T01	600	0.2	2~4
		（2）粗车内孔及内螺纹底孔	内孔粗车刀,刀号 T05	600	0.2	2~4
		（3）精车右端面、圆锥及 $\phi60^{\ 0}_{-0.06}$mm外圆	外圆精车刀,刀号 T02	1000	0.1	0.2
		（4）精车内孔及内螺纹底孔	内孔精车刀,刀号 T06	1000	0.1	0.2
		（5）车内螺纹退刀槽	内槽车刀,刀号 T07	400	0.08	4
		（6）粗、精车 M24×2-6H 螺纹	内螺纹车刀,刀号 T08	350	1	0.1~0.4

2. 程序编制

（1）夹住毛坯外圆，加工零件左端外圆、槽及外螺纹的加工程序 工件坐标系原点选择在装夹后零件右端面中心点。外圆用粗车复合循环指令编程，外螺纹可用螺纹切削或螺纹切削复合循环指令编程，此处以螺纹切削复合循环指令为参考。参考程序见表6-14，发那科系统程序名为"O0062"，西门子系统程序名为"SKC0062. MPF"。

表 6-14 车零件左端轮廓参考程序

程序段号	程序内容(发那科系统)	程序内容(西门子系统)	程序说明
N10	G40 G99 G80 G21;	G40 G95 G90 G71;	设置初始状态
N20	M03 S600 M08;	M03 S600 M08;	设置主轴转速,切削液开
N30	T0101;	T01	调用外圆粗车刀
N40	G00 X70.0 Z5.0 F0.2;	G00 X70.0 Z5.0 F0.2;	刀具移动至循环起点
N50	G71 U2.0 R1.0;	CYCLE952("L0621",,"", 2101411,0.2……);	设置循环参数,调用循环粗车轮廓
N60	G71 P70 Q140 U0.4 W0.1;		
N70	G00 X0;		发那科系统轮廓精车程序段,西门子系统轮廓加工子程序见表6-15
N80	G01 Z0 F0.1;		
N90	X23.8,C1.0;		
N100	Z-13.95;		
N110	X29.983;		
N120	Z-24.95;		
N130	G03 X39.95 Z-37.0 R20.0;		
N140	G01 X68.0;		
N150	G00 X100.0 Z200.0;	G00 X100.0 Z200.0;	刀具退至换刀点
N160	M03 S1000;	M03 S1000;	设置钻中心孔转速
N170	M00;	M00;	程序停,手动钻中心孔

（续）

程序段号	程序内容（发那科系统）	程序内容（西门子系统）	程序说明
N180	M03 S500；	M03 S500；	设置钻孔转速
N190	M00；	M00；	程序停,手动钻 φ12mm 孔
N200	T0202；	T02；	换外圆精车刀
N210	M03 S1000 F0.1；	M03 S1000 F0.1；	设置精车外轮廓切削用量
N220	G70 P70 Q140；	CYCLE952（"L0621",,,"", 2101421,0.1,……）；	调用精车循环精车轮廓表面
N230	G00 X100.0 Z200.0；	G00 X100.0 Z200.0；	刀具退至换刀点
N240	M00 M05 M09；	M00 M05 M09；	程序停,主轴停,切削液关,测量
N250	T0303；	T03；	换车槽刀
N260	M03 S400 M08；	M03 S400 M08；	设置车槽转速,切削液开
N270	G00 X32.0 Z-13.95；	G00 X32.0 Z-13.95；	刀具移至螺纹退刀槽处
N280	G01 X20.0 F0.1；	G01 X20.0 F0.1；	车螺纹退刀槽
N290	G04 X2.0；	G04 F2.0；	槽底暂停 2s
N300	G01 X32.0 F0.2；	G01 X32.0 F0.2；	刀具沿 X 方向退出
N310	G00 X100.0 Z200.0；	G00 X100.0 Z200.0；	刀具退回至换刀点
N320	T0404；	T04；	换外螺纹车刀
N330	M03 S350；	M03 S350；	设置车螺纹转速
N340	G00 X30.0 Z3.0；	G00 X30.0 Z3.0；	车刀移至进刀点
N350	G76 P021160 Q100 R50；	CYCLE99（0,24,-10,4,2, 1.3,0.1……）；	设置螺纹参数,调用螺纹切削复合循环车外螺纹
N360	G76 X21.4 Z-11.0 R0 P1300 Q400 F2.0；		
N370	G00X100.0 Z200.0 M09；	G00X100.0 Z200.0 M09；	刀具退回至换刀点,切削液关
N380	M05；	M05；	主轴停
N390	M30；	M30；	程序结束

西门子系统零件左端外轮廓加工子程序 L0621.SPF 见表 6-15。

表 6-15　西门子系统零件左端外轮廓加工子程序 L0621.SPF

程序段号	程序内容	程序说明
N10	G01 X0 Z0 F0.1；	刀具切削至端面
N20	X23.8CHF=1.414；	车端面并倒角
N30	Z-13.95；	车外螺纹底圆柱
N40	X29.983；	车台阶
N50	Z-24.95；	车 $\phi30_{-0.033}^{0}$ mm 外圆
N60	G03 X39.95Z-37.0 CR=20.0；	车圆弧面
N70	G01 X68.0；	X 方向切出
N80	RET；	子程序结束

（2）调头夹住 $\phi 30_{-0.033}^{0}$ mm 外圆，车右端面、圆锥、外圆及内孔、内螺纹的加工程序

工件坐标系原点选择在装夹后零件右端面中心点。外圆用粗、精车复合循环指令编程，内孔粗、精车也用复合循环指令编程，内螺纹用车螺纹复合循环指令编程。参考程序见表 6-16，发那科系统程序名为"O0162"，西门子系统程序名为"SKC0162.MPF"。

表 6-16 车零件右端轮廓参考程序

程序段号	程序内容（发那科系统）	程序内容（西门子系统）	程序说明
N10	G40 G99 G80 G21；	G40 G95 G90 G71；	设置初始状态
N20	M03 S600 M08；	M03 S600 M08；	设置主轴转速,切削液开
N30	T0101；	T01；	调用外圆粗车刀
N40	G00 X70.0 Z5.0 F0.2；	G00 X70.0 Z5.0 F0.2；	刀具移动至循环起点
N50	G71 U2.0 R1.0；	CYCLE952（"L0622",,"",	设置循环参数,调用循环粗车轮廓
N60	G71 P70 Q130 U0.4 W0.1；	2101411,0.2……）；	
N70	G00 X0；		发那科系统轮廓精车程序段,西门子系统轮廓加工子程序见表 6-17
N80	G01 Z0 F0.1；		
N90	X40.0；		
N100	X45.775 Z-4.95；		
N110	X59.97；		
N120	Z-16.0；		
N130	X66.0；		
N140	G00 X100.0 Z200.0；	G00 X100.0 Z200.0；	刀具退至换刀点
N150	T0505；	T05；	换内孔粗车刀
N160	M03 S600 F0.2；	M03 S600 F0.2；	设置粗车内孔切削用量
N170	G00 X5.0 Z5.0；	G00 X5.0 Z5.0；	刀具移至循环起点位置
N180	G71 U2.0 R1.0；	CYCLE952（"L0623",,"",	调用循环粗车内轮廓
N190	G71 P200 Q250 U-0.4 W0.1；	2102411,0.2……）；	
N200	G01 Z26.0 Z0 F0.1；		发那科系统轮廓精车程序段,西门子系统轮廓加工子程序见表 6-18
N210	X22.0 Z-2.0；		
N220	Z-20.075；		
N230	X15.0215；		
N240	Z-53.0；		
N250	X12.0；		
N260	G00 X100.0 Z200.0；	G00 X100.0 Z200.0；	刀具退至换刀点
N270	T0202；	T02；	换外圆精车刀
N280	M03 S1000 F0.1；	M03 S1000 F0.1；	设置精车外轮廓切削用量
N290	G00 X70.0 Z5.0；	G00 X70.0 Z5.0；	刀具移至循环起点
N300	G70 P70 Q130；	CYCLE952（"L0622",,"", 2101421,0.1……）；	调用精车循环精车轮廓表面
N310	G00 X100.0 Z200.0；	G00 X100.0 Z200.0；	刀具退至换刀点

（续）

程序段号	程序内容（发那科系统）	程序内容（西门子系统）	程序说明
N320	M00 M05 M09;	M00 M05 M09;	程序停,主轴停,切削液关,测量
N330	T0606;	T06;	换内孔精车刀
N340	M03 S1000 F0.1;	M03 S1000 F0.1;	设置精车内孔切削用量
N350	G00 X5.0 Z5.0 M08;	G00 X5.0 Z5.0 M08;	刀具移至切削起点,切削液开
N360	G70 P200 Q250;	CYCLE952("L0623",,"",2102421,0.1……);	调用循环精车内轮廓
N370	G00 X100.0 Z200.0;	G00 X100.0 Z200.0;	刀具退至换刀点
N380	M00 M05 M09;	M00 M05 M09;	程序停,主轴停,切削液关,测量
N390	T0707;	T07;	换内槽车刀
N400	M03 S400 F0.08 M08;	M03 S400 F0.08 M08;	设置车内槽切削用量,切削液开
N410	G00 X10.0 Z5.0;	G00 X10.0 Z5.0;	刀具移至X10,Z5位置
N420	Z-20.075;	Z-20.075;	刀具移至螺纹退刀槽处
N430	G01 X25.0;	G01 X25.0;	车内螺纹退刀槽
N440	G04 X2.0;	G04 F2.0;	槽底暂停2s
N450	G01 X10.0 F0.2;	G01 X10.0 F0.2;	刀具X方向切出
N460	G00 Z5.0;	G00 Z5.0;	Z方向退出刀具
N470	G00 X100.0 Z200.0;	G00 X100.0 Z200.0;	刀具退回至换刀点
N480	T0808;	T08;	换内螺纹车刀
N490	M03 S350;	M03 S350;	设置车螺纹转速
N500	G00 X10.0 Z3.0;	G00 X10.0 Z3.0;	车刀移至循环起点
N510	G76 P021160 Q100 R50;	CYCLE99(0,24,-16,,4,2,1.3,0……);	调用循环车内螺纹
N520	G76 X24.0 Z-16.0 R0 P1300 Q400 F1.0;		
N530	G00 X100.0 Z200.0 M09;	G00 X100.0 Z200.0 M09;	刀具退回至换刀点,切削液关
N540	M05;	M05;	主轴停
N550	M30;	M30;	程序结束

西门子系统零件右端外轮廓加工子程序L0622.SPF见表6-17。

表6-17 西门子系统零件右端外轮廓加工子程序L0622.SPF

程序段号	程序内容	程序说明
N10	G01 X0 Z0 F0.1;	刀具切削至端面
N20	X40.0;	车端面
N30	X45.775 Z-4.95;	车圆锥面
N40	X59.97;	车台阶
N50	Z-16.0;	车 $\phi 60_{-0.006}^{0}$ mm外圆
N60	X66.0;	X方向切出
N70	M17;	子程序结束

西门子系统零件右端内轮廓加工子程序 L0623.SPF 见表 6-18。

表 6-18　西门子系统零件右端内轮廓加工子程序 L0623.SPF

程序段号	程序内容	程序说明
N10	G01 X26.0 Z0;	刀具移至切削起点
N20	G01 X22.0 Z-2.0;	车倒角
N30	Z-20.075;	精车内螺纹底圆
N40	X15.0215;	车内台阶
N50	Z-53.0;	精车 $\phi15^{+0.043}_{0}$ mm 内孔
N60	X12.0;	X 方向切出
N70	M17;	子程序结束

3. 加工操作

（1）加工准备

1）开机，回参考点。建立机床坐标系，使机床对其后的操作有一个基准位置。

2）装夹工件。第一次夹住毛坯外圆，伸出长度为 45mm 左右；第二次调头夹住 $\phi30^{0}_{-0.033}$ mm 外圆时需进行找正，且不能破坏已加工表面。

3）装夹刀具。本任务共用到外圆粗车刀、外圆精车刀、4mm 宽外槽车刀、外螺纹车刀、内孔粗车刀、内孔精车刀、内槽车刀、内螺纹车刀 8 把刀，分别将刀具装夹在 T01、T02、T03、T04 、T05、T06、T07、T08 号刀位中；所有刀具刀尖与工件回转中心等高，车槽刀和螺纹车刀刀头严格垂直于工件轴线，中心钻和麻花钻装夹在尾座套筒中与工件回转中心同轴。若车床刀架数不够，则依次安装用到的刀具，注意刀位号与程序中编号一致。

4）对刀操作。外圆车刀、内孔车刀、车槽刀、螺纹车刀全部采用自动对刀方法对刀，若无自动对刀设备，则采用试切法对刀。

内槽车刀对刀

5）输入程序并校验。将程序全部输入机床数控系统，分别调出各程序，设置空运行及仿真，校验程序并观察刀具轨迹，程序校验结束后取消空运行等设置。

内槽加工

（2）零件加工

1）加工零件左端外圆面、圆弧面、槽及外螺纹，步骤如下。

① 调出"O0062"或"SKC0062.MPF"程序，检查工件、刀具是否按要求夹紧，刀具是否已对刀，将外圆精车刀及螺纹车刀设置一定磨损量，用于尺寸控制。

② 选择自动加工模式，调小进给倍率，按数控启动键进行自动加工。加工中观察切削情况，逐步将进给倍率调至适当大小。

③ 程序运行至 N170 段，手动钻中心孔；程序运行至 N190 段，手动钻孔。

④ 程序运行至 N240 段，停机，测量外圆尺寸并进行外圆尺寸控制。

⑤ 程序运行结束后，测量螺纹尺寸并修调螺纹车刀磨损量，进行螺纹尺寸控制。

2）车右端面、圆锥、外圆及内孔、内螺纹，步骤如下。

① 调出"O0162"或"SKC0162. MPF"程序，检查工件、刀具是否按要求夹紧，刀具是否已对刀，将外圆精车刀及螺纹车刀设置一定磨损量，用于尺寸控制。

② 选择自动加工模式，调小进给倍率，按数控启动键进行自动加工。加工中观察切削情况，逐步将进给倍率调至适当大小。

③ 程序运行至 N320 段，停机，测量外圆尺寸并进行外圆尺寸控制。

④ 程序运行至 N380 段，停机，测量内孔尺寸并进行内孔尺寸控制。

⑤ 程序运行结束后，测量内螺纹尺寸并修调螺纹车刀磨损量，重新打开程序，从 N480 段运行螺纹加工程序，并进行尺寸控制。

3）加工结束后及时清扫机床。

 检测评分

将任务完成情况的检测与评价填入表 6-19 中。

表 6-19　螺纹管接头的加工检测评价表

序号	检测项目	检测内容及要求	配分	学生自检	学生互检	教师检测	得分
1	职业素养	文明、礼仪	5				
2		安全、纪律	10				
3		行为习惯	5				
4		工作态度	5				
5		团队合作	5				
6	制订工艺	(1)选择装夹与定位方式 (2)选择刀具 (3)选择加工路径 (4)选择合理的切削用量	5				
7	程序编制	(1)编程坐标系选择正确 (2)指令使用与程序格式正确 (3)基点坐标正确	10				
8	机床操作	(1)开机前检查、开机、回参考点 (2)工件装夹与对刀 (3)程序输入与校验	5				
9	零件加工	$\phi 60_{-0.06}^{0}$ mm	3				
10		$\phi 30_{-0.033}^{0}$ mm	3				
11		$\phi 40_{-0.1}^{0}$ mm	2				
12		$\phi 15_{0}^{+0.043}$ mm	3				
13		52mm±0.05mm	3				
14		$14_{-0.1}^{0}$ mm	2				

（续）

序号	检测项目	检测内容及要求	配分	学生自检	学生互检	教师检测	得分
15	零件加工	$10_{-0.06}^{0}$mm	3				
16		$5_{-0.1}^{0}$mm	3				
17		$20_{0}^{+0.15}$mm	3				
18		R20mm	3				
19		4mm×ϕ25mm	1				
20		4mm×ϕ20mm	1				
21		11mm、ϕ40mm	1				
22		120°	2				
23		M24×2-6h	5				
24		M24×2-6H	5				
25		C1、C2	1				
26		表面粗糙度值 Ra1.6μm	4				
27		表面粗糙度值 Ra3.2μm	2				
综合评价							

任务反馈

在任务完成过程中，分析是否出现表 6-20 所列问题，了解其产生原因，提出修正措施。

表 6-20　螺纹管接头加工出现的问题、产生原因及修正措施

问题	产生原因	修正措施
外圆、内孔直径不正确	(1)精车刀未设置刀具磨损量	
	(2)尺寸控制错误	
	(3)测量错误	
长度尺寸不正确	(1)编程参数设置错误	
	(2)调头装夹工件未找正	
	(3)长度尺寸控制错误	
	(4)测量错误	
螺纹尺寸不正确	(1)刀具角度有误差	
	(2)编程参数错误	
	(3)测量不正确	
	(4)刀具磨损	
螺纹牙侧表面粗糙度超差	(1)切削速度选择不当,产生积屑瘤	
	(2)切入深度大	
	(3)工艺系统刚性不足,引起振动	
	(4)刀具磨损	

任务拓展

加工图 6-18 所示零件。材料为 45 钢，毛坯为 φ50mm×90mm 棒料。

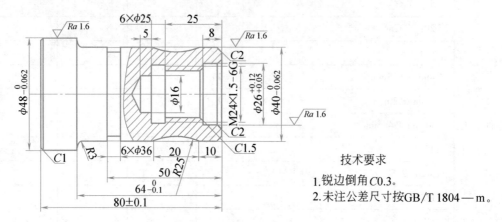

图 6-18 螺纹连接轴零件图

任务拓展实施提示：零件由外圆柱面、圆弧面，不通孔及内螺纹等构成，尺寸精度及表面质量要求均较高，尤其困难的是内螺纹及内孔的加工，应防止加工中出现干涉现象。其他工艺同前面任务。

任务三 圆头电动机轴的 CAD/CAM 加工

任务描述

如图 6-19 所示，圆头电动机轴由外圆柱面、端面、圆锥面、圆弧面、槽及外螺纹构成，外圆柱（锥）及螺纹精度要求较高，试用 CAXA2020 数控车软件完成该零件加工，材

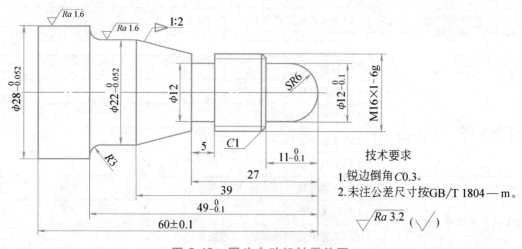

图 6-19 圆头电动机轴零件图

料为 45 钢，毛坯为 φ30mm 棒料，加工后的三维效果
图如图 6-20 所示。

知识目标

1. 了解 CAD/CAM 基础知识。

2. 了解 CAD/CAM 加工过程。

3. 掌握数控车床上程序的传输方法。

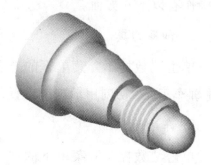

图 6-20　圆头电动机轴三维效果图

技能目标

1. 会进行数控车床及通信软件参数设置。

2. 会传输数控程序并对输入的程序进行编辑。

3. 会进行数控车床 CAD/CAM 加工。

知识准备

随着科技的进步，CAD/CAM（计算机辅助设计与计算机辅助制造）技术的使用越来越
普遍，尤其是由非圆曲线构成的回转体、变螺距螺纹，手工编程相当困难，采用 CAD/CAM
技术加工则非常方便实用。常用 CAD/CAM 软件有 Ug、Creo、Mastercam 及国产软件 CAXA
等，本任务以 CAXA 2020 数控车软件为例，介绍 CAD/CAM 加工过程。

CAXA 2020 数控车软件是北京数码大方科技有限公司最新出品的具有自主知识产权的
国产优秀软件，其界面与 CAXA 电子图板相近且兼容，不同之处在于工具栏多一列"数控
车"菜单，且增加了"管理树"内容，如图 6-21 所示。CAXA 2020 数控车软件能实现的主

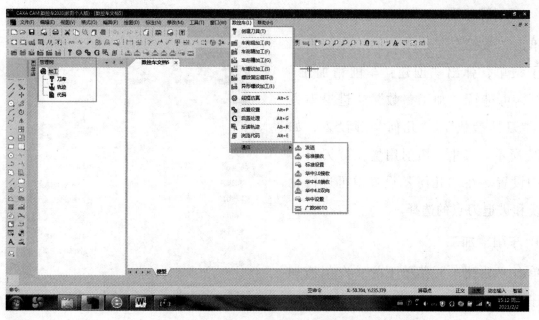

图 6-21　CAXA 2020 数控车软件界面

要操作有以下几方面。

1. 创建刀具

单击"数控车"菜单下的"创建刀具"子菜单，弹出"创建刀具"对话框，可进行"轮廓车刀""切削用量"等设置，并将新增刀具添加至刀具库中，如图6-22所示。

2. 车削粗加工

单击"数控车"菜单下的"车削粗加工"子菜单，弹出"创建：车削粗加工"对话框，可进行"加工参数""进退刀方式""刀具参数""几何"等设置，如图6-23所示。其中，切削用量在"刀具参数"中设置。在"几何"设置中可进行工件轮廓曲线、毛坯轮廓和进退刀点的选择。

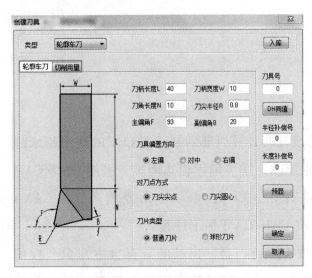

图6-22 "创建刀具"对话框

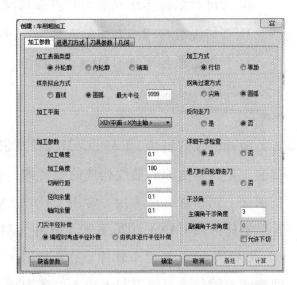

图6-23 "创建：车削粗加工"对话框

3. 车削精加工

单击"数控车"菜单下的"车削精加工"子菜单，弹出"创建：车削精加工"对话框，可进行"加工参数""进退刀方式""刀具参数""几何"等设置，如图6-24所示。其中，切削用量在"刀具参数"中设置。在"几何"设置中可进行轮廓曲线和进退刀点的选择。

4. 车削槽加工

单击"数控车"菜单下的"车削槽加工"子菜单，弹出"创建：车削槽加工"对话框，可进行"加工参数""刀具参数"

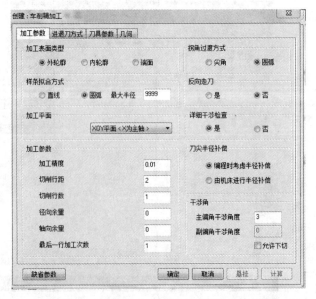

图6-24 "创建：车削精加工"对话框

"几何"等设置,如图 6-25 所示。其中,切削用量在"刀具参数"中设置。在"几何"设置中可进行轮廓曲线和进退刀点的选择。

5. 车螺纹加工

单击"数控车"菜单下的"车螺纹加工"子菜单,弹出"创建:车螺纹加工"对话框,可进行"螺纹参数""加工参数""进退刀方式""刀具参数"等设置,如图 6-26 所示。其中,切削用量在"刀具参数"中设置。

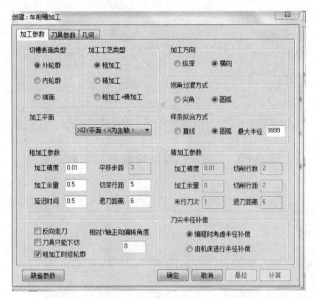

图 6-25 "创建:车削槽加工"对话框

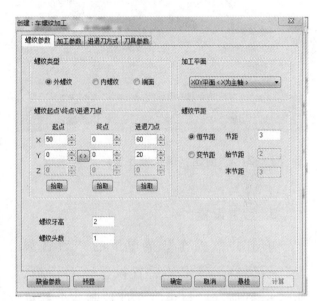

图 6-26 "创建:车螺纹加工"对话框

6. 螺纹固定循环

单击"数控车"菜单下的"螺纹固定循环"子菜单,弹出"创建:螺纹固定循环"对话框,可进行"加工参数""刀具参数"等设置,如图 6-27 所示。其中,切削用量在"刀具参数"中设置。

7. 异形螺纹加工

单击"数控车"菜单下的"异形螺纹加工"子菜单,弹出"创建:异形螺纹加工"对话框,可进行"加工参数""刀具参数""几何"等设置,如图 6-28 所示。其中,切削用量在"刀具参数"中设置。

8. 线框仿真

利用线框仿真功能可以对已生成刀具轨迹的操作进行仿真加工,以检查刀具轨迹是否正确。其操作步骤为:单击"数控车"菜单下的"线框仿真"子菜单,弹出"线框仿真"对话框,如图 6-29 所示,单击"拾取"按钮,按提示拾取刀具轨迹并单击鼠标右键确认,再次弹出"线框仿真"对话框,单击"前进"按钮可进行播放,还可以进行速度调整、暂停、后退、下一步、上一步、回首点、到末点、停止、清空等操作。

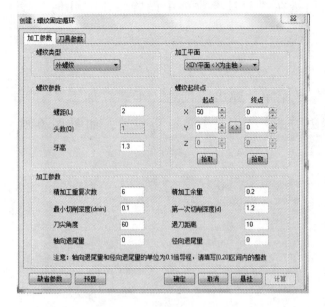

图 6-27 "创建：螺纹固定循环"对话框

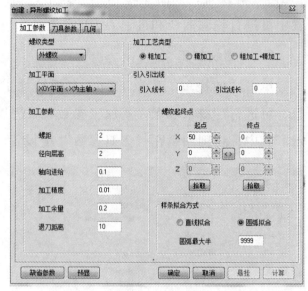

图 6-28 "创建：异形螺纹加工"对话框

9. 后置设置

单击"数控车"菜单下的"后置设置"子菜单，弹出"后置设置"对话框，如图 6-30 所示，可进行文件控制、坐标模式、行号设置、主轴编程指令、地址编程指令、车削编程指令设置和机床选择等操作。

图 6-29 "线框仿真"对话框

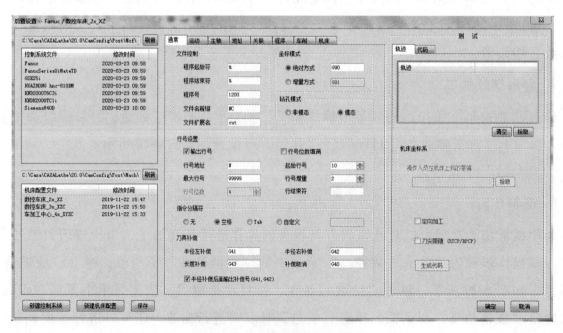

图 6-30 "后置设置"对话框

10. 后置处理

单击"数控车"菜单下的"后置处理"子菜单，弹出"后置处理"对话框，如图6-31所示，选择好机床类型和机床配置文件后，单击"拾取"按钮，按提示拾取车削轨迹并单击鼠标右键确认，可进行后置处理操作。

单击"后置处理"对话框中的"后置"按钮，弹出"编辑代码"对话框，如图6-32所示，可进行代码删除、查找、替换等编辑操作。单击对话框中的"发送代码"按钮，可进行代码传输。单击"另存文件"按钮，可将代码保存在计算机中。

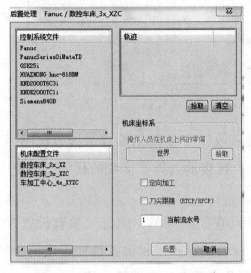

图 6-31 "后置处理"对话框

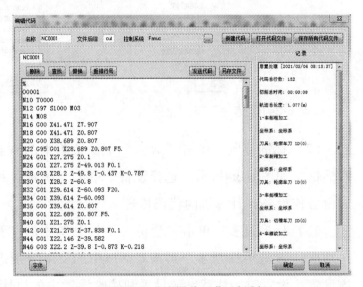

图 6-32 "编辑代码"对话框

11. 反读轨迹

单击"数控车"菜单下的"反读轨迹"子菜单，弹出"创建：反读轨迹"对话框，如图6-33所示，可调出当前文档中的代码和已保存的代码文件。

12. 浏览代码

单击"数控车"菜单下的"浏览代码"子菜单，弹出"浏览代码"对话框，按提示可打开计算机中保存的代码文件。

13. 通信

单击"数控车"菜单，将鼠标指针移至"通信"子菜单，出现"发送""标准接收""标准设置"等下拉菜单，如图6-34所示。

（1）发送代码 单击"通信"下拉

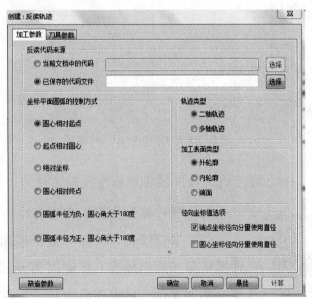

图 6-33 "创建：反读轨迹"对话框

菜单中的"发送"子菜单，弹出"发送代码"对话框，如图 6-35 所示。选择设备和发送代码类型后，单击 按钮，按提示选择要发送的程序代码，单击"打开"按钮，即可完成程序由计算机到数控设备的传送。

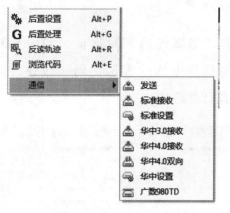

图 6-34 "通信"下拉菜单

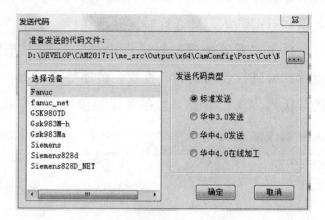

图 6-35 "发送代码"对话框

（2）标准接收　单击"通信"下拉菜单中的"标准接收"子菜单，弹出"接收代码"对话框，如图 6-36 所示。选择设备，单击"确定"按钮，按提示选择要接收的代码，即完成由数控设备到计算机的代码传送。

（3）标准设置　单击"通信"下拉菜单中的"标准设置"子菜单，弹出"参数设置"对话框，如图 6-37 所示。可按对话框中的要求分别进行发送设置和接收设置选项卡中的参数设置，设置时需注意发送设置和接收设置中的机床类型及参数类型应保持一致。

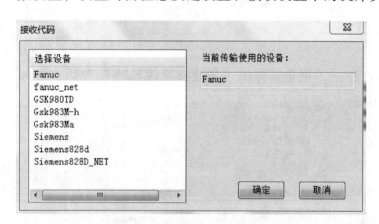

图 6-36 "接收代码"对话框

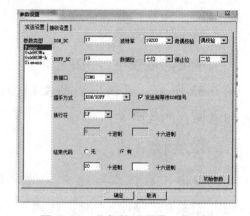

图 6-37 "参数设置"对话框

14. 数控机床程序接收及程序传输方法

将程序传输到数控机床中有以下几种方法。

（1）RS232 接口传输　数控机床大多配备有 RS232 接口，用于数控机床与计算机间的数据传输，传输时需专用的传输通信软件或 CAD/CAM 软件自带的传输功能才行，且数控机床与通信软件参数应一致。发那科系统与西门子系统通信参数设置的操作步骤见表 6-21。

表 6-21　发那科系统与西门子系统通信参数设置的操作步骤

发那科系统通信参数设置步骤	SINUMERIK 828D 系统通信参数设置步骤
（1）按系统功能键 （2）按几次最右侧软键，出现［ALL IO］软键 （3）按［ALL IO］软键，显示"ALL IO"界面 （4）将光标移至相应的参数位置进行参数设置	（1）按 PROGRAM MANAGER 程序管理操作区域键 （2）按 NC NC 软键或 本地驱动器 本地驱动器软键，按 ▶▶ 软键或 存档 软键 （3） RS232C 设置 软键，显示接口设置，按上下光标键，将光标移至所需修改参数框格内，输入修改的参数值并按输入键进行存储。设置的机床通信参数必须与通信软件传输参数一致

发那科系统与西门子系统程序读入的操作步骤见表 6-22。

（2）CF 卡传输　将程序复制到 CF 卡中，再把 CF 卡插到数控机床的 CF 插槽中即可在数控机床上调用、复制 CF 卡中的程序。

（3）以太网　将数控机床与计算机联成局域网，实现基于以太网形式的程序传输。

CF卡USB
传输程序

表 6-22　发那科系统与西门子系统程序读入的操作步骤

发那科系统程序读入步骤	SINUMERIK 828D 系统程序读入步骤
（1）按系统功能键 （2）按几次最右侧软键，出现［ALL IO］软键 （3）按［ALL IO］软键，显示"ALL IO"界面 （4）按"READ"键，进行程序接收 （5）在传输软件中选择要传输的程序，进行程序发送	（1）按程序管理操作区域键，出现程序管理界面，按 NC NC 软键或 本地驱动器 本地驱动器软键，按 ▶▶ 软键或 存档 软键 （2）按 RS232C 接收 软键，进行程序接收；若按 RS232C 发送 软键，则可进行程序发送 （3）在 CAD/CAM 软件或其他通信软件中进行程序发送，即可将程序传入数控机床

任务实施

本任务重点是熟悉 CAD/CAM 加工流程，主要有以下几个方面。

1. 工艺分析

（1）刀具的选择　本任务要用到外圆粗车刀、外圆精车刀、车槽刀和外螺纹车刀四种刀具，根据实际情况选用焊接式或可转位车刀并作为 CAD/CAM 操作中刀具库管理设置参数的依据。

（2）量具的选择　外圆直径用外径千分尺测量，长度用游标卡尺测量，螺纹用螺纹环规测量，圆弧用半径样板测量，表面粗糙度用表面粗糙度样板比对。

（3）零件加工工艺路线的制订　本任务采用的毛坯为直径 $\phi30mm$ 棒料，加工时夹住毛坯外圆，粗、精车端面及轮廓、车槽，最后车螺纹。此车削步骤作为 CAD/CAM 操作生成刀具轨迹先后次序的依据。具体车削步骤见表 6-23。

（4）切削用量的选择　表面加工切削用量见表 6-23，表中的参数作为 CAD/CAM 操作中相关参数的设置依据。

表6-23 圆头电动机轴零件加工工艺

工序名	定位 （装夹面）	工步序号及内容	刀具及刀号	主轴转速 n/(r/min)	进给量 f/(mm/r)	背吃刀量 a_p/mm
车削	夹住毛坯外圆，伸出长度为70mm	（1）粗车端面、外圆轮廓	外圆粗车刀，刀号T01	600	0.2	2~4
		（2）精车精端面、外圆轮廓	外圆精车刀，刀号T02	1000	0.1	0.2
		（3）车槽	车槽刀，刀号T03	400	0.1	4
		（4）车螺纹	外螺纹车刀，刀号T04	350	2	0.1~0.4
		（5）手动切断	车槽刀，刀号T03	400	0.1	4

DNC加工

2．生成程序

（1）造型

1）打开CAXA 2020数控车软件，画出工件轮廓曲线（含槽轮廓曲线），工件右端面中心点位于软件坐标原点上，如图6-38所示。

2）设置毛坯并画出毛坯轮廓线，如图6-38所示。

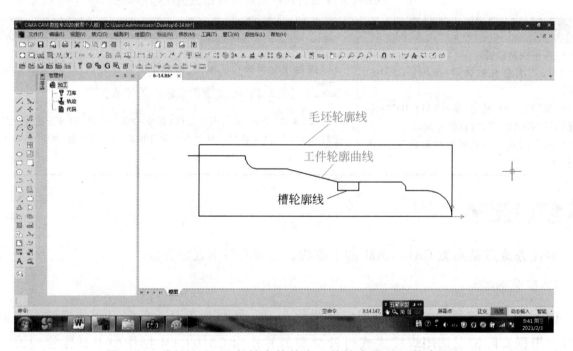

图6-38 CAXA 2020数控车软件中工件轮廓及毛坯轮廓图形

（2）确定加工路线，生成刀具轨迹 确定加工路线，生成刀具轨迹前先单击"数控车"菜单下的"创建刀具"子菜单，将需要用到的外圆粗车刀、外圆精车刀、车槽刀、外螺纹车刀等刀具添加到刀具库中。

1）生成车削粗加工刀具轨迹。单击"数控车"菜单下的"车削粗加工"子菜单，进行"加工参数""进退刀方式""刀具参数"等设置，切削用量在"刀具参数"中设置，数值见表6-23。在"几何"设置中进行轮廓曲线、毛坯轮廓和进退刀点的选择，操作步骤如下。

单击"几何"按钮，弹出如图6-39所示对话框，单击"轮廓曲线"按钮，根据软件左下方提示，单击拾取轮廓线，拾取方式有"单个拾取""链拾取""限制链拾取"3种，本任务工件轮廓曲线包括 $SR6$mm 圆弧、$\phi12$mm 外圆、台阶面、倒角、螺纹圆柱（不含槽曲线）、圆锥面、$\phi22$mm 外圆、$R3$mm 圆弧、$\phi28$mm 外圆面等，拾取结束后单击鼠标右键确认，出现 1 个轮廓曲线。

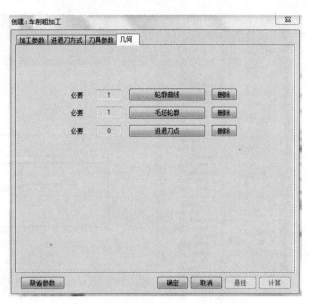

单击"毛坯轮廓"按钮，根据软件左下方提示，单击拾取毛坯轮廓线，拾取方式有"单个拾取""链拾取""限制链拾取"3 种，拾取结束后单击鼠标右键确认，出现 1 个毛坯轮廓曲线。本任务毛坯轮廓线包括右端、毛坯外圆及左端 3 条轮廓直线（图 6-38）。

图 6-39　"轮廓曲线""毛坯轮廓"
"进退刀点"选择对话框

单击"进退刀点"按钮，根据软件左下方提示，单击拾取进退刀点或通过键盘输入进退刀点坐标，确认后对话框中出现一个进退刀点，最后单击"确定"按钮，生成车削粗加工刀具轨迹，如图 6-40 所示。

2）生成车削精加工刀具轨迹。单击"数控车"菜单下的"车削精加工"子菜单，进行"加工参数""进退刀方式""刀具参数""几何"等设置，切削用量在"刀具参数"中设置。在"几何"设置中进行轮廓曲线和进退刀点选择，选择方式同车削粗加工。单击"确定"按钮即生成车削精加工刀具轨迹，如图 6-40 所示。

3）生成车削槽加工刀具轨迹。单击"数控车"菜单下的"车削槽加工"子菜单，进行加工参数和刀具参数设置，在"几何"设置中进行轮廓曲线和进退刀点选择，选择方式同上，本任务槽轮廓曲线包括槽右侧、槽底和槽左侧 3 条直线。单击"确定"按钮即生成车削槽加工刀具轨迹，如图 6-40 所示。

4）生成车螺纹加工刀具轨迹。单击"数控车"菜单下的"车螺纹加工"子菜单，弹出"创建：车螺纹加工"对话框，在螺纹参数设置中，选择螺纹类型为外螺纹，加工平面为 XOY，拾取螺纹起点、终点、进退刀位置或输入螺纹起点、终点、进退刀点坐标。选择螺纹节距为恒节距"1"，牙高为"0.65"，线数为"1"。依次设置"加工参数""进退刀方式""刀具参数"等，单击"确定"按钮，即生成车螺纹加工刀具轨迹，如图 6-40 所示。

（3）轨迹仿真　单击"数控车"菜单下的"线框仿真"子菜单，在弹出的对话框中单击"拾取"按钮，根据提示依次拾取车削粗加工、车削精加工、车削槽加工、车螺纹加工刀具轨迹，单击鼠标右键确认，单击"前进"按钮即可进行刀具轨迹仿真，可通过速度条调整仿真速度。

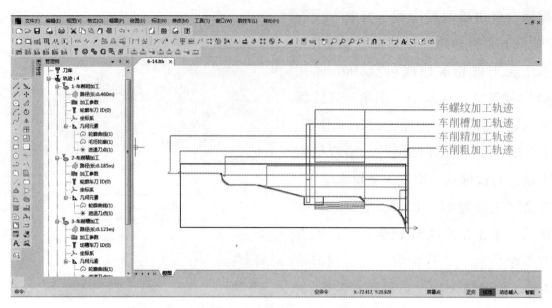

图 6-40 粗精车外圆、槽加工、螺纹加工刀具轨迹

（4）后置设置 单击"数控车"菜单下的"后置设置"子菜单，在弹出的对话框中进行相关参数设置，单击"确定"按钮完成设置。

（5）生成程序代码 单击"数控车"菜单下的"后置处理"子菜单，在弹出的对话框中进行控制系统文件及机床配置文件设置；单击"拾取"按钮，依次拾取（拾取时可按住<Ctrl>或<Shift>键多选）车削粗加工、车削精加工、车削槽加工、车螺纹加工刀具轨迹并单击鼠标右键结束后置处理。

单击对话框中的"后置"按钮，生成程序代码并出现"编辑代码"对话框，单击"另存为"按钮，将程序代码保存在计算机桌面上，文件名为 NC0641，如图 6-41 所示。经编辑无误码后，单击"发送代码"按钮将程序代码传输至机床设备。

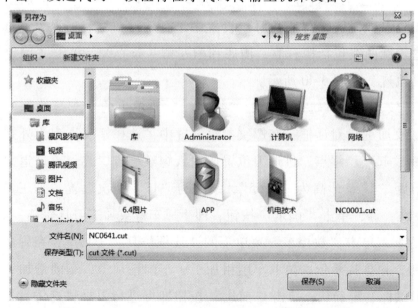

图 6-41 CAXA 2020 程序代码"另存为"界面

参考程序（略）。

3. 加工操作

（1）加工准备

1）开机，回参考点，建立机床坐标系，使机床对其后的操作有一个基准位置。

2）装夹工件。夹住毛坯外圆，伸出长度为 70mm 左右并进行找正。

3）装夹刀具。将用到的外圆粗车刀、外圆精车刀、车槽刀、外螺纹车刀分别装夹在 T01、T02、T03、T04 号刀位中，刀尖与工件轴线等高，其中车槽刀和外螺纹车刀刀头要严格垂直于工件轴线。

4）对刀操作。将用到的外圆粗车刀、外圆精车刀、车槽刀及外螺纹车刀采用试切法对刀。刀具对刀完成后，分别进行 X、Z 方向对刀验证，检验对刀是否正确。

5）调出程序，设置空运行并仿真校验程序。

（2）零件加工

1）打开程序，选择自动加工模式，调小进给倍率，按数控启动键进行自动加工。加工中观察切削情况，逐步将进给倍率调至适当大小。程序运行结束后测量相关尺寸。

2）手动切断并调头车削端面，控制总长。

3）加工结束后及时清扫机床。

 检测评分

将任务完成情况的检测与评价填入表 6-24 中。

表 6-24　圆头电动机轴的 CAD/CAM 加工检测评价表

序号	检测项目	检测内容及要求	配分	学生自检	学生互检	教师检测	得分
1	职业素养	文明、礼仪	5				
2		安全、纪律	10				
3		行为习惯	5				
4		工作态度	5				
5		团队合作	5				
6	零件造型	(1)轮廓造型正确 (2)毛坯设置正确	5				
7	程序编制	(1)基点位置 (2)刀具类型选择正确 (3)加工路径合理 (4)切削用量合理 (5)程序正确	10				
8	机床操作	(1)开机前检查、开机、回参考点 (2)工件装夹与对刀 (3)程序输入与校验	5				

（续）

序号	检测项目	检测内容及要求	配分	学生自检	学生互检	教师检测	得分
9	零件加工	$\phi28_{-0.052}^{0}$mm	5				
10		$\phi22_{-0.052}^{0}$mm	5				
11		$\phi12_{-0.1}^{0}$mm	5				
12		60mm±0.1mm	5				
13		$49_{-0.1}^{0}$mm、39mm、27mm、$11_{-0.1}^{0}$mm	4				
14		SR6mm	3				
15		R3mm	3				
16		5mm×ϕ12mm	2				
17		M16×1-6g	5				
18		1：2锥度	5				
19		C1	1				
20		表面粗糙度值Ra1.6μm	4				
21		表面粗糙度值Ra3.2μm	3				
综合评价							

任务反馈

在任务完成过程中，分析是否出现表 6-25 所列问题，了解其产生原因，提出修正措施。

表 6-25　圆头电动机轴的 CAD/CAM 加工出现的问题、产生原因及修正措施

问题	产生原因	修正措施
不能生成数控程序	(1)工件轮廓线画法错误	
	(2)毛坯轮廓线设置错误	
	(3)生成轨迹的参数错误	
程序不能传输到数控机床中	(1)通信参数设置不一致	
	(2)不会发送或接收程序	
	(3)传输线接口接触不良	
	(4)传输线接口位置错误	
零件形状不正确或尺寸精度达不到要求	(1)刀具轨迹拾取次序错误	
	(2)生成刀具轨迹的参数设置错误	
	(3)刀具安装或对刀不正确	
	(4)测量不正确	
零件表面粗糙度达不到要求	(1)刀具参数不当	
	(2)切削液润滑性能不佳	
	(3)工艺系统刚性不足,引起振动	
	(4)刀具磨损	
	(5)切屑刮伤	

任务拓展一

用 CF 卡传输由 CAD/CAM 生成的任务程序并进行加工。

任务拓展二

如图 6-42 所示零件，材料为 45 钢，毛坯为 φ30mm×80mm 棒料，用 CAD/CAM 编程并加工该零件。

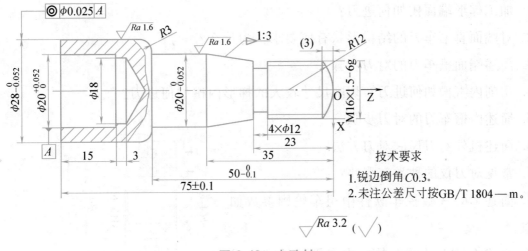

图 6-42　内孔轴

　　任务拓展实施提示：零件需调头装夹车削，故至少需生成两个程序，且调头装夹时因位置精度要求较高需严格找正；外轮廓圆柱、圆锥、槽及螺纹的 CAD/CAM 造型与轨迹生成同本任务，左端内孔表面需进行车孔，车孔之前需手动进给钻中心孔和钻 φ18mm 孔。

项目小结

　　本项目通过法兰盘、螺纹管接头、圆头电动机轴等零件加工，熟悉综合考虑轴类、套类、槽类、螺纹类零件编程与工艺特点及加工精度控制方法，进而掌握中等复杂车削类零件的工艺制订、程序编写与零件加工方法，为达到数控中级工要求奠定了基础。通过自动对刀仪、自动对刀方法介绍及 CAD/CAM（计算机辅助设计与计算机辅助制造）任务实施，了解自动对刀原理、计算机编程、程序传输与加工过程，让学生了解了新技术、新工艺、新装备等知识，拓宽了学生视眼，为学生走上工作岗位打下了良好的基础。

拓展学习

　　长征系列运载火箭是中国自行研制的航天运载工具。1970 年中国第一次成功发射人造卫星，标志着中国人独立自主地掌握了进入空间的能力。经过半个世纪的发展，中国长征系列运载火箭经历了由常温推进剂到低温推进剂、由末级一次

长征系列
运载火箭

起动到多次起动、从串联到并联、从一箭单星到一箭多星、从载物到载人的技术跨越，逐步发展成为大家族，具备进入低、中、高等多种轨道的能力，入轨精度达到了国际先进水平。长征系列运载火箭技术的发展推动了中国卫星及其应用以及载人航天技术的发展，有力支撑了以"神舟"载人航天工程、"北斗"导航系统、"嫦娥"月球探测工程和"天问"行星探测工程为代表的国家重大工程的成功实施，为中国航天的发展提供了强有力的支撑。

思考与练习

1. 加工梯形端面槽如何进刀？

2. 对端面直槽车刀的结构形状有何要求？为什么？

3. 简述端面槽车刀的对刀步骤。

4. 切削内直槽如何进刀？切削尺寸较大的梯形内槽如何进刀？

5. 简述内槽车刀的对刀步骤。

6. 简述机外对刀仪的对刀方法。

7. 常见对刀仪的种类有哪些？

8. 简述 CAXA 数控车软件中粗车轮廓参数如何设置。

9. 简述 CAXA 数控车软件中车螺纹轨迹生成的步骤。

10. CAXA 数控车软件如何进行轨迹仿真？

11. 数控机床程序传输有哪几种方式？

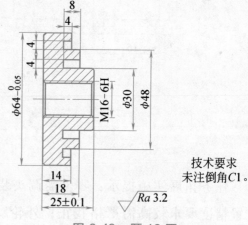

技术要求
未注倒角C1。

图 6-43　题 12 图

12. 编写图 6-43 所示双槽连接盘的数控加工程序并练习加工，材料为 45 钢，毛坯尺寸为 $\phi70\text{mm}\times30\text{mm}$。

13. 编写图 6-44 所示圆头螺纹轴套的数控加工程序并练习加工，材料为 45 钢，毛坯尺寸为 $\phi50\text{mm}\times90\text{mm}$。

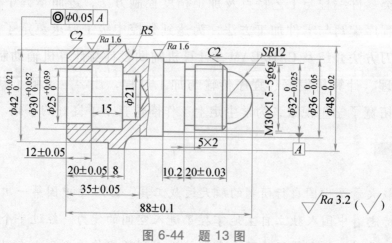

图 6-44　题 13 图

14. 编写图 6-45 所示圆头螺纹轴的数控加工程序并练习加工，材料为 45 钢，毛坯尺寸为 ϕ40mm×90mm。

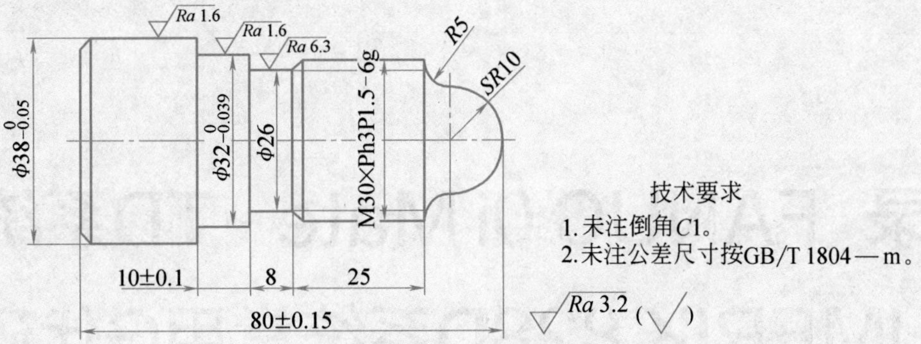

技术要求
1. 未注倒角 C1。
2. 未注公差尺寸按 GB/T 1804—m。

图 6-45　题 14 图

附录 FANUC 0i Mate-TD系统与 SINUMERIK 828D系统常用G代码功能

G 代码	模态	发那科系统含义	西门子系统含义
G00	*	快速点定位(快速移动)	快速点定位(快速移动)
G01	*	直线插补	直线插补
G02	*	顺时针圆弧插补	顺时针圆弧插补
G03	*	逆时针圆弧插补	逆时针圆弧插补
G04		暂停	暂停
G17	*	XY 平面选择	XY 平面选择
G18	*	XZ 平面选择	XZ 平面选择
G19	*	ZY 平面选择	ZY 平面选择
G20	*	寸制输入	用 G70 表示寸制输入
G21	*	米制输入	用 G71 表示米制输入
G22	*	存储行程检测功能有效	802C 系统表示半径尺寸编程(828D 系统用 DIAMOF 表示半径编程)
G23	*	存储行程检测功能无效	802C 系统表示直径尺寸编程(828D 系统用 DIAMON 表示直径编程)
G25	*	未指定	主轴转速下限
G26	*	未指令	主轴转速上限
G28		返回参考点	用 G74 表示返回参考点
G29		从参考点返回	用 G75 表示从参考点返回
G32	*	切削螺纹	用 G33 表示切削螺纹
G40	*	取消刀尖圆弧半径补偿	取消刀尖圆弧半径补偿
G41	*	刀尖圆弧半径左补偿	刀尖圆弧半径左补偿
G42	*	刀尖圆弧半径右补偿	刀尖圆弧半径右补偿
G50	*	工件坐标系设定或最大转速限制	未指定
G52	*	可编程坐标系偏移(局部坐标系)	用 TRANS 表示可编程的坐标系偏移
G53	*	取消可设定的零点偏置(或选择机床坐标系)	用 G500 表示取消可设定的零点偏置;G53 表示程序段有效方式取消可设定的零点偏置

（续）

G 代码	模态	发那科系统含义	西门子系统含义
G54	*	工件坐标系 1	第一可设定零点偏置
G55	*	工件坐标系 2	第二可设定零点偏置
G56	*	工件坐标系 3	第三可设定零点偏置
G57	*	工件坐标系 4	第四可设定零点偏置
G58	*	工件坐标系 5	第五可设定零点偏置
G59	*	工件坐标系 6	第六可设定零点偏置
G60	*	未指定	准确定位
G64	*	未指定	连续路径
G65		宏程序调用	未指定
G66	*	宏程序模态调用	未指定
G67	*	宏程序模态调用取消	未指定
G70		精车复合循环	
G71		粗车复合循环	西门子毛坯循环用 CYCLE952
G72		端面粗车复合循环	
G73		固定形状粗车复合循环	
G74		端面深孔钻削、端面车槽复合循环	回参考点
G75		径向沟槽复合循环	回固定点（西门子车槽循环用 CYCLE930、CYCLE940）
G76		螺纹切削复合循环	西门子螺纹切削复合循环用 CYCLE99
G80	*	取消固定循环	未指定
G81	*	钻中心孔循环,定点镗孔	
G82	*	钻孔循环,镗阶梯孔	
G83	*	端面钻孔循环	西门子钻孔循环为 CYCLE81~83,用 G18、G17 指定端面、侧面钻孔
G87	*	侧面钻孔循环	
G84	*	端面攻螺纹循环	西门子攻螺纹循环为 CYCLE840,用 G18、G17 指定端面、侧面攻螺纹
G88	*	侧面攻螺纹循环	
G85	*	端面镗孔循环	西门子镗孔循环为 CYCLE86,用 G18、G17 指定端面、侧面镗孔
G89	*	侧面镗孔循环	
G90	*	外圆（内孔）单一固定循环	绝对值编程
G91	*	发那科系统用 X、Z 表示绝对值编程；用 U、W 表示增量值编程	增量值编程
G92	*	螺纹切削单一循环	未指定
G94	*	端面切削单一循环	每分钟进给量
G95	*	未指定	每转进给量
G96	*	主轴转速恒定切削速度	主轴转速恒定切削速度
G97	*	取消主轴恒定切削速度	取消主轴恒定切削速度
G98	*	每分钟进给量（mm/min）	未指定
G99	*	每转进给量（mm/r）	未指定

注："＊"为模态有效指令，西门子循环均为程序段有效代码。

参 考 文 献

[1]　日本发那科公司．发那科（FANUC Series 0i Mate-D）车床系统用户手册［Z］．2021.

[2]　西门子（中国）有限公司．西门子（SINUMERIK 828D）系统编程与操作说明书［Z］．2021.

[3]　朱明松，朱德浩．数控加工技术［M］．2版．北京：机械工业出版社，2022.

[4]　高枫，肖卫宁．数控车削编程与操作训练［M］．北京：高等教育出版社，2005.

[5]　谢晓红．数控车削编程与加工技术［M］．北京：电子工业出版社，2005.

[6]　张磊光，周飞．数控加工工艺学［M］．北京：电子工业出版社，2007.

[7]　吴祖育，秦鹏飞．数控机床［M］．上海：上海科学技术出版社，1989.

[8]　顾雪艳．数控加工编程操作技巧与禁忌［M］．北京：机械工业出版社，2007.

[9]　朱明松．SIEMENS 系统数控车工技能训练［M］．北京：人民邮电出版社，2010.

[10]　朱明松．数控车床编程与操作练习册［M］．北京：机械工业出版社，2011.

[11]　朱明松．数控车削编程与加工：SIEMENS 系统［M］．2版．北京：机械工业出版社，2022.

[12]　朱明松．数控车削编程与加工：FANUC 系统［M］．2版．北京：机械工业出版社，2022.